합격비법

https://rangssem.com

cafe.naver.com/rangssem

교재 인증

랑쌤에듀 네이버 카페

※ 위 교재 인증란에 네이버 카페 아이디를 적고 등업 신청 시 첨부하면
   랑쌤에듀 카페에서 무료 학습자료를 다운 받을 수 있습니다.

Contents
차례

- **01 기초화학** ·· P. 10

  01. 기초화학
     1-1. 원소 주기율표
     1-2. 원소 반응 및 원자단
     1-3. 이상기체 방정식
     1-4. 일반화학 용어

- **02 화재예방과 소화방법** ································ P. 16

  01. 연소이론
     1-1. 연소
     1-2. 온도관련 정의 및 관계

  02. 소화이론
     2-1. 소화방법 및 화재등급의 분류
     2-2. 소화약제 및 소화기
     2-3. 포소화설비의 약제 혼합방식

  03. 자연발화·폭발 및 기타 공식
     3-1. 자연발화
     3-2. 폭발
     3-3. 기타 공식

  04. 기타 주요 법령
     4-1. 법령

03 위험물의 성질 및 취급 ……………………………… P. 40

01. 위험물의 종류 및 성질
 1-1. 제1류 위험물(산화성고체)
 1-2. 제2류 위험물(가연성고체)
 1-3. 제3류 위험물(금수성물질 및 자연발화성물질)
 1-4. 제4류 위험물(인화성액체)
 1-5. 제5류 위험물(자기반응성물질)
 1-6. 제6류 위험물(산화성액체)

02. 필수 암기 118개 반응식
 2-1. 제1류 위험물(산화성고체)
 2-2. 제2류 위험물(가연성고체)
 2-3. 제3류 위험물(금수성물질, 자연발화성물질)
 2-4. 제4류 위험물(인화성액체)
 2-5. 제5류 위험물(자기반응성물질)
 2-6. 제6류 위험물(산화성액체)
 2-7. 분말 소화약제 반응식
 2-8. 기타 반응식

03. 기타 주요 법령
 3-1. 기타 주요 법령

04 과년도 기출문제 (09년~24년) ……………………… P. 102

시험 안내

| 직무분야 | 화학 | 중직무분야 | 위험물 | 자격종목 | 위험물산업기사 | 적용기간 | 2025.01.01. ~ 2029.12.31 |

○ 직무내용 : 위험물제조소등에서 위험물을 제조·저장·취급하고 작업자를 교육·지시·감독하며, 각 설비에 대한 점검과 재해 발생 시 사고대응 등의 안전관리 업무를 수행하는 직무이다.

○ 수행준거 :
1. 위험물을 안전하게 관리하기 위하여 성상·위험성·유해성 조사, 운송·운반 방법, 저장·취급 방법, 소화 방법을 수립할 수 있다.
2. 사고예방을 위하여 운송·운반 기준과 시설을 파악할 수 있다.
3. 위험물의 저장취급과 위험물시설에 대한 유지관리, 교육훈련 및 안전감독 등에 대한 계획을 수립하고 사고대응 매뉴얼을 작성할 수 있다.
4. 사업장 내의 위험물로 인한 화재의 예방과 소화방법에 대한 계획을 수립할 수 있다.
5. 관련 물질자료를 수집하여 성상을 파악하고, 유별로 분류하여 위험성을 표시할 수 있다.
6. 위험물 제조소의 위치·구조·설비기준을 파악하고 시설을 점검할 수 있다.
7. 위험물 저장소의 위치·구조·설비기준을 파악하고 시설을 점검할 수 있다.
8. 위험물 취급소의 위치·구조·설비기준을 파악하고 시설을 점검할 수 있다.
9. 사업장의 법적기준을 준수하기 위하여 허가신청서류, 예방규정, 신고서류에 대한 작성과 안전관리 인력을 관리 할 수 있다.

| 실기검정방법 | 필답형 | 시험시간 | 2시간 정도 |

실기 과목명	주요항목	세부항목
위험물 취급 실무	1. 제4류 위험물 취급	1. 성상·유해성 조사하기
		2. 저장방법 확인하기
		3. 취급방법 파악하기
		4. 소화방법 수립하기
	2. 제1류, 제6류 위험물 취급	1. 성상·유해성 조사하기
		2. 저장방법 확인하기
		3. 취급방법 파악하기
		4. 소화방법 수립하기
	3. 제2류, 제5류 위험물 취급	1. 성상·유해성 조사하기
		2. 저장방법 확인하기
		3. 취급방법 파악하기
		4. 소화방법 수립하기
	4. 제3류 위험물 취급	1. 성상·유해성 조사하기
		2. 저장방법 확인하기
		3. 취급방법 파악하기
		4. 소화방법 수립하기
	5. 위험물 운송·운반시설 기준 파악	1. 운송기준 파악하기
		2. 운송시설 파악하기
		3. 운반기준 파악하기
		4. 운반시설 파악하기
	6. 위험물 안전계획 수립	1. 위험물 저장·취급계획 수립하기

실기 과목명	주요항목	세부항목
위험물 취급 실무	6. 위험물 안전계획 수립	2. 시설 유지관리계획 수립하기
		3. 교육훈련계획 수립하기
		4. 위험물 안전감독계획 수립하기
		5. 사고대응 매뉴얼 작성하기
	7. 위험물 화재예방·소화방법	1. 위험물 화재예방 방법 파악하기
		2. 위험물 화재예방 계획 수립하기
		3. 위험물 소화방법 파악하기
		4. 위험물 소화방법 수립하기
	8. 위험물 제조소 유지관리	1. 제조소의 시설기술기준 조사하기
		2. 제조소의 위치 점검하기
		3. 제조소의 구조 점검하기
		4. 제조소의 설비 점검하기
		5. 제조소의 소방시설 점검하기
	9. 위험물 저장소 유지관리	1. 저장소의 시설기술기준 조사하기
		2. 저장소의 위치 점검하기 0502010606_14v1.2
		3. 저장소의 구조 점검하기
		4. 저장소의 설비 점검하기
		5. 저장소의 소방시설 점검하기
	10. 위험물 취급소 유지관리	1. 취급소의 시설기술기준 조사하기
		2. 취급소의 위치 점검하기
		3. 취급소의 구조 점검하기
		4. 취급소의 설비 점검하기
		5. 취급소의 소방시설 점검하기
	11. 위험물행정처리	1. 예방규정 작성하기
		2. 허가신청하기
		3. 신고서류 작성하기
		4. 안전관리 인력관리하기

2주만에 합격하기!

위험물산업기사 실기 최단기 정복 스터디플랜

	1일차	2일차	3일차
1주차	[이론 공부] chapter3 위험물의 성질 및 취급 반응식 118개 1~40개 까지 암기	chapter3 위험물의 성질 및 취급 반응식 118개 41~80개 까지 암기	chapter3 위험물의 성질 및 취급 반응식 118개 81~118개 까지 암기
	8일차	9일차	10일차
2주차	21년 기출문제 풀이 22년 기출문제 풀이 23년 기출문제 풀이 24년 기출문제 풀이	[기출문제 2회독] 09년 기출문제 풀이 10년 기출문제 풀이 11년 기출문제 풀이 12년 기출문제 풀이	13년 기출문제 풀이 14년 기출문제 풀이 15년 기출문제 풀이 16년 기출문제 풀이

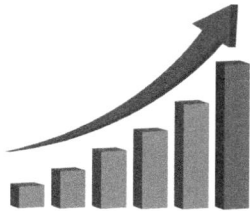

4일차	5일차	6일차	7일차
[기출문제 풀이] 09년 기출문제 풀이 10년 기출문제 풀이 11년 기출문제 풀이	12년 기출문제 풀이 13년 기출문제 풀이 14년 기출문제 풀이	15년 기출문제 풀이 16년 기출문제 풀이 17년 기출문제 풀이	18년 기출문제 풀이 19년 기출문제 풀이 20년 기출문제 풀이

11일차	12일차	13일차	14일차
17년 기출문제 풀이 18년 기출문제 풀이 19년 기출문제 풀이 20년 기출문제 풀이	21년 기출문제 풀이 22년 기출문제 풀이 23년 기출문제 풀이 24년 기출문제 풀이	[기출문제 총정리] 09~16년 기출문제 총정리	17~24년 기출문제 총정리

이 책의 특징

합격비법 시리즈는 다년간의 국가기술 자격증 수험서적의 제작 노하우를 모두 담은 교재로 모든 수험생 여러분의 합격을 위한 교재입니다. 비전공자, 직장인 등 쉽지 않은 공부 환경에 있는 수험생들도 쉽고 빠르게 공부할 수 있는 구성으로 지금까지 많은 합격자를 배출한 교재입니다.

"위험물산업기사"는 위험물을 취급할 때 숙지하여야 할 사항들에 대한 과목입니다. 위험물의 용도가 다양해지고 제조시설도 대규모화되면서 사소한 부주의에도 커다란 재해를 가져올 수 있으므로 소방청 에서는 위험물이 일상생활과 가까워짐에 따라 위험물의 취급과 관리에 대한 안전성을 높이고자 자격제도를 적극 지원하고 있습니다. 위험물을 다루는 사업장은 위험물안전관리자를 선임하야 하는데, 이 때 위험물안전관리자는 이 자격을 요구합니다.

합격비법 시리즈는 단순히 교재만을 제공하는 것이 아닌 효율적인 학습을 위한 여러 가지 콘탠츠를 제공합니다.

유튜브 "랑쌤에듀" 채널에 해당 교재를 보고 들을 수 있는 무료강의가 업로드 되어있습니다. 이 강의들은 랑쌤에듀 공식 홈페이지에서 판매중인 강의와 동일한 퀼리티로 공부하는데에 큰 도움이 될 것입니다.

카카오톡 오픈채팅 검색창에 "랑쌤에듀"를 검색하면 과목별 오픈채팅방이 나옵니다. 자신에게 맞는 과목의 오픈채팅방에서 자유롭게 질문과 답변을 주고받을 수 있는 환경이 마련돼있습니다. 혼자 공부하는 것보다 다른 수험생들과 정보를 주고받으며 공부하는 것이 더 효율적인 공부 방법이 될 것입니다.

네이버 카페 "랑쌤에듀"에서 교재 등업을 하면 여러 가지 학습자료들을 무료로 이용하실 수 있습니다. 또한 하.세.열(하루 세 번 열문제) 퀴즈, 시험 전 총정리 실시간 강의 일정, 교재 정오표 및 법령 변경 사항 등의 정보도 카페에 수시로 공지를 하고 있습니다.

합격비법 시리즈는 앞으로도 수험생 여러분의 합격을 위해 최선을 다 할 것이며 더 좋은 수험서적을 만들 수 있도록 노력하겠습니다. 목표로 하신 자격증을 취득하는 그 날까지 모든 수험생 여러분들 파이팅 입니다!

01

기초화학

1-1. 원소 주기율표
1-2. 원소 반응 및 원자단
1-3. 이상기체 방정식
1-4. 일반화학 용어

Chapter 1

기초화학

1-1 원소 주기율표

족 주기	1	2	13	14	15	16	17	18
1	H (수소)							He (헬륨)
2	Li (리튬)	Be (베릴륨)	B (붕소)	C (탄소)	N (질소)	O (산소)	F (플루오린)	Ne (네온)
3	Na (나트륨)	Mg (마그네슘)	Al (알루미늄)	Si (규소)	P (인)	S (황)	Cl (염소)	Ar (아르곤)
4	K (칼륨)	Ca (칼슘)					Br (브롬)	
5							I (요오드)	
최외각 전자수	1	2	3	4	5	6	7	8
산화수 (=원자가)	+1	+2	+3	+4, -4	+5, -3	+6, -2	+7, -1	0

(1) 주기(Period) : 주기율표의 세로칸으로 전자껍질의 수를 의미한다.

(2) 족(Group) : 주기율표의 가로칸으로 1~18족으로 나열되며, 원자가 전자의 수를 의미한다.

① 1족 : 알칼리금속(H_2는 제외)으로 물과 반응하여 수산화금속과 수소를 발생한다.
② 2족 : 알칼리토금속으로 물과 반응하여 수산화금속과 수소를 발생한다.
③ 17족 : 할로겐원소로 반응성이 가장 크다.
④ 18족 : 불활성기체로 가장 안정적이므로 반응성이 가장 작다.

(3) 원자가 결정

일반적으로 주기율표 기준 왼쪽에 있는 원소들은 (+)원자가를 사용하며, 오른쪽에 있는 원소들은 (-)원자가를 사용한다.

(4) 원자량

① 원자번호 짝수의 원자량 : 원자번호×2

② 원자번호 홀수의 원자량 : 원자번호×2+1

ex) 나트륨(Na)은 원자번호 11번이니 $11 \times 2 + 1 = 23$
 황(S)은 원자번호 16번이니 $16 \times 2 = 32$

③ 예외 5가지

원소	수소(H)	베릴륨(Be)	질소(N)	염소(Cl)	아르곤(Ar)
원자량	1	9	14	35.5	40

(5) 분자량

① 분자 : 화합물의 최소 단위

② 분자량 : 분자의 질량을 나타내는 양
 ex) $NaCl$(염화나트륨)은 $Na^+ + Cl^-$이므로, $23 + 35.5 = 58.5$ 이다.

(6) 몰 수 $[mol]$: 원자 또는 분자의 개수를 의미한다.

ex) 산소(O_2) $3mol$의 화학식 : $3O_2$

1-2 원소 반응 및 원자단

(1) **원소반응** : 서로 원자가를 주어 분자로 받아들이는 반응

① 나트륨과 염소의 반응 : $Na^+ + Cl^- = Na_1Cl_1 = NaCl$
 (분자수 1은 생략할 수 있다.)

② 알루미늄과 산소의 반응 : $Al^{+3} + O^{-2} = Al_2O_3$

③ 마그네슘과 산소의 반응 : $Mg^{+2} + O^{-2} = Mg_1O_1 = MgO$

(2) **원자단**

화합물의 분자 내에 원자들이 공유결합으로 결합되어 있는 것이며, 강한 결합으로 되어 있어 반응할 때 원자단 전체가 같이 반응한다.

① 수산기(OH^-) : -1가 원자단
② 암모늄기(NH_4^+) : +1가 원자단
③ 황산기(SO_4^{-2}) : -2가 원자단

1-3 이상기체 방정식

(1) **이상기체** : 분자의 부피가 0이고 구성분자들이 모두 동일하거, 상호작용이 없는 가상의 기체

(2) **이상기체 방정식**

① 화학반응이 없는 경우 : $PV = nRT = \dfrac{W}{M}RT$

② 화학반응이 있는 경우 : $PV = nRT \times \dfrac{M_1}{M_2} = \dfrac{W}{M}RT \times \dfrac{M_1}{M_2}$

여기서, P : 압력 $[atm]$, V : 부피 $[L]$
n : 몰 수 $[mol]$ $\left(n = \dfrac{W(질량)}{M(분자량)}\right)$,
R : 이상기체상수 $\left(R = 0.082 \left[\dfrac{atm \cdot L}{K \cdot mol}\right]\right)$,
T : 절대온도 ($T = ℃ + 273$)

(3) **여러 가지 상태량**

① 부피(V) $[L, m^3]$: 표준상태($1atm$, $0℃$)에서, 모든 기체 $1mol$의 부피는 $22.4L$이다. 또한 단위 환산으로서 $1L = 10^{-3} m^3$이다.

② 밀도(ρ) $[g/L]$: $\rho = \dfrac{질량}{부피}$

③ 비중(S) : $S = \dfrac{해당 물질의 밀도}{물의 밀도} = \dfrac{\rho}{1} = \rho$

④ 증기밀도(ρ_{H_2O}) : $\rho_{H_2O} = \dfrac{PM}{RT}$

표준상태($1atm$, $0℃$)에서, 증기밀도는 $\rho_{H_2O} = \dfrac{분자량}{22.4}$

⑤ 증기비중(S_{H_2O}) : $S_{H_2O} = \dfrac{M}{28.84}$

1-4 일반화학 용어

(1) 유기물과 무기물

① 유기물 : 탄소(C)를 포함하고 있는 물질

② 무기물 : 탄소(C)를 포함하지 않은 물질

(2) 탄화수소 작용기의 종류

① 알칸(C_nH_{2n+2}) : 단일결합이 있는 포화탄화수소 작용기
② 알켄(C_nH_{2n}) : 이중결합이 하나라도 있는 불포화탄화수소 작용기
③ 알킨(C_nH_{2n-2}) : 삼중결합이 하나라도 있는 불포화탄화수소 작용기
④ 알킬(C_nH_{2n+1}) : 알칸에서 수소 하나가 빠진 형태의 작용기

(3) 방향족과 지방족

① 방향족(=벤젠족) : 구조식으로 표현할 때 벤젠고리형으로 연결된 물질

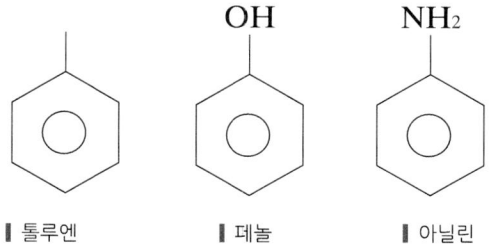

▌톨루엔   ▌페놀   ▌아닐린

② 지방족(=사슬족) : 구조식으로 표현할 때 직선형으로 연결된 물질

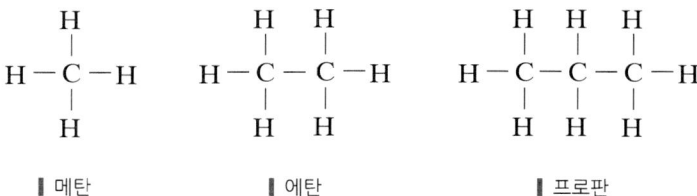

▌메탄   ▌에탄   ▌프로판

02

화재예방과 소화방법

01. 연소이론
02. 소화이론
03. 자연발화·폭발 및 기타 공식
04. 기타 주요 법령

Chapter 1

연소이론

1-1 연소

연소란, 물질이 빛, 열 또는 불꽃을 내며 빠르게 산소공급원과 결합하는 반응

(1) 연소의 3요소

① 산소공급원 : 산소를 공급할 수 있는 인자
② 가연물 : 불에 탈 수 있는 물질
③ 점화원 : 연소를 일으키기 위한 초기 필요한 에너지

✔ 연소의 4요소는 연소의 3요소에 연쇄반응(반응이 지속될 수 있도록 하는 활성화 반응)을 추가하면 됩니다.

(2) 고체연소의 종류

① 표면연소 : 숯(목탄), 코크스, 금속분 등
② 증발연소 : 제4류 위험물 (에터, 휘발유, 아세톤, 등유, 경유 등), 황, 나프탈렌, 파라핀(양초) 등
③ 자기연소 : 제5류 위험물(TNT, 나이트로글리세린 등) 등
④ 분해연소 : 종이, 나무, 목재, 석탄, 중유, 플라스틱 등

(3) 연소범위(폭발범위)

① 연소범위 영향요소

- 온도 및 압력 상승 시 연소범위가 넓어진다.
- 산소농도 증가 시 연소범위가 넓어진다.
- 불활성기체가 첨가되면 연소범위가 좁아진다.
- 연소범위가 넓으면 폭발의 위험성이 증대된다.

② 가연성기체 연소범위

가연성기체	연소범위
아세톤(CH_3COCH_3)	2.6 ~ 12.8
톨루엔($C_6H_5CH_3$)	1.4 ~ 6.7
에틸알코올(C_2H_5OH)	4.3 ~ 19
다이에틸에터($C_2H_5OC_2H_5$)	1.9 ~ 48
벤젠(C_6H_6)	1.4 ~ 7.1
메틸알코올(CH_3OH)	6 ~ 36
아세틸렌(C_2H_2)	2.5 ~ 81
수소(H_2)	4 ~ 74.5
휘발유	1.4 ~ 7.6
산화프로필렌(CH_3CHOCH_2)	2.5 ~ 38.5
일산화탄소(CO)	12.5 ~ 74
에틸렌(C_2H_4)	2.7 ~ 36
메탄(CH_4)	5 ~ 15
에탄(C_2H_6)	3 ~ 12.4
프로판(C_3H_8)	2.1 ~ 9.5
부탄(C_4H_{10})	1.86 ~ 8.41

③ 위험도

$$H = \frac{U-L}{L}$$

여기서,
H : 위험도
U : 연소상한계 [%]
L : 연소하한계 [%]

(4) 가연물의 구비조건

① 발열량이 클 것
② 표면적이 클 것
③ 발열반응 일 것
④ 연쇄반응을 수반할 것
⑤ 활성화 에너지가 작을 것
⑥ 열전도도가 작을 것

(5) 점화원의 종류

분류	화학적 에너지원	기계적 에너지원	전기적 에너지원
종류	① 연소열 ② 자연발화 ③ 분해열 ④ 융해열	① 마찰열 ② 단열압축 ③ 충격 및 마찰	① 정전기 ② 유도열 ③ 유전열 ④ 저항열 ⑤ 아크열

1-2 온도관련 정의 및 관계

(1) 인화점, 연소점, 발화점, 융점, 비점의 정의

① 인화점 : 휘발성 물질에 불꽃을 접하여 발화될 수 있는 최저온도
② 연소점 : 점화원(외부에너지)를 제거해도 자력으로 연소를 지속할 수 있는 최저온도
③ 발화점(착화점) : 가연성 물질에 점화원을 접하지 않고 발화하는 최저온도
④ 융점(녹는점) : 물질이 고체에서 액체로 상태변화가 일어날 때의 온도
⑤ 비점(끓는점, 비등점) : 액체를 어떠한 압력으로 가열시킬 때 도달하는 최고온도

(2) 온도단위 환산

온도	단위 환산
섭씨온도(℃)	$℃ = \dfrac{5}{9}(℉ - 32)$
절대온도(K)	$K = ℃ + 273$
화씨온도(℉)	$℉ = \dfrac{9}{5}℃ + 32$

(3) 고온체의 색깔과 온도관계

색깔	온도
담암적색	522℃
암적색	700℃
진홍색	750℃
적색	850℃
휘적색(주황색)	950℃
황색	1050℃
황적색	1100℃
백색(백적색)	1300℃
휘백색	1500℃ 이상

Memo

Chapter 2

소화이론

2-1 소화방법 및 화재등급의 분류

소화란, 가연성물질이 공기 중의 산소와 반응하여 열, 빛을 수반하며 급격히 산화하는 연소이다.

(1) 소화방법의 분류

소화방법	소화종류	내용
물리적소화	냉각소화	점화원 차단
	질식소화	산소공급원 차단
	제거소화	가연물 차단
화학적소화	억제소화	연쇄반응 차단

(2) 화재등급의 분류

등급	종류	색	소화방법
A급	일반화재	백색	냉각소화
B급	유류 및 가스화재	황색	질식소화
C급	전기화재	청색	질식소화
D급	금속화재	무색	피복소화

2-2 소화약재 및 소화기

(1) 물 소화약제의 장단점

구분	설명
장점	① 냉각 및 질식소화 효과가 매우 높다. ② 인체에 무해하다. ③ 비압축성유체로 쉽게 펌핑 및 이송이 가능하다. ④ 장기간 보관이 가능하다. ⑤ 구하기 쉽다.
단점	① 영하에서는 얼 수 있어, 사용이 제한적이다. ② 금수성, C급 화재에 적응성이 떨어지는 편이다. ③ 소화 후 물에 의한 2차 피해가 발생한다.

(2) 물 소화약제 주수방법

주수방법	봉상	무상	적상
모양	긴봉	안개	물안개
적응화재	A급	A,B,C급	A급
소화효과	냉각 타격 파괴	질식 냉각 유화	질식 냉각 유화

(3) 주수소화 시 위험한 물질

① 가연성 액체의 유류화재 : 연소면 확대
② K, Na, Mg, Al, 금속분 : 수소(H_2) 발생
③ 무기과산화물 : 산소(O_2) 발생

(4) 포 소화약제의 주 소화효과 : 냉각효과, 질식효과

<포 소화약제의 종류>

① 단백포 소화약제
② 합성계면활성제포 소화약제
③ 수성막포 소화약제
④ 불화단백포 소화약제
⑤ 내알코올포 소화약제

(5) 이산화탄소(CO_2) 소화약제 성질

① 전기부도체로 C급화재(전기화재)에 적응성이 있다.
② 무색, 무취의 부식성이 없는 기체이며, 공기보다 무겁다.
③ 액화가 용이한 불연성 가스이다.
④ 전기절연성은 공기보다 크다.
⑤ 질식, 냉각, 피복소화 효과를 가지고 있다.

(6) 할로젠화합물 소화약제의 특징

① 전기음성도 및 안전성 : $F > Cl > Br > I$
② 부촉매소화효과, 독성 : $I > Br > Cl > F$

(7) Halon 소화약제

: Halon 소화약제의 Halon번호는 C, F, Cl, Br, I의 개수를 나타낸다.

① Halon 소화약제의 종류

명칭	분자식
Halon 1001	CH_3Br
Halon 10001	CH_3I
Halon 1011	CH_2ClBr
Halon 1211	CF_2ClBr
Halon 1301	CF_3Br
Halon 104	CCl_4
Halon 2402	$C_2F_4Br_2$

② 할로젠 소화약제 상온에서의 상태

종류	상태
Halon 1301	기체
Halon 1211	
Halon 2402	액체

③ 할로젠화물 소화설비의 기준

약제		충전비
Halon 1211		0.7 이상 1.4 이하
Halon 1301		0.9 이상 1.6 이하
Halon 2402	가압식	0.51 이상 0.67 이하
	축압식	0.67 이상 2.75 이하

④ 이동식 할로젠화물 소화설비의 기준
: 하나의 노즐마다 온도 20℃에서 1분당 다음 표에 정한 소화약제의 종류에 따른 양 이상을 방사할 수 있도록 할 것

소화약제의 종별	소화약제의 종별
Halon 2402	45kg
Halon 1211	40kg
Halon 1301	35kg

⑤ 할로젠화물 방사압력

Halon의 종류	방사압력
Halon 2402	0.1MPa 이상
Halon 1211	0.2MPa 이상
Halon 1301	0.9MPa 이상

⑥ 할로젠화물 소화약제의 소화효과

- 부촉매효과 : 주 소화효과
- 냉각효과
- 질식효과

⑦ 할로젠화합물 소화약제 구비조건

- 전기절연성이 우수할 것
- 공기보다 무거울 것
- 증발 잔유물이 없을 것
- 인화성이 없을 것
- 기화되기 쉬울 것
- 비점이 작을 것

(8) 분말소화약제

① 분말소화기의 종류

종별	소화약제	착색	화재종류
제1종 소화분말	$NaHCO_3$ (탄산수소나트륨)	백색	BC 화재
제2종 소화분말	$KHCO_3$ (탄산수소칼륨)	담회색	BC 화재
제3종 소화분말	$NH_4H_2PO_4$ (인산암모늄)	담홍색	ABC 화재
제4종 소화분말	$KHCO_3 + (NH_2)_2CO$ (탄산수소칼륨 + 요소)	회색	BC 화재

② 분말 소화약제의 소화효과

- 질식소화 : 주 소화효과
- 냉각소화
- 억제소화

(9) 불연성, 불활성기체혼합가스의 종류

종류	구성
IG-100	$N_2(100\%)$
IG-55	$N_2(50\%) + Ar(50\%)$
IG-541	$N_2(52\%) + Ar(40\%) + CO_2(8\%)$

2-3 포소화설비의 약제 혼합방식

방식	그림	설명
라인 프로포셔너 방식		펌프와 발포기의 중간에 설치된 벤추리관의 벤추리 작용에 따라 포 소화약제를 흡입·혼합하는 방식
프레셔 프로포셔너 방식		펌프와 발포기의 중간에 설치된 벤추리관의 벤추리작용과 펌프 가압수의 포 소화약제 저장탱크에 대한 압력에 의하여 포 소화약제를 흡입·혼합하는 방식
프레셔사이드 프로포셔너 방식		포원액을 수송관에 압입하기 위하여 포원액용 펌프를 별도로 설치하여 혼합하는 방식
펌프 프로포셔너 방식		펌프의 토출관과 흡입관 사이의 배관 도중에 설치한 흡입기에 펌프에서 토출된 물의 일부를 보내고, 농도조정 밸브에서 조정된 포 소화약제의 필요량을 포 소화약제 탱크에서 펌프 흡입측으로 보내어 이를 혼합하는 방식

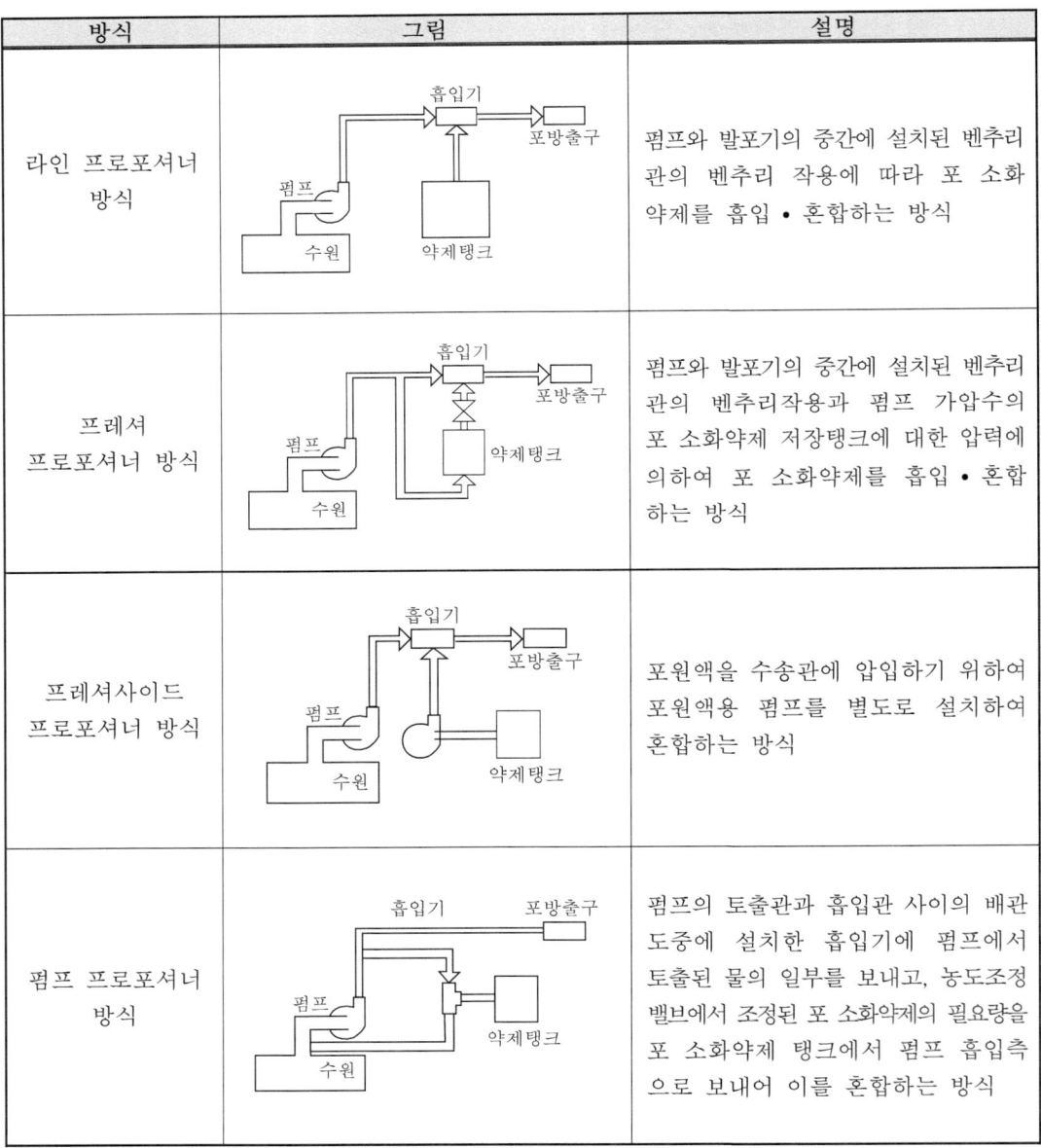

Memo

Chapter 3
자연발화 · 폭발 및 기타 공식

3-1 자연발화

(1) 자연발화의 종류

① 산화열에 의한 발화 : 건성유(아마인유 등), 석탄, 원면, 금속분, 고무분말, 기름걸레 등
② 분해열에 의한 발화 : 셀룰로이드, 아세틸렌, 나이트로화합물 등
③ 흡착열에 의한 발화 : 목탄, 활성탄 등
④ 미생물에 의한 발화 : 액화시안화수소 등
⑤ 중합열에 의한 발화 : 건초, 곡물, 먼지, 퇴비 등

(2) 자연발화에 영향을 주는 인자

① 공기의 유동
② 열의 축적
③ 열전도율
④ 발열량
⑤ 수분(습도) 등

(3) 자연발화의 조건

① 발열량이 클 것
② 열전도율이 적을 것
③ 주위의 온도가 높을 것
④ 표면적이 넓을 것

(4) 자연발화 예방대책

① 저장실 온도 및 습도 낮게 유지할 것
② 저장실 통풍 및 환기 유지할 것
③ 가연성물질 제거할 것

3-2 폭발

(1) 각 폭발의 정의

① 비등액체 팽창 증기폭발(BLEVE)
: 비등상태의 액화가스가 기화하여 팽창하고 폭발하는 현상

② 증기운폭발(UVCE)
: 대기 중 구름형태로 모여 바람, 대류 등 영향으로 움직이다가 점화원에 의하여 순간적으로 폭발하는 현상

③ 플래시 오버(Flash Over)
: 순간적으로 전기 불꽃을 내며 전류가 흐르는 현상

④ 보일 오버(Boil Over)
: 밀도와 끓는점이 다른 두 액체가 혼합되어 있을 때 용기가 가열되면 밀도가 높은 아래쪽의 액체가 증기화 되면서 위의 액체를 주변으로 비산시키는 현상

⑤ 슬롭 오버(Slop Over)
: 액체위험물 화재 시 연소면이 가열된 상태에서 물이 포함되어 있는 소화약제를 방사할 시 물이 비등 또는 기화 하면서 액체위험물을 탱크 밖으로 비산시키는 현상

(2) 폭굉의 정의 : 연소속도가 음속보다 빠를 경우 발생하며 충격파가 있다.

(3) 폭굉 유도 거리(DID)가 짧아지는 요건

① 압력이 높을수록
② 관경이 작을수록
③ 관속에 장애물이 있는 경우
④ 점화원의 에너지가 클 수록
⑤ 정상연소속도가 큰 혼합물 일수록

(4) 정전기 폭발 방지대책

① 공기 중 상대습도를 70%이상으로 하는 방법
② 도전성재료 사용
③ 대전방지제 사용
④ 제전기 사용
⑤ 접지에 의한 방법
⑥ 공기를 이온화하는 방법

3-3 기타 공식

(1) 펌프의 전양정

$$H = h_1 + h_2 + h_3 + 35m$$

여기서,
H : 펌프의 전양정 $[m]$
h_1 : 소방용 호스의 마찰손실수두 $[m]$
h_2 : 배관의 마찰손실수두 $[m]$
h_3 : 낙차 $[m]$

(2) 필요한 압력

$$P = p_1 + p_2 + p_3 + 0.35 MPa$$

여기서,
P : 필요한 압력 $[MPa]$
p_1 : 소방용 호스의 마찰손실수두압 $[MPa]$
p_2 : 배관의 마찰손실수두압 $[MPa]$
p_3 : 낙차의 환산수두압 $[MPa]$

(3) 전기 에너지 공식

$$E = \frac{1}{2}CV^2 = \frac{1}{2}QV$$

여기서,
E : 전기 에너지 $[kJ]$
C : 전기용량 $[F]$
V : 방전전압 $[V]$
Q : 전기량 $[C]$

(4) 물의 잠열과 스테판-볼츠만의 법칙

① 물의 증발잠열 : $539 cal/g$
② 얼음의 융해잠열 : $80 cal/g$
③ 스테판-볼츠만의 법칙 : 총에너지(E)는 절대온도(K)의 4제곱에 비례한다.

(5) 수원의 수량

① 옥외 : $13.5 \times n [개]$ (단, 4개 이상인 경우는 $n=4$)
② 옥내 : $7.8 \times n [개]$ (단, 5개 이상인 경우는 $n=5$)

✔ 수원이 가장 많은 층의 수원의 수량만 고려합니다.

(6) 탱크의 내용적 공식

모양	그림	공식
양쪽이 볼록한 모양		$V = \dfrac{\pi ab}{4}\left(\ell + \dfrac{\ell_1 + \ell_2}{3}\right)$
한쪽은 볼록하고 한쪽은 오목한 모양		$V = \dfrac{\pi ab}{4}\left(\ell + \dfrac{\ell_1 - \ell_2}{3}\right)$
횡으로 설치한 원형 모양		$V = \pi r^2 \left(\ell + \dfrac{\ell_1 + \ell_2}{3}\right)$
세로로 설치한 원형 모양		$V = \pi r^2 \ell$

Chapter 4

기타 주요 법령

4-1 법령

(1) 이산화탄소 소화설비의 기준

① 저장용기의 충전비는 고압식인 경우에는 1.5 이상 1.9 이하, 저압식인 경우에는 1.1 이상 1.4 이하일 것.

② 저압식 저장용기에는 다음에 정하는 것에 의할 것.
- 저압식 저장용기에는 액면계 및 압력계를 설치할 것.
- 저압식 저장용기에는 $2.3MPa$ 이상의 압력 및 1.9MPa 이하의 압력에서 작동하는 압력경보장치를 설치할 것.
- 저압식 저장용기에는 용기내부의 온도를 −20℃ 이상 −18℃ 이하로 유지할 수 있는 자동냉동기를 설치할 것.
- 저압식 저장용기에는 파괴판을 설치할 것.
- 저압식 저장용기에는 방출밸브를 설치할 것.

③ 기동용 가스용기는 다음에 정한 것에 의할 것.
- 기동용 가스용기는 25MPa 이상의 압력에 견딜 수 있을 것.
- 기동용 가스용기의 내용적은 1L 이상으로 하고 당해 용기에 저장하는 이산화탄소의 양은 0.6kg 이상으로 하되 그 충전비는 1.5 이상일 것.
- 기동용 가스용기에는 안전장치 및 용기밸브를 설치할 것.

(2) 제조소 등에서의 위험물의 저장 및 취급에 관한 기준

① 제1류 위험물은 가연물과의 접촉·혼합이나 분해를 촉진하는 물품과의 접근 또는 과열·충격·마찰 등을 피하는 한편, 알칼리금속의 과산화물 및 이를 함유한 것에 있어서는 물과의 접촉을 피하여야 한다.

② 제2류 위험물은 산화제와의 접촉·혼합이나 불티·불꽃·고온체와의 접근 또는 과열을 피하는 한편, 철분·금속분·마그네슘 및 이를 함유한 것에 있어서는 물이나 산과의 접촉을 피하고 인화성 고체에 있어서는 함부로 증기를 발생시키지 아니하여야 한다.

③ 제3류 위험물 중 자연발화성물질에 있어서는 불티·불꽃 또는 고온체와의 접근·과열 또는 공기와의 접촉을 피하고, 금수성물질에 있어서는 물과의 접촉을 피하여야 한다.

④ 제4류 위험물은 불티·불꽃·고온체와의 접근 또는 과열을 피하고, 함부로 증기를 발생시키지 아니하여야 한다.

⑤ 제5류 위험물은 불티·불꽃·고온체와의 접근이나 과열·충격 또는 마찰을 피하여야 한다.

⑥ 제6류 위험물은 가연물과의 접촉·혼합이나 분해를 촉진하는 물품과의 접근 또는 과열을 피하여야 한다.

(3) 옥외탱크저장소의 위치, 구조 및 설비의 기준

종류	저장 또는 취급하는 액체 위험물의 최대수량
특정옥외저장탱크	100만L 이상
준특정옥외저장탱크	50만L 이상 100만L 미만

(4) 분사헤드의 방사압력
: 고압식은 $2.1MPa$ 이상, 저압식은 $1.05MPa$ 이상의 것으로 할 것.

(5) 물분무 소화설비의 제어밸브
: 바닥으로부터 $0.8m$ 이상, $1.5m$ 이하로 설치할 것.

(6) 각 설비의 1소요단위의 기준

건축물	외벽이 내화구조인 것	외벽이 내화구조가 아닌 것
제조소 및 취급소	$100m^2$	$50m^2$
저장소	$150m^2$	$75m^2$
위험물	지정수량의 10배	

(7) 화학소방자동차 및 자체소방대원수

사업소의 구분	화학소방 자동차	자체소방대원 수
① 제조소 또는 일반취급소에서 취급하는 제4류 위험물의 최대수량의 합이 지정수량의 3천배 이상 12만배 미만인 사업소	1대	5인
② 제조소 또는 일반취급소에서 취급하는 제4류 위험물의 최대수량의 합이 지정수량의 12만배 이상 24만배 미만인 사업소	2대	10인
③ 제조소 또는 일반취급소에서 취급하는 제4류 위험물의 최대수량의 합이 지정수량의 24만배 이상 48만배 미만인 사업소	3대	15인
④ 제조소 또는 일반취급소에서 취급하는 제4류 위험물의 최대수량의 합이 지정수량의 48만배 이상인 사업소	4대	20인
⑤ 옥외탱크저장소에 저장하는 제4류 위험물의 최대수량이 지정수량의 50만배 이상인 사업소	2대	10인

① 화학소방자동차
: 자체소방대에 두어야 하는 화학소방자동차 중 포수용액을 방사하는 화학소방자동차는 전체 법정 화학소방자동차의 대수의 $\frac{2}{3}$ 이상으로 할 것.

② 자체소방대를 설치해야 하는 사업소
- "대통령령이 정하는 제조소등"이라 함은 제4류 위험물을 취급하는 제조소 또는 일반취급소를 말한다. 다만, 보일러로 위험물을 소비하는 일반취급소 등 총리령이 정하는 일반취급소를 제외한다.
- "대통령령이 정하는 수량"이라 함은 지정수량의 3천배를 말한다.

(8) 정기점검
: 대통령령이 정하는 제조소등의 관계인은 그 제조소등에 대하여 총리령이 정하는 바에 따라 연 1회 이상 정기점검을 실시한다.

(9) 포헤드방식의 포헤드는 다음과 같이 설치할 것

① 포헤드는 방호대상물의 모든 표면이 포헤드의 유효사정 내에 있도록 설치할 것

② 방호대상물의 표면적 $9m^2$당 1개 이상의 헤드를 방호대상물의 표면적 $1m^2$당의 방사량이 $6.5L/min$ 이상의 비율로 계산한 양의 포수용액을 표준방사량으로 방사할 수 있도록 설치할 것.

③ 방사구역은 $100m^2$이상으로 할 것

(10) 축압식 저장용기
: 축압식 저장용기등은 온도 20℃에서 할론1301을 저장하는 것은 $2.5MPa$ 또는 $4.2MPa$, 할론 1211을 저장하는 것은 $1.1MPa$ 또는 $2.5MPa$이 되도록 질소가스(N_2)로 축압할 것.

(11) 옥외소화전함
: 옥외소화전함은 옥외소화전으로부터 보행거리 $5m$ 이하의 장소에 설치할 것.

(12) 이산화탄소 소화설비의 소화약제 방출방식

① 전역방출방식 : 일정 방호구역 전체에 방출하는 경우 해당 부분의 구획을 밀폐하여 불연성가스를 방출하는 방식

② 국소방출방식 : 발화위험 및 연소위험이 적고 광대한 실내에서 특정장치나 기계만을 방호하는 방식

③ 호스릴방식 : 사람이 용이하게 소화활동을 할 수 있는 장소에는 호스를 연장하여 소화활동을 행하는 방식

(13) 위험물에 따른 소화설비의 적응성

소화설비의 구분			대상물 구분								
			제1류 위험물		제2류 위험물			제3류 위험물		제4류 위험물	제5류 위험물	제6류 위험물
			알칼리금속과산화물	그 밖의 것	철분금속분마그네슘	인화성고체	그 밖의 것	금수성물질	그 밖의 것			
옥내소화전설비 또는 옥외소화전설비				○		○	○		○		○	○
물분무등 소화설비	물분무			○		○	○		○	○	○	○
	포			○		○	○		○	○	○	○
	불활성가스						○				○		
	할로젠화합물						○				○		
	분말소화설비	인산염류		○		○	○			○		○
		탄산수소염류	○		○	○		○		○		
		그 외	○		○			○				

(14) 스프링클러

① 스프링클러의 방사구역
 : 방사구역은 $150m^2$ 이상으로 하되 방호대상물의 표면적이 $150m^2$ 미만인 경우 당해 표면적으로 한다.

② 스프링클러의 장단점

㉠ 장점
 - 소화약제가 물이므로 경제적이다.
 - 화재 시 사람의 조작 없이 작동이 가능하다.
 - 초기 화재의 진화에 효과적이다.
 - 조작이 쉽고 안전하다.
 - 화재진화 후 복구가 용이하다.

㉡ 단점
 - 초기 설치비용이 크다.
 - 물로 인한 피해가 심하다.
 - 다른 설비보다 시공이 복잡하다.

③ 스프링클러설비의 기준

부착장소의 최고 주위온도[℃]	표시온도[℃]
28℃ 미만	58℃ 미만
28℃ 이상 39℃ 미만	58℃ 이상 79℃ 미만
39℃ 이상 64℃ 미만	79℃ 이상 1121℃ 미만
64℃ 이상 106℃ 미만	121℃ 이상 162℃ 미만
106℃ 초과	162℃ 이상

(15) 줄-톰슨효과
: 액체 또는 기체가 소화기 내부의 가는 관을 통과할 때 온도의 압력이 급강하여 드라이아이스(CO_2)가 생성되면서 관이 막히는 현상

(16) 가압식 분말소화설비
: 가압식 분말소화설비에는 $2.5MPa$ 이하의 압력으로 조정할 수 있는 압력조정기를 설치해야 한다.

(17) 강화액소화기
: 물의 소화효과를 높이기 위해 염류(탄산칼륨)를 첨가한 소화기이다.

(18) 소화설비의 능력단위

소화설비	용량	능력 단위
소화전용 물통	$8L$	0.3
수조 (소화전용물통 3개 포함)	$80L$	0.3
수조 (소화전용물통 6개 포함)	$80L$	2.5
마른 모래(삽 1개 포함)	$80L$	0.5
팽창질석 또는 팽창진주암 (삽1개 포함)	$80L$	0.5

(19) 옥내 및 옥외소화전 설비 비교

비교	옥내소화전 설비	옥외소화전 설비
방수압력	350kPa 이상	
방수량	260L/min 이상	450L/min 이상
수평거리	25m 이상	40m 이하
비상전원의 용량	45분 이상	

(20) 경보설비
: 지정수량 10배 이상의 위험물을 저장 또는 취급하는 제조소 등(이동탱크저장소는 제외)에는 화재발생 시 이를 알릴 수 있는 경보설비를 설치할 것.

① 경보설비의 종류
- 자동화재탐지설비
- 비상경보설비
- 확성장치
- 비상방송장치
- 자동화재속보설비

② 자동화재탐지설비만을 설치해야 하는 위험물제조소등

㉠ 제조소 및 일반취급소
- 연면적 500m^2 이상인 경우
- 옥내에서 지정수량의 100배 이상을 취급하는 경우

㉡ 옥내저장소
- 연면적 150m^2를 초과하는 경우
- 지정수량의 100배 이상을 저장하는 경우
- 처마높이가 6m 이상인 단층 건물의 경우

㉢ 옥내탱크저장소
- 단층 건물 외의 건축물에 설치된 옥내탱크저장소로서 소화난이도등급 I에 해당하는 경우

㉣ 주유취급소
- 옥내주유취급소

③ 자동화재탐지설비 및 자동화재속보설비를 설치해야 하는 경우
: 특수인화물, 제1석유류 및 알코올류를 저장하는 탱크의 용량이 1000만 L 이상인 옥외탱크저장소

④ 경보설비(자동화재속보설비 제외) 중 1개 이상을 설치할 수 있는 경우
- 바닥면적이 $150m^2$을 초과하는 경우
- 지하층 또는 무창층 바닥면적이 $150m^2$ 이상인 경우
- 50인 이상의 근로자가 작업하는 옥내작업장
- 가연성증기 또는 가연성미분이 체류할 우려가 있는 건축물 또는 실내

(21) 이동저장탱크 보냉장치 유무
: 이동저장탱크에 저장하는 아세트알데하이드 등 또는 다이에틸에터 등의 온도는 보냉장치가 없을 때 40℃ 이하로 유지하고 보냉장치가 있을 때 당해 위험물의 비점 이하로 유지할 것.

(22) 인화점 70℃ 이상인 제4류 위험물 저장 및 취급
: 인화점이 70℃ 이상인 제4류 위험물을 저장 및 취급하는 소화난이도등급 I의 옥외탱크저장소(지중탱크 또는 해상탱크 외의 것)에 설치하는 소화설비로는 물분무 소화설비 또는 고정식 포소화설비를 사용한다.

(23) 안전카드
: 위험물(제4류 위험물 중 특수인화물 및 제1석유류에 한함)을 운송하게 하는 자는 위험물 안전카드를 위험물 운송자로 하여금 휴대하게 할 것.

(24) 주유취급소의 위치·구조 및 설비의 기준

기준	고정주유설비	고정급유설비
도로경계선	$4m$ 이상	$4m$ 이상
부지경계선 및 담	$2m$ 이상	$1m$ 이상
건축물의 벽	$2m$ 이상	$2m$ 이상
개구부가 없는 벽	$2m$ 이상	$2m$ 이상
※ 고정주유설비와 고정급유설비 사이에는 $4m$이상.		

03

위험물의 화학적 성질 및 취급

01. 위험물의 종류 및 성질
02. 필수 암기 118개 반응식
03. 기타 주요 법령

Chapter 1

위험물의 종류 및 성질

1-1 제1류 위험물(산화성고체)

등급	품명		지정수량
Ⅰ	아염소산염류	$NaClO_2$ (아염소산나트륨), $KClO_2$ (아염소산칼륨)	50kg
	염소산염류	$NaClO_3$ (염소산나트륨), $KClO_3$ (염소산칼륨), NH_4ClO_3 (염소산암모늄)	
	과염소산염류	$NaClO_4$ (과염소산나트륨), $KClO_4$ (과염소산칼륨), NH_4ClO_4 (과염소산암모늄)	
	무기과산화물	Na_2O_2 (과산화나트륨), K_2O_2 (과산화칼륨), BaO_2 (과산화바륨), CaO_2 (과산화칼슘), MgO_2 (과산화마그네슘)	
Ⅱ	브로민산염류	$NaBrO_3$ (브로민산나트륨), $KBrO_3$ (브로민산칼륨)	300kg
	아이오딘산염류	$NaIO_3$ (아이오딘산나트륨), KIO_3 (아이오딘산칼륨)	
	질산염류	$NaNO_3$ (질산나트륨), KNO_3 (질산칼륨), NH_4NO_3 (질산암모늄), $AgNO_3$ (질산은)	
Ⅲ	과망가니즈산염류	$NaMnO_4$ (과망간산나트륨), $KMnO_4$ (과망간산칼륨)	1000kg
	다이크로뮴산염류	$Na_2Cr_2O_7$ (다이크로뮴산나트륨), $K_2Cr_2O_7$ (다이크로뮴산칼륨)	
Ⅰ	그 밖에 행정안전부령으로 정하는 물질	차아염소산염류	50kg
Ⅱ		과아이오딘산염류, 과아이오딘산, 크로뮴의 산화물, 납의 산화물, 아이오딘의 산화물, 아질산염류, 염소화아이소시아이누르산, 퍼옥소이황산염류, 퍼옥소붕산염류	300kg

1. 일반적인 성질
① 무색의 결정 또는 백색 분말로 상온에서 고체상태이다.
② 무기화합물, 강산화제이다.
③ 일반적으로 불연성 물질이고, 비중이 1보다 크며, 물에 용해하는 것이 많은 편이다.

2. 위험성
① 가열, 마찰, 충격시 분해되어 산소가 발생한다.
② 가연물과 혼합하면 연소 or 폭발의 위험이 큰 편이다.
③ 알칼리금속 과산화물은 물과 격렬히 반응하여 산소를 발생하며 발열한다.

3. 소화방법
① 일반적으로 무기과산화물을 제외하고 다량의 물에 의한 냉각소화가 효과적이다.
② 화재 초기일 경우에는, 포, 이산화탄소, 분말, 할로젠화합물에 의한 질식소화가 가능하다.
③ 무기과산화물류(알칼리금속 과산화물)는 물에 의한 주수소화는 안되고, 건조사, 팽창질석, 팽창진주암 등에 의한 질식소화가 일반적이다.

4. 저장 및 취급방법
① 조해성 물질은 습기를 피하고, 용기를 밀폐하여 보관해야 한다.
② 가연물, 유기물 및 산화되기 쉬운 물질과 접촉 및 혼합을 피해야 한다.
③ 직사광선을 피하고, 환기가 잘되는 곳에 보관한다.

(1) 아염소산염류(지정수량 $50kg$, 위험등급 I)

① 아염소산나트륨($NaClO_2$)

- 무색의 결정이다.
- 물에 잘 용해되며 산을 가하면 이산화염소를 발생시킨다.
- 인, 황, 금속물 등과 혼합하면 충격에 의해 폭발한다.
- 직사광선을 피하고 환기가 잘되는 냉암소에 보관해야 한다.

② 아염소산칼륨($KClO_2$)

- 백색의 결정성 분말 또는 침상결정이다.
- 조해성과 부식성을 가지고 있다.
- 햇빛, 열, 충격 등에 의하여 폭발의 위험성이 존재한다.
- 고온에서 분해하여 이산화염소를 발생시킨다.

(2) 염소산염류(지정수량 50kg, 위험등급 I)

① 염소산나트륨($NaClO_3$)

- 무색의 결정이다.
- 물, 알코올, 에터에 잘 녹으며, 비중이 2.5이다.
- 열분해 시 산소가 발생한다.
- 산을 가하면 이산화염소를 발생시킨다.
- 조해성과 흡습성을 가지고 있다.
- 철제용기를 부식시키므로 철제용기 사용을 금지하여야 한다.

② 염소산칼륨($KClO_3$)

- 무색의 결정이다.
- 온수 및 글리세린에 잘 녹으며, 찬물과 알코올에는 잘 녹지 않으며, 비중이 2.32이다.
- 열분해 시 산소가 발생한다.
- 산을 가하면 이산화염소를 발생시킨다.

③ 염소산암모늄(NH_4ClO_3)

- 무색의 결정이다.
- 비중이 1.87이다.
- 폭발성이 크며, 열분해 시 산소가 발생한다.
- 조해성과 부식성을 가지고 있다.

(3) 과염소산염류(지정수량 50kg, 위험등급 I)

① 과염소산나트륨($NaClO_4$)

- 무색의 결정이다.
- 물, 알코올, 아세톤에 잘 녹으며, 에터에 잘 녹지 않으며, 비중이 2.5이다.
- 열분해 시 산소가 발생한다.
- 조해성과 흡습성을 가지고 있다.

② 과염소산칼륨($KClO_4$)

- 무색의 결정이다.
- 물, 알코올, 에터에 잘 녹지 않으며, 비중이 2.5이다.
- 열분해 시 산소가 발생한다.

③ 과염소산암모늄(NH_4ClO_4)

- 무색의 결정이다.
- 물, 알코올, 아세톤에 잘 녹으며, 에터에 잘 녹지 않으며, 비중이 1.87이다.
- 열분해 시 산소가 발생하며, 강산과 반응하여 분해 및 폭발할 우려가 존재한다.

(4) 무기과산화물(지정수량 50kg, 위험등급 I)

① 과산화나트륨(Na_2O_2)

- 백색 또는 황백색의 결정이다.
- 알코올에 녹지 않으며, 비중이 2.8다.
- 흡습성을 가지고 있다.
- 물과 반응하여 조연성의 산소기체를 발생하여, 주수소화가 불가능하다.
- 건조사(마른모래), 팽창질석, 팽창진주암, 탄산수소염류 분말소화약제 등으로 소화하여야 한다.

② 과산화칼륨(K_2O_2)

- 백색 또는 오렌지색의 결정이다.
- 알코올 잘 녹으며, 비중이 2.9이다.
- 물과 반응하여 조연성의 산소기체를 발생하여, 주수소화가 불가능하다.
- 건조사(마른모래), 팽창질석, 팽창진주암, 탄산수소염류 분말소화약제 등으로 소화하여야 한다.

③ 과산화바륨(BaO_2)

- 백색의 결정이다.
- 물에 녹지 않으며, 묽은 산에 잘 녹으며, 비중이 4.96이다.
- 산과 접촉하면 제6류 위험물인 과산화수소(H_2O_2)가 발생하여 산과의 접촉을 피하여야 한다.

④ 과산화칼슘(CaO_2)

- 백색의 결정이다.
- 물, 알코올, 에터에 녹지 않으며, 비중이 3.34이다.
- 산과 접촉하면 제6류 위험물인 과산화수소(H_2O_2)가 발생하여 산과의 접촉을 피하여야 한다.

⑤ 과산화마그네슘(MgO_2)

- 백색의 결정이다.
- 물에 녹지 않는다.
- 산과 접촉하면 제6류 위험물인 과산화수소(H_2O_2)가 발생하여 산과의 접촉을 피하여야 한다.

(5) 브로민산염류(지정수량 300kg, 위험등급 II)

① 브로민산나트륨($NaBrO_3$)

- 백색의 결정이다.
- 물에 잘 녹으며, 알코올에는 잘 녹지 않으며, 비중이 3.3이다.
- 열분해 시 산소가 발생한다.

② 브로민산칼륨($KBrO_3$)

- 백색의 결정이다.
- 물에 잘 녹으며, 비중이 3.27이다.
- 열분해 시 산소가 발생한다.

(6) 아이오딘산염류(지정수량 300kg, 위험등급 II)

① 아이오딘산칼륨(KIO_3)

- 무색 결정, 분말이다.
- 물에 잘 녹으며, 비중이 3.98이다.

(7) 질산염류(지정수량 300kg, 위험등급 II)

① 질산나트륨($NaNO_3$, 칠레초석)

- 무색, 무취의 투명한 결정 또는 백색의 분말이다.
- 물, 글리세린에 잘 녹으며, 알코올에 잘 녹지 않으며, 비중이 2.25이다.
- 흡습성과 조해성이 있다.
- 열분해 시 산소가 발생한다.

② 질산칼륨(KNO_3, 초석)

- 짠맛이 나는 무색, 백색의 결정 분말이다.
- 물, 글리세린에 잘 녹으며, 알코올에는 잘 녹지 않으며, 비중이 2.1이다.
- 불꽃놀이의 원료이다.
- 흑색화약(질산칼륨 + 황 + 숯)의 원료이다.
- 열분해 시 산소가 발생한다.

③ 질산암모늄(NH_4NO_3, 초안, 질안)

- 무색, 무취의 고체 결정이다.
- 물, 알코올에 잘 녹으며, 비중이 1.73이다.
- 흡습성과 조해성이 있다.
- ANFO 폭약(질산암모늄 + 경유)의 원료이다.
- 단독으로 급격한 가열 및 충격으로 인해 분해 및 폭발할 수 있다.
- 열분해 시 산소가 발생한다.

(8) 과망가니즈산염류(지정수량 $1000kg$, 위험등급 III)

① 과망가니즈산칼륨($KMnO_4$)

- 흑자색의 결정이다.
- 물, 아세톤, 알코올에 잘 녹으며, 비중이 2.7이다.

(9) 다이크로뮴산염류(지정수량 $1000kg$, 위험등급 III)

① 다이크로뮴산칼륨($K_2Cr_2O_7$)

- 등적색의 결정이다.
- 물에 녹으며, 알코올에 녹지 않으며, 비중이 2.7이다.

(10) 크로뮴의 산화물(지정수량 $300kg$, 위험등급 II)

① 삼산화크로뮴(CrO_3, 무수크로뮴산)

- 암적자색 결정이다.
- 물, 알코올에 잘 녹으며, 비중이 2.7이다.

1-2 제2류 위험물(가연성고체)

등급	품명		지정수량
Ⅱ	황화린	P_4S_3 , P_2S_5 , P_4S_7 (삼황화인) (오황화인) (칠황화인)	100kg
	적린	P (적린)	
	황	단사황, 사방황, 고무상황	
Ⅲ	마그네슘	Mg (마그네슘)	500kg
	철분	Fe (철)	
	금속분	Al , Zn , Ti (알루미늄분) (아연분) (티탄분)	
	인화성고체	메타알데히드, 제삼부틸알코올	1000kg

1. 일반적인 성질
① 가연성물질이며, 낮은 온도에서 착화하기 쉬운 편이다.
② 비중이 1보다 크고 비수용성이며 강력한 환원성 물질이다.
③ 연소시 연소온도가 높고, 연소열이 크다.
④ 산소와 결합이 용이하고 산화되기 쉽고 연소속도가 빠르다.
⑤ 철분, 마그네슘, 금속분류는 물과 산의 접촉시 발열하고 유독가스가 발생한다.
⑥ 가열은 절대 금지이다.

2. 위험성
① 연소시 다량의 빛과 열을 발생한다.
② 저온에서 발화가 용이하다.
③ 산화제와 혼합한 것은 가열·마찰·충격에 의해 발화 및 폭발 위험이 있다.
④ 수분과 접촉하면 자연발화하고 금속분은 산, 황화수소, 할로젠원소와 접촉하면 발열 및 발화한다.

3. 소화방법
① 적린, 황은 물에 의한 냉각소화가 효과적이다.
② 마그네슘, 철분, 금속분은 건조사, 팽창질석, 팽창진주암 등에 의한 질식소화가 효과적이다.

4. 저장 및 취급방법
① 산화제와의 혼합 또는 접촉을 피한다.
② 화기를 피하고, 불티, 불꽃, 고온체와 접촉을 피한다.
③ 통풍이 잘되는 곳에 보관한다.
④ 황은 물에 의한 냉각소화가 적당하다.
⑤ 마그네슘, 철분, 금속분은 물, 산, 습기와의 접촉을 피하여 저장한다.

(1) 황화린(지정수량 100kg, 위험등급 II)

① 삼황화린(P_4S_3)

- 황록색의 분말이다.
- 이황화탄소, 알칼리, 질산에 녹으며, 황산, 염산, 염소, 물에 녹지 않으며, 비중이 2.03이다.
- 조해성이 없다.
- 냉각소화가 일반적이다.

② 오황화린(P_2S_5)

- 담황색의 결정이다.
- 알코올, 이황화탄소에 녹으며, 비중이 2.09이다.
- 조해성과 흡습성이 있다.
- 냉각소화가 일반적이다.

③ 칠황화린(P_4S_7)

- 담황색의 결정이다.
- 이황화탄소에 약간 녹으며, 비중이 2.19이다.
- 조해성이 있다.
- 냉각소화가 일반적이다.

(2) 적린(P, 지정수량 100kg, 위험등급 II)

① 암적색 무취의 분말이며, 황린(P_4)의 동소체이다.
② 브로민화인에 녹으며, 물, 알코올, 이황화탄소, 에터, 암모니아에 녹지 않으며, 비중이 2.2이다.
③ 강알칼리와 반응하여 유독한 포스핀가스를 발생한다.
④ 냉각소화가 일반적이다.

(3) 황(S, 지정수량 100kg, 위험등급 II)

① 황색 결정이다.

- 물, 산에 녹지 않으며, 알코올에 조금 녹으며, 고무상황을 제외한 나머지 황들은 이황화탄소에 잘 녹는다.
- 공기 중 연소할 때 푸른빛을 내며 아황산가스(SO_2)를 방출한다.
- 황은 순도가 60wt% 이상인 것을 위험물로 취급한다. 이 경우 순도측정에 있어서 불순물은 활석 등 불연성물질과 수분에 한한다.
- 냉각소화가 일반적이다.

비교	단사황	사방황	고무상황
결정형	바늘모양	팔면체	무정형
비중	1.96	2.07	-
용해도	불용해		

(4) 마그네슘(Mg, 지정수량 500kg, 위험등급 III)

① 은백색의 광택을 지닌 분말이다.
② 비중이 1.74이다.
③ 소화방법으로 건조사(마른모래), 팽창질석, 팽창진주암, 탄산수소염류 등이 있다.

(5) 철분(Fe, 지정수량 500kg, 위험등급 III)

① 은색 또는 회색 분말이다.
② 비중이 7.86이다.
③ 「철분」이라 함은 철의 분말을 말하며 53μm의 표준체를 통과하는 것이 50$wt\%$ 이상인 것을 말한다.
④ 소화방법으로 건조사(마른모래), 팽창질석, 팽창진주암, 탄산수소염류 등이 있다.

(6) 금속분(지정수량 500kg, 위험등급 III)
: 「금속분」이라 함은 알칼리금속・알칼리토금속・철 및 마그네슘 외의 금속의 분말을 말하며, 구리분・니켈분 및 150μm의 체를 통과하는 것이 50$wt\%$ 이상인 것을 말한다.

① 알루미늄분(Al)

- 은백색 광택을 지닌 무른 금속이며, 비중이 2.7이다.
- 연성과 전성이 풍부하다.
- 물, 산화제, 할로젠원소와 접촉하면 자연발화의 위험성이 존재한다.
- 진한 질산과는 부동태하므로 표면에 산화피막을 형성하여 내부를 보호한다.
- 소화방법으로 건조사(마른모래), 팽창질석, 팽창진주암, 탄산수소염류 등이 있다.

② 아연분(Zn)

- 은백색 광택을 지닌 금속이며, 비중이 2.14이다.
- 공기 중에서 표면에 산화피막을 형성하여 내부를 보호한다.
- 소화방법으로 건조사(마른모래), 팽창질석, 팽창진주암, 탄산수소염류 등이 있다.

(7) 인화성고체(지정수량 1000kg, 위험등급 III)
: 「인화성고체」이라 함은 고형 알코올, 그 밖에 1atm에서 인화점이 40℃ 미만인 고체를 의미한다.

1-3 제3류 위험물(금수성물질 및 자연발화성물질)

등급	품명		지정수량
I	칼륨	K (칼륨)	10kg
	나트륨	Na (나트륨)	
	알킬리튬	CH_3Li (메틸리튬)	
	알킬알루미늄	$(CH_3)_3Al$ (트리메틸알루미늄), $(C_2H_5)_3Al$ (트리에틸알루미늄)	
	황린	P_4 (황린)	20kg
II	알칼리금속 (칼륨, 나트륨 제외)	Li (리튬), Rb (루비듐), Cs (세슘)	50kg
	알칼리토금속	Ca (칼슘), Ba (바륨), Be (베릴륨), Sr (스트론튬)	
	유기금속화합물 (알킬알루미늄, 알킬리튬 제외)	사에틸납, 디메틸아연, 다이에틸아연	
III	금속인화합물	Ca_3P_2 (인화칼슘), AlP (인화알루미늄), Zn_3P_2 (인화아연)	300kg
	금속수소화합물	NaH (수소화나트륨), KH (수소화칼륨), LiH (수소화리튬), $LiAlH_4$ (수소화알루미늄리튬)	
	칼슘 탄화물	CaC_2 (탄화칼슘)	
	알루미늄탄화물	Al_4C_3 (탄화알루미늄)	

1. 일반적인 성질
① 대부분 무기물 고체이다.
② 칼륨, 나트륨, 알킬알루미늄, 알킬리튬만 물보다 가볍다.
③ 칼륨, 나트륨, 알킬알루미늄, 황린만 연소한다.
④ 자연발화성물질은 공기와 접촉으로 연소하거나 가연성가스를 발생한다.
⑤ 금수성물질은 물과 접촉하여 가연성가스를 발생한다.
⑥ 보호액에 보관하는 물질은 액 표면에 노출되지 않도록 주의한다.

2. 위험성
① 황린을 제외하고 나머지는 전부 금수성 물질이다.
② 일부 물질들은 공기 중에 노출되면 자연발화 한다.

3. 소화방법
① 황린을 제외하고 주수소화 금지이다.
② 황린을 제외하고 나머지는 건조사, 팽창질석, 팽창진주암, 탄산수소염류 등이 효과적이다.

4. 저장 및 취급방법
① 칼륨, 나트륨 및 알칼리금속은 등유, 경유, 유동파라핀유, 벤젠 등에 저장한다.

(1) 칼륨(K, 지정수량 $10kg$, 위험등급 I)

① 은백색의 광택이 있는 무른 경금속이다.
② 연소 시 보라색 불꽃을 내며, 비중이 0.857이다.
③ 이온화 경향이 큰 금속이다.
④ 등유, 경유, 유동파라핀유, 벤젠 등의 보호액에 보관한다.
⑤ 소화방법으로 건조사(마른모래), 팽창질석, 팽창진주암, 탄산수소염류 등이 있다.
⑥ 금수성물질 및 자연발화성물질이다.

(2) 나트륨(Na, 지정수량 $10kg$, 위험등급 I)

① 은백색의 광택이 있는 무른 경금속이다.
② 연소 시 노란색 불꽃을 내며, 비중이 0.97이다.
③ 등유, 경유, 유동파라핀유, 벤젠 등의 보호액에 보관한다.
④ 소화방법으로 건조사(마른모래), 팽창질석, 팽창진주암, 탄산수소염류 등이 있다.
⑤ 금수성물질 및 자연발화성물질이다.

(3) 알킬알루미늄(지정수량 10kg, 위험등급 I)

① 알킬기와 알루미늄의 화합물로 유기금속 화합물이다.
② 저장 용기 상부에 불연성 가스로 봉입하여야 한다.
③ 소화방법으로 건조사(마른모래), 팽창질석, 팽창진주암, 탄산수소염류 등이 있다
④ 금수성물질 및 자연발화성물질이다.

물질	상태	물과 반응할 때 발생하는 기체
트리메틸알루미늄 $(CH_3)_3Al$	무색 액체	메탄(CH_4)
트리에틸알루미늄 $(C_2H_5)_3Al$		에탄(C_2H_6)
트리프로필알루미늄 $(C_3H_7)_3Al$		프로판(C_3H_8)
트리부틸알루미늄 $(C_4H_9)_3Al$		부탄(C_4H_{10})

(4) 알킬리튬(지정수량 10kg, 위험등급 I)

① 알킬기와 리튬의 화합물로 유기금속 화합물이다.
② 연백색의 연한 금속이며, 종류로는 메틸리튬(CH_3Li), 에틸리튬(C_2H_5Li), 부틸리튬(C_4H_9Li)등이 있다.
③ 소화방법으로 건조사(마른모래), 팽창질석, 팽창진주암, 탄산수소염류 등이 있다.
④ 금수성물질 및 자연발화성물질이다.

(5) 황린(P_4, 지정수량 20kg, 위험등급 I)

① 백색 또는 담황색의 자연발화성 고체이며, pH 9 정도의 약 알칼리성 물에 저장한다.
② 이황화탄소, 삼염화린, 염화황에 잘 녹으며, 벤젠 알코올에는 일부만 녹으며, 비중은 1.83이다.
③ 강알칼리 용액과 반응하여 유독한 포스핀(PH_3)을 방출한다.
④ 적린(P)과 동소체 관계이다.
⑤ 소화방법으로 물에 의한 주수소화 등이 있다.

(6) 알칼리금속(K, Na 제외, 지정수량 $50kg$, 위험등급 II)

① 리튬(Li)

- 은백색의 무른 경금속이다.
- 연소 시 빨간색의 불꽃을 내며, 비중이 0.53이다.
- 소화방법으로 건조사(마른모래), 팽창질석, 팽창진주암, 탄산수소염류 등이 있다.

② 칼슘(Ca)

- 은백색의 무른 경금속이다.
- 연소 시 황적색의 불꽃을 내며, 비중이 1.55이다.

(7) 유기금속화합물(알킬알루미늄 및 알킬리튬 제외, 지정수량 $50kg$, 위험등급 II)
: 종류로는 사에틸납, 디메틸아연, 다이에틸아연 등이 있다.

(8) 금속인화합물(지정수량 $300kg$, 위험등급 III)

① 인화칼슘(Ca_3P_2, 인화석회)

- 적갈색의 고체이다.
- 융점이 1600℃ 이다.
- 물과 반응하여 포스핀(PH_3)을 발생시킨다.

② 인화알루미늄(AlP)

- 황색 또는 암회색의 결정이다.
- 융점이 1000℃ 이하이다.
- 물과 반응하여 포스핀(PH_3)을 발생시킨다.

③ 인화아연(Zn_3P_2)

- 암회색의 결정이다.
- 융점이 420℃ 이다.
- 물과 반응하여 포스핀(PH_3)을 발생시킨다.

(9) 금속수소화합물(지정수량 $300kg$, 위험등급 III)

① 수소화나트륨(NaH)

- 은백색의 결정이다.
- 융점이 800℃ 이다.
- 물과 반응하여 수소(H_2)를 발생시킨다.

② 수소화칼륨(KH)

- 무색 결정이다.
- 융점이 815℃ 이다.
- 물과 반응하여 수소(H_2)를 발생시킨다.

③ 수소화리튬(LiH)

- 투명한 고체이다.
- 융점이 680℃ 이다.
- 물과 반응하여 수소(H_2)를 발생시킨다.

④ 수소화알루미늄리튬($LiAlH_4$)

- 회백색 분말이다.
- 융점이 125℃ 이다.
- 물과 반응하여 수소(H_2)를 발생시킨다.

(10) 칼슘 탄화물(지정수량 $300kg$, 위험등급 III)

① 탄화칼슘(CaC_2, 카바이드)

- 순수한 탄화칼슘은 무색투명하고, 일반적으로 회백색의 덩어리 상태로 존재한다.
- 습기가 없는 밀폐용기에 저장하여 용기에는 질소와 같은 불연성 가스를 봉입시켜야 한다.
- 물과 반응하여 아세틸렌(C_2H_2)를 발생시킨다.
- 아세틸렌은 수은, 은, 구리(동), 마그네슘과 반응하여 금속아세틸라이트의 폭발성물질을 생성하기 때문에 위험하다.

(11) 알루미늄 탄화물(지정수량 300kg, 위험등급 III)

① 탄화알루미늄(Al_4C_3)

- 순수한 탄화알루미늄은 백색이고, 일반적으로 황색의 단단한 결정 또는 분말로 존재한다.
- 물과 반응하여 메탄(CH_4)을 발생시킨다.

1-4 제4류 위험물(인화성액체)

등급	품명		지정수량
I	특수인화물 (비수용성)	CS_2(이황화탄소), $C_2H_5OC_2H_5$(디에틸에테르)	50L
I	특수인화물 (수용성)	CH_3CHO(아세트알데히드), CH_3CHOCH_2(산화프로필렌)	50L
II	제1석유류 (비수용성)	C_6H_6(벤젠), $C_6H_5CH_3$(톨루엔), C_6H_{12}(시클로헥산), $CH_3COC_2H_5$(메틸에틸케톤), 휘발유(가솔린) 초산에스터류(초산메틸, 초산에틸, 초산프로필), 의산에스터류(의산에틸, 의산프로필, 의산부틸), 콜로디온	200L
II	제1석유류 (수용성)	CH_3COCH_3(아세톤), C_5H_5N(피리딘), HCN(시안화수소)	400L
II	알코올류	CH_3OH(메틸알코올), C_2H_5OH(에틸알코올), C_3H_7OH(이소프로필알코올)	400L
III	제2석유류 (비수용성)	경유, 등유, 장뇌유, 송근유, 테레핀유, $C_6H_4(CH_3)_2$(크실렌), $C_6H_5CH_2CH$(스티렌), C_6H_5Cl(클로로벤젠)	1000L
III	제2석유류 (수용성)	N_2H_4(히드라진), $HCOOH$(포름산), CH_3COOH(아세트산)	2000L
III	제3석유류 (비수용성)	중유, 크레오소트유, $C_6H_5NH_2$(아닐린), $C_6H_5NO_2$(니트로벤젠), $C_6H_4CH_3NO_2$(니트로톨루엔)	2000L
III	제3석유류 (수용성)	$C_2H_4(OH)_2$(에틸렌글리콜), $C_3H_5(OH)_3$(글리세린), C_6H_5COCl(염화벤조일)	4000L
III	제4석유류	윤활유, 기어유, 기계유, 실린더유, 가소제유	6000L
III	동식물 유류	건성유	아이오딘값 130 이상	아마인유, 들기름, 동유, 정어리유, 해바라기유 등	10000L
III	동식물 유류	반건성유	아이오딘값 100~130	참기름, 옥수수유, 채종유, 쌀겨유, 청어유, 콩기름 등	10000L
III	동식물 유류	불건성유	아이오딘값 100 이하	야자유, 땅콩유, 피마자유, 올리브유, 돼지기름 등	10000L

1. 일반적인 성질
   ① 발생되는 증기는 공기보다 무겁다.
   ② 기화되기 쉬우므로 가연성 증기가 공기와 약간만 혼합하여도 연소하기 쉬워진다.
2. 위험성
   ① 증기는 인화성 또는 가연성이다.
   ② 정전기가 축적되기 쉽다.
3. 소화방법
   ① 주수소화하면 화재면을 확대시킬 수 있으므로 절대 금지해야 한다.
   ② 질식소화가 효과적이다.
   ③ 수용성 위험물은 알코올 포 또는 다량의 물로 희석시켜 가연성 증기의 발생을 억제시킨다.
4. 저장 및 취급방법
   ① 증기는 가급적 높은 곳으로 배출시키고, 정전기 발생에 주의해야 한다.
   ② 액체 및 증기의 누설을 방지한다.

(1) **특수인화물**(지정수량 $50L$, 위험등급 I)
 : 이황화탄소, 다이에틸에터, 그 밖에 1기압에서 발화점이 $100℃$ 이하인 것 또는 인화점이 $-20℃$ 이하이고 비점이 $40℃$ 이하인 것.

① 이황화탄소(CS_2)

$$S = C = S$$

- 순수한 이황화탄소는 무색, 투명한 액체이며, 시판용은 담황색이다.
- 비중이 1.26, 인화점이 $-30℃$, 연소범위 1~44%, 비수용성이다.
- 알코올, 에터, 벤젠 등 유기용매에 잘 녹으며, 물에는 잘 녹지 않는다.
- 가연성 기체 발생을 억제하기 위하여 물속에 저장한다.
- 연소 시 푸른 불꽃을 낸다.

② 다이에틸에터($C_2H_5OC_2H_5$)

$$\begin{array}{c} \quad H\ H \quad\quad H\ H \\ \quad |\ \ | \quad\quad\ |\ \ | \\ H-C-C-O-C-C-H \\ \quad |\ \ | \quad\quad\ |\ \ | \\ \quad H\ H \quad\quad H\ H \end{array}$$

- 휘발성이 강한 무색, 투명한 액체이며 특유의 향이 있다.
- 비중이 0.72, 인화점이 $-45℃$, 연소범위 1.9~48%, 비수용성이다.
- 전기불량도체이므로 정전기 발생에 주의해야 하며, 공기와 접촉하면 과산화물이 생성되므로 갈색병에 저장해야 한다.

③ 아세트알데하이드(CH_3CHO)

$$\begin{array}{c} H \quad\; O \\ | \quad\;\; \| \\ H-C-C \\ | \quad\;\; \backslash \\ H \quad\; H \end{array}$$

- 무색, 투명한 액체이며 자극적인 향이 난다.
- 비중이 0.78, 인화점이 $-38℃$, 연소범위 4.1 ~ 57%, 수용성이다.
- 에틸알코올(C_2H_5OH)를 산화하면 아세트알데하이드가 된다.
- 은거울반응과 페얼링반응을 한다.
- 수은, 은, 구리, 마그네슘과 반응하여 아세틸라이드를 생성하므로 위험하다.
- 저장용기 내부에 불연성가스 또는 수증기 봉입장치를 해야한다.

④ 산화프로필렌(CH_3CHOCH_2)

$$\begin{array}{c} \;\;\;\; O \\ \;\;\;/\;\backslash\;\;\;\; H \\ \;\;\;/\;\;\;\;\backslash\;/ \\ H-C-C \\ \;\;\;/\;\;\;\;\;\backslash \\ H \quad\;\; CH_3 \end{array}$$

- 무색, 투명한 액체이며 자극적인 향이 난다.
- 비중이 0.83, 인화점이 $-37℃$, 연소범위 2.5 ~ 38.5%, 수용성이다.
- 수은, 은, 구리, 마그네슘과 반응하여 아세틸라이드를 생성하므로 위험하다.
- 저장용기 내부에 불연성가스 또는 수증기 봉입장치를 해야한다.

(2) 제1석유류
: 아세톤, 휘발유, 그 밖에 1기압에서 인화점이 21℃ 미만인 것.

① 제1석유류 비수용성(지정수량 $200L$, 위험등급 II)

㉠ 벤젠(C_6H_6)

- 무색, 투명한 방향성을 가지고 있는 액체이다.
- 알코올, 아세톤, 에터에 잘 녹으며, 물에 녹지 않는다.
- 비중이 0.95, 인화점이 $-11℃$, 연소범위 1.4 ~ 7.1%이다.

ⓛ 톨루엔($C_6H_5CH_3$)

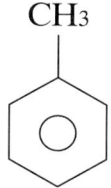

- 무색, 투명한 독성이 있는 액체이며, 벤젠(C_6H_6)보다 독성은 약한 편이다.
- 아세톤, 알코올 등 유기용제에 잘 녹으며, 물에 녹지 않는다.
- 비중이 0.87, 인화점이 4℃, 연소범위 1.4 ~ 6.7%이다.
- 트리나이트로톨루엔(TNT)의 원료로 사용된다.

ⓒ 시클로헥산(C_6H_{12}, 사이클로헥산)

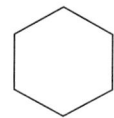

- 무색, 투명한 석유 냄새가 나는 액체이다.
- 벤젠을 니켈(Ni) 촉매하에 수소로 첨가반응하여 만든다.
- 비중이 0.78, 인화점이 -18℃이다.

ⓓ 메틸에틸케톤($CH_3COC_2H_5$)

$$\begin{array}{c} \text{H O H H} \\ \text{H-C-C-C-C-H} \\ \text{H H H} \end{array}$$

- 무색의 액체이며, 휘발성이 강하며, 아세톤 향과 비슷하다.
- 알코올, 에터, 벤젠 등 유기용제에 잘 녹는다.
- 피부 접촉 시 탈지작용을 한다.
- 비중이 0.81, 인화점이 -7℃, 연소범위 1.8 ~ 11.5%이다.

ⓜ 휘발유(가솔린)
- 무색, 투명한 액체이며, 휘발성이 강하다.
- 포화 및 불포화탄화수소의 혼합물로 지방족 탄화수소이다.
- 비중이 0.7 ~ 0.8, 인화점이 -43℃ ~ -20℃, 연소범위 1.4 ~ 7.6%이다.

ⓑ 초산에스터류

㉮ 초산메틸(CH_3COOCH_3)

$$\begin{array}{c} H \quad\quad O \\ | \quad\quad \| \\ H-C-C \\ | \quad\quad \backslash \\ H \quad\quad O-CH_3 \end{array}$$

- 무색, 투명한 액체이며, 휘발성이 강하고 마취성과 향긋한 향이 난다.
- 알코올, 에터에 잘 녹는다.
- 피부에 접촉하면 탈지작용을 한다.
- 초산과 메탄올을 황산촉매하에 반응하여 초산메틸을 만든다.
- 비중이 0.93, 인화점이 -10℃, 연소범위 3.1 ~ 16%이다.

㉯ 초산에틸($CH_3COOC_2H_5$)

$$\begin{array}{c} H \quad\quad O \\ | \quad\quad \| \\ H-C-C \\ | \quad\quad \backslash \\ H \quad\quad O-C_2H_5 \end{array}$$

- 무색, 투명한 액체로 휘발성이 강하고 과일 냄새가 난다.
- 알코올, 에터, 아세톤에 잘 녹는다.
- 초산과 에탄올을 황산촉매하에 반응하여 초산에틸을 만든다.
- 비중이 0.9, 인화점이 -4℃, 연소범위 2.5 ~ 9.6%이다.

ⓒ 의산에스터류

㉮ 의산메틸($HCOOCH_3$)

$$\begin{array}{c} O \quad\quad H \\ \| \quad\quad | \\ H-C-O-C-H \\ \quad\quad\quad | \\ \quad\quad\quad H \end{array}$$

- 무색, 투명한 액체이며 향기를 가졌다.
- 증기는 독성은 없고 마취성이 존재한다.
- 벤젠, 에터, 에스터에 잘 녹는다.
- 의산($HCOOH$)과 메탄올을 황산촉매하에 반응하여 의산메틸을 만든다.
- 비중이 0.97, 인화점이 -19℃, 연소범위 5 ~ 20%이다.

㉯ 의산에틸($HCOOC_2H_5$)

$$H-\overset{O}{\underset{}{C}}-O-\overset{H}{\underset{H}{C}}-\overset{H}{\underset{H}{C}}-H$$

- 무색, 투명한 액체로 복숭아 향이 난다.
- 벤젠, 에터, 에스터에 잘 녹는다.
- 의산($HCOOH$)과 에탄올을 황산촉매하에 반응하여 의산메틸을 만든다.
- 비중이 0.9, 인화점이 $-20℃$, 연소범위 2.7 ~ 13.5%이다.

② 제1석유류 수용성(지정수량 $400L$, 위험등급 II)

㉠ 아세톤(CH_3COCH_3)

$$H-\overset{H}{\underset{H}{C}}-\overset{O}{\underset{}{C}}-\overset{H}{\underset{H}{C}}-H$$

- 무색, 투명한 액체로 휘발성이 강하고 자극적이다.
- 피부에 닿으면 탈지작용을 한다.
- 아세톤은 공기와 접촉하면 과산화물이 생성이 되어 갈색병에 저장해야 한다.
- 비중이 0.79, 인화점이 $-18℃$, 연소범위 2.6 ~ 12.8%이다.

㉡ 피리딘(C_5H_5N)

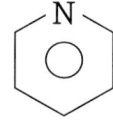

- 순수한 피리딘은 무색의 액체이며, 시판용은 불순물이 함유되어 담황색을 띈다.
- 약 알칼리성 및 독성을 나타낸다.
- 알코올, 에터에 잘 녹는다.
- 비중이 0.98, 인화점이 $20℃$, 연소범위 1.8 ~ 12.4%이다.

ⓒ 시안화수소(HCN)

H─C≡N

- 무색의 맹독성 액체이며 자극적인 향이 난다.
- 물, 알코올에 잘 녹는다.
- 비중이 0.69, 인화점 $-17℃$, 연소범위 5.6 ~ 40%

(3) 알코올류(지정수량 $400L$, 위험등급 II)
: 1분자를 구성하는 탄소원자의 수가 1개부터 3개까지인 포화 1가 알코올(변성알코올을 포함한다.)을 말한다. 다만, 다음 각목에 해당하는 것은 제외한다.

- 1분자를 구성하는 탄소원자의 수가 1개 내지 3개의 포화 1가 알코올의 함유량이 $60wt\%$ 미만인 수용액
- 가연성액체량이 $60wt\%$ 미만이고 인화점 및 연소점(태그 개방식 인화점 측정기에 의한 연소점)이 $60wt\%$의 인화점 및 연소점을 초과하는 것

① 메틸알코올(CH_3OH, 메탄올)

$$\begin{array}{c} H \\ | \\ H-C-O-H \\ | \\ H \end{array}$$

- 무색, 투명한 액체이며, 휘발성이 강하다.
- 마시면 시신경을 파괴하여 실명을 유발할 수 있으며, 사망까지 이르게 할 정도로 독성을 가졌다.
- 비중 0.791, 인화점 11℃, 연소범위 7.3 ~ 36%이다.
- 산화과정 : $\underset{(메탄올)}{CH_3OH} \xrightarrow[-H_2]{산화} \underset{(포름알데히드)}{HCHO} \xrightarrow[+O]{산화} \underset{(포름산)}{HCOOH}$

② 에틸알코올(C_2H_5OH, 에탄올)

$$\begin{array}{c} H \ \ H \\ | \ \ \ | \\ H-C-C-O-H \\ | \ \ \ | \\ H \ \ H \end{array}$$

- 무색, 투명한 액체이며, 휘발성이 강하다.
- 아이오딘포름(CHI_3)을 생성하는 아이오딘포름반응을 한다.
- 비중 0.789, 인화점 13℃, 연소범위 4.3 ~ 19%

(4) 제2석유류
: 등유, 경유, 그 밖에 1기압에서 인화점이 21℃ 이상 70℃ 미만인 것을 말한다. 단, 도료류, 그 밖의 물품에 있어서 가연성 액체량이 $40wt\%$ 이하이면서 인화점이 40℃ 이상인 동시에 연소점이 60℃ 이상인 것은 제외한다.

① 제2석유류 비수용성(지정수량 $1000L$, 위험등급 III)

㉠ 경유(디젤유)

- 담갈색 또는 담황색의 액체이며, 등유와 비슷한 성질을 가졌다.
- 탄소수가 15~20개까지의 포화 및 불포화 탄화수소의 혼합물이다.
- 비중 0.82 ~ 0.84, 인화점 50 ~ 70℃, 연소범위 1 ~ 6%

㉡ 등유(케로신)

- 무색 또는 담황색의 액체이며, 경유와 비슷한 성질을 가졌다.
- 탄소수가 10 ~ 17개까지의 포화 및 불포화 탄화수소의 혼합물이다.
- 비중 0.78 ~ 0.8, 인화점 40 ~ 70℃, 연소범위 1.1 ~ 6%

㉢ 크실렌($C_6H_4(CH_3)_2$, 자일렌)

- 무색, 투명한 액체이며, 톨루엔과 비슷한 성질을 가졌다.
- 알코올, 에터, 벤젠 등 유기용제에 잘 녹는다.
- 이성질체로는 o-크실렌, m-크실렌, p-크실렌 3가지가 있다.

명칭	o-크실렌	m-크실렌	p-크실렌
구조식	(구조식)	(구조식)	(구조식)

㉣ 스티렌($C_6H_5CH_2CH$)

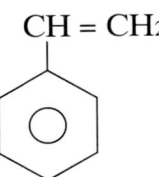

- 무색의 액체이며, 독특한 향이 난다.
- 알코올, 에터, 이황화탄소에 잘 녹는다.
- 비중 0.8, 인화점 32℃, 연소범위 1.1 ~ 6.1% ~ 이다.

㉤ 클로로벤젠(C_6H_5Cl)

- 무색의 액체이며, 석유 비슷한 냄새가 나며, 마취성이 있다.
- 알코올, 에터 등에 잘 녹는다.
- 비중 1.11, 인화점 32℃, 연소범위 1.3 ~ 7.1%이다.

② 제2석유류 수용성(지정수량 2000L, 위험등급 III)

㉠ 하이드라진(N_2H_4)

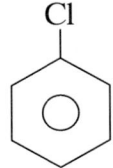

- 무색의 액체이며, 맹독성, 가연성이다.
- 비중 1, 인화점 38℃이다.

ⓒ 포름산($HCOOH$, 의산, 개미산)

$$\begin{matrix} & O \\ & \| \\ & C \\ H & \diagup \quad \diagdown \quad OH \end{matrix}$$

- 무색, 투명한 액체이다.
- 피부와 닿으면 수포상의 화상을 입는다.
- 비중 1.22, 인화점 69℃, 연소범위 18~57%이다.

ⓒ 아세트산(CH_3COOH, 초산, 빙초산)

$$\begin{matrix} & H & & O \\ & | & & \| \\ H- & C- & C & \\ & | & & \diagdown \\ & H & & O-H \end{matrix}$$

- 무색, 투명한 액체이다.
- 피부와 닿으면 수포상의 화상을 입는다.
- 비중 1.05, 인화점 40℃, 연소범위 5.4 ~ 16.9%

(5) 제3석유류
: 중유, 크레오소트유, 그 밖에 1기압에서 인화점이 70℃ 이상 200℃ 미만인 것을 말한다. 단, 도료류, 그 밖의 물품에 있어서 가연성 액체량이 $40wt\%$ 이하인 것은 제외한다.

① 제3석유류 비수용성(지정수량 $2000L$, 위험등급 III)

㉠ 중유
- 직류중유와 분해중유로 구분되는 물질이다.

ⓒ 크레오소트유(=타르유)
- 방부제, 살충제의 원료로 사용된다.

ⓒ 아닐린($C_6H_5NH_2$)

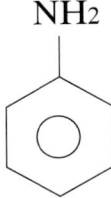

- 담황색의 액체이다.
- 아닐린은 나이트로벤젠을 환원하여 만들 수 있다.

ⓔ 나이트로벤젠($C_6H_5NO_2$)

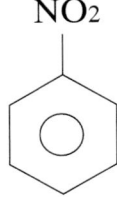

- 암갈색 또는 갈색의 액체이며, 특이한 냄새가 난다.
- 나이트로벤젠은 아닐린을 산화시켜 만들 수 있다.

② 제3석유류 수용성(지정수량 $4000L$, 위험등급 III)

㉠ 에틸렌글리콜($C_2H_4(OH)_2$)

$$H-\underset{OH}{\underset{|}{C}}H-\underset{OH}{\underset{|}{C}}H-H$$

- 무색의 액체이며, 단맛이 난다.
- 물, 알코올, 글리세린, 아세톤, 초산, 피리딘에 잘 녹으며, 사염화탄소, 에터, 벤젠, 이황화탄소에 녹지 않는다.
- 2가 알코올이며 독성이 존재한다.

ⓒ 글리세린($C_3H_5(OH)_3$)

```
     H   H   H
     |   |   |
H — C — C — C — H
     |   |   |
    OH  OH  OH
```

- 무색, 무취의 액체이며, 단맛이 나고, 흡수성이 있다.
- 3가 알코올이며 독성이 없다.

(6) 제4석유류(지정수량 6000L, 위험등급 III)

: 기어유, 실린더유, 그 밖에 1기압에서 인화점이 200℃ 이상 250℃ 미만인 것을 말한다. 단, 도료류, 그 밖의 물품은 가연성 액체량이 40wt% 이하인 것을 제외한다.

(7) 동식물유류(지정수량 10000L, 위험등급 III)

: 동물의 지육 등 또는 식물의 과육으로부터 추출한 것으로서 1기압에서 인화점이 섭씨 250℃ 미만인 것을 말한다.

구분		아이오딘값	종류
동식물유류	건성유	130 이상	아마인유, 들기름, 동유, 정어리유, 해바라기유 등
	반건성유	100 초과 130 미만	참기름, 옥수수유, 채종유, 쌀겨유, 청어유, 콩기름 등
	불건성유	100 이하	야자유, 땅콩유, 피마자유, 올리브유, 돼지기름 등

※ 아이오딘가 : 유지 100g에 첨가되는 아이오딘의 g수

1-5 제5류 위험물(자기반응성물질)

등급	등급		지정수량
I	질산에스터류	$C_3H_5(ONO_2)_3$ (니트로글리세린), $C_6H_7O_2(ONO_2)_3$ (니트로셀룰로오스), CH_3ONO_2 (질산메틸), $C_2H_5ONO_2$ (질산에틸)	10kg
I	유기과산화물	$(CH_3CO)_2O_2$ (아세틸퍼옥사이드), $(C_6H_5CO)_2O_2$ (과산화벤조일), CH_3COOOH (과산화초산)	10kg
II	하이드록실아민	하이드록실아민	100kg
II	하이드록실아민 염류	황산하이드록실아민	100kg
II	나이트로화합물	$C_6H_2OH(NO_2)_3$ (트리니트로페놀), $C_6H_2CH_3(NO_2)_3$ (트리니트로톨루엔), $C_6H_2(NO_2)_4NCH_3$ (테트릴)	100kg
II	나이트로소화합물	파라 디나이트로소 벤젠, 디나이트로소 레조르신	100kg
II	아조화합물	아조벤젠	100kg
II	다이아조화합물	다이아조 디나이트로페놀, 다이아조 아세토니트릴	100kg
II	하이드라진 유도체	염산 하이드라진, 황산 하이드라진, 메틸 하이드라진	100kg
II	금속의 아지화합물	아지드화나트륨, 아지드화은, 아지드화납	10kg 또는 100kg
II	질산구아니딘	질산구아니딘	10kg 또는 100kg

1. 일반적인 성질
① 산소를 함유한 물질로 자연발화의 위험성이 크다.
② 환원성 고체 및 액체이다.
③ 하이드라진 유도체를 제외하고 전부 유기화합물이다.
④ 연소시 다량의 가스를 발생한다.

2. 위험성
① 외부의 산소공급이 없어도 자기연소하므로 연소속도가 빠르고 폭발적이다.
② 나이트로화합물은 화기, 가열, 충격, 마찰에 민감하므로 폭발위험이 있다.

3. 소화방법
① 다량의 물로 냉각소화한다.

4. 저장 및 취급방법
① 점화원 및 분해를 촉진시키는 물질로부터 격리하여 저장한다.
② 강산화제, 강산류가 혼입되지 않도록 주의한다.
③ 화재 발생 시 소화가 곤란하므로 가급적 소분하여 저장한다.

(1) 질산에스터류(지정수량 10kg, 위험등급 I)

① 나이트로글리세린($C_3H_5(ONO_2)_3$)

```
      H   H   H
      |   |   |
  H — C — C — C — H
      |   |   |
      O   O   O
      |   |   |
     NO₂ NO₂ NO₂
```

- 무색, 투명한 액체이며, 공업용은 담황색이다.
- 알코올, 에터, 벤젠 등 유기용제에 잘 녹는다.
- 상온에서 액체이며 겨울에는 동결한다.
- 액체 상태엔 충격에 매우 민감하여 운반이 금지된다.
- 규조토에 흡수시켜 다이너마이트를 제조할 수 있다.
- 비중 1.6, 융점 14℃, 비점 160℃ 이다.

② 나이트로셀룰로오스($C_6H_7O_2(ONO_2)_3$)

- 질화도가 클수록 폭발 위험성이 크다.
  (질화도 : 나이트로셀룰로오스 속 함유된 질소의 함유량)
- 셀룰로오스에 진한 황산 및 진한 질산을 혼산으로 나이트로화 반응하여 제조한다.
- 알코올, 에터, 벤젠 등 유기용제에 잘 녹는다.

③ 질산메틸(CH_3ONO_2)

- 무색, 투명한 액체이며 향긋한 향과 단맛이 난다.
- 알코올, 에터에 잘 녹는다.
- 메탄올과 질산을 반응하여 제조한다.
- 폭발성이 거의 없으나, 인화 위험성은 존재한다.

④ 질산에틸($C_2H_5ONO_2$)

- 무색, 투명한 액체이며 향긋한 향과 단맛이 난다.
- 알코올, 에터에 잘 녹는다.
- 에탄올과 질산을 반응하여 제조한다.

(2) 유기과산화물(지정수량 10kg, 위험등급 I)

① 아세틸퍼옥사이드($(CH_3CO)_2O_2$)

$$CH_3-\overset{\overset{O}{\|}}{C}-O-O-\overset{\overset{O}{\|}}{C}-CH_3$$

- 무색의 고체이며, 강한 자극적인 향을 가졌다.
- 알코올, 에터, 벤젠 등 유기용제에 잘 녹는다.

② 과산화벤조일($(C_6H_5CO)_2O_2$, 벤조일퍼옥사이드, BPO)

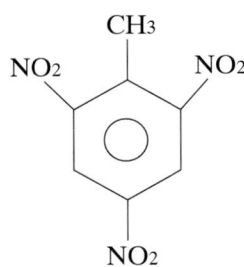

- 무색, 무취의 백색 결정이며 강산화성 물질이다.
- 알코올에 약간 녹는다.
- 건조상태에서 위험하다.

(3) 나이트로화합물(지정수량 100kg, 위험등급 II)

① 트리나이트로톨루엔($C_6H_2CH_3(NO_2)_3$, TNT)

- 담황색의 침상결정으로 강력한 폭약이다.
- 충격에는 둔감하나 급격한 타격에 의하여 폭발한다.
- 아세톤, 벤젠, 에터에 잘 녹는다.
- 햇빛에 의하여 갈색으로 변한다.
- 발화점 300℃, 융점 81℃, 비점 240℃, 비중 1.66이다.

② 트리나이트로페놀($C_6H_2OH(NO_2)_3$, 피크린산, 피크르산, TNP)

- 황색의 침상결정으로 독성이 존재하며 쓴맛이 난다.
- 알코올, 에터, 벤젠, 온수에 잘 녹으며, 찬물에 약간 녹는다.
- 단독으로 가열, 마찰, 충격에 안정하다.
- 발화점 300℃, 융점 121℃, 비점 240℃, 비중 1.8이다.

(4) 나이트로소화합물(지정수량 $100kg$, 위험등급 II)

(5) 아조화합물(지정수량 $100kg$, 위험등급 II)

(6) 다이아조화합물(지정수량 $100kg$, 위험등급 II)

(7) 하이드라진 유도체(지정수량 $100kg$, 위험등급 II)

(8) 하이드록실아민(지정수량 $100kg$, 위험등급 II)

(9) 하이드록실아민염류(지정수량 $100kg$, 위험등급 II)

(10) 금속의 아지화합물(지정수량 $10kg$ 또는 $100kg$, 위험등급 II)

(11) 질산구아니딘(지정수량 $10kg$ 또는 $100kg$, 위험등급 II)

1-6 제6류 위험물(산화성액체)

등급	품명		지정수량
I	질산	HNO_3 (질산)	300kg
	과산화수소	H_2O_2 (과산화수소)	
	과염소산	$HClO_4$ (과염소산)	
	그 밖에 행정안전부로 정하는 것 (할로젠 간 화합물)	BrF_3, BrF_5, IF_5 (삼불화브롬) (오불화브롬) (오불화요오드)	

1. 일반적인 성질
① 모두 불연성 물질이다.
② 과산화수소를 제외하고 강산성 물질이다.
③ 가연물, 유기물 등과의 혼합으로 발화한다.
④ 증기는 유독하며 피부와 접촉시 점막을 부식시킨다.
⑤ 강한 부식성, 산소를 모두 포함하고 있어 다른 물질을 산화시킨다.

2. 위험성
① 산화성이 커서 다른 물질의 연소를 돕는 조연성 물질이다.
② 과산화수소를 제외하고 물과 접촉하면 심하게 발열하고 연소하지 않는다.
③ 염기와 작용하여 염과 물을 만들 때 발열한다.
④ 제2, 3, 4, 5류 위험물, 강환원제 및 일반 가연물과 접촉하면 혼촉발화하거나 가열 등에 의해 위험성이 증대된다.

3. 소화방법
① 불연성이지만 연소를 돕는 조연성 물질이므로 화재시 가연물과 격리한다.
② 소화작업 후 많은 물로 씻어 내리고, 건조사로 위험물의 비산을 방지한다.
③ 소량 누출 시 다량의 물로 희석이 가능하나, 물과 반응하여 발열하므로 주수소화는 원칙적으로 금한다.

4. 저장 및 취급방법
① 내산성 용기를 사용한다.
② 물이나 염기성물질과의 접촉을 피한다.
③ 화기엄금, 강환원제, 직사광선, 유기물, 가연성위험물과 접촉을 피한다.

(1) 질산(HNO_3, 지정수량 $300kg$, 위험등급 I)

① 위험물안전관리법상 비중 1.49 이상인 것을 위험물로 간주한다.
② 무색의 무거운 액체이다.
③ 피부에 접촉 시 크산토프로테인반응을 한다
④ 크산토프로테인반응 - 단백질의 발색반응의 하나로 시료에 소량의 질산을 가하여 몇 분간 가열하면 노란색이 되며, 다시 암모니아수를 가하여 알칼리성으로하면 색이 진하게 되어 주황색에 가깝게 되는 반응
⑤ 질한질산을 가열하면 적갈색의 갈색증기인 이산화질소(NO_2)가 발생한다.
⑥ 자극성, 부식성이 강하다.

(2) 과산화수소(H_2O_2, 지정수량 $300kg$, 위험등급 I)

① 위험물안전관리법상 농도가 $36wt\%$ 이상인 것을 위험물로 간주한다.
② 무색, 투명한 점성이 있는 액체이다.
③ 물, 알코올, 에터에 잘 녹으며, 벤젠에 녹지 않는다.
④ 과산화수소 안정제로는 인산과 요산이 있다.
⑤ 저장용기는 밀봉하지 않고 구멍이 있는 마개를 사용하여야 한다.

(3) 과염소산($HClO_4$, 지정수량 $300kg$, 위험등급 I)

① 무색, 투명한 액체이다.
② 불연성 물질이나 자극성, 산화성이 매우 크다.
③ 물과 반응하면 심하게 발열한다.

Chapter 2

필수 암기 118개 반응식

2-1 제1류 위험물(산화성고체)

반응물	반응식
(1) 아염소산나트륨 분해반응식	$NaClO_2$ (아염소산나트륨) $\rightarrow$ $NaCl$ (염화나트륨) $+$ O_2 (산소)
(2) 아염소산나트륨 +알루미늄반응식	$3NaClO_2$ (아염소산나트륨) $+$ $4Al$ (알루미늄) $\rightarrow$ $2Al_2O_3$ (산화알루미늄) $+$ $3NaCl$ (염화나트륨)
(3) 염소산나트륨 분해반응식	$2NaClO_3$ (염소산나트륨) $\rightarrow$ $2NaCl$ (염화나트륨) $+$ $3O_2$ (산소)
(4) 염소산칼륨 400℃ 분해반응식	$2KClO_3$ (염소산칼륨) $\rightarrow$ $KClO_4$ (과염소산칼륨) $+$ KCl (염화칼륨) $+$ O_2 (산소)
(4) 염소산칼륨 560℃ 분해반응식 (완전 분해 반응식)	$2KClO_3$ (염소산칼륨) $\rightarrow$ $2KCl$ (염화칼륨) $+$ $3O_2$ (산소)
(6) 염소산칼륨 + 황산반응식	$6KClO_3$ (염소산칼륨) $+$ $3H_2SO_4$ (황산) $\rightarrow$ $3K_2SO_4$ (황산칼륨) $+$ $2HClO_4$ (과염소산) $+$ $4ClO_2$ (이산화염소) $+$ $2H_2$ (물)
(7) 염소산암모늄 완전분해반응식	$2NH_4ClO_3$ (염소산암모늄) $\rightarrow$ $4H_2O$ (물) $+$ O_2 (산소) $+$ N_2 (질소) $+$ Cl_2 (염소)
(8) 과염소산칼륨 610℃ 분해반응식	$KClO_4$ (과염소산칼륨) $\rightarrow$ KCl (염화칼륨) $+$ $2O_2$ (산소)
(9) 과염소산나트륨 분해반응식	$NaClO_4$ (과염소산나트륨) $\rightarrow$ $NaCl$ (염화나트륨) $+$ $2O_2$ (산소)
(10) 과염소산나트륨 + 염화칼륨반응식	$NaClO_4$ (과염소산나트륨) $+$ KCl (염화칼륨) $\rightarrow$ $NaCl$ (염화나트륨) $+$ $KClO_4$ (과염소산칼륨)
(11) 과염소산암모늄 완전 분해반응식	$2NH_4ClO_4$ (과염소산암모늄) $\rightarrow$ $4H_2O$ (물) $+$ $2O_2$ (산소) $+$ N_2 (질소) $+$ Cl_2 (염소)
(12) 과산화칼륨 + 물 반응식	$2K_2O_2$ (과산화칼륨) $+$ $2H_2O$ (물) $\rightarrow$ $4KOH$ (수산화칼륨) $+$ O_2 (산소)
(13) 과산화나트륨 + 물 반응식	$2Na_2O_2$ (과산화나트륨) $+$ $2H_2O$ (물) $\rightarrow$ $4NaOH$ (수산화나트륨) $+$ O_2 (산소)
(14) 과산화나트륨 +이산화탄소반응식	$2Na_2O_2$ (과산화나트륨) $+$ $2CO_2$ (이산화탄소) $\rightarrow$ $2Na_2CO_3$ (탄산나트륨) $+$ O_2 (산소)
(15) 과산화나트륨 + 아세트산 (초산) 반응식	Na_2O_2 (과산화나트륨) $+$ $2CH_3COOH$ (아세트산) $\rightarrow$ $2CH_3COONa$ (아세트산나트륨) $+$ H_2O_2 (과산화수소)

반응물	반응식
(16) 과산화나트륨 + 염산 반응식	Na_2O_2 (과산화나트륨) $+ 2HCl$ (염산) $\rightarrow 2NaCl$ (염화나트륨) $+ H_2O_2$ (과산화수소)
(17) 과산화칼슘 + 염산 반응식	CaO_2 (과산화칼슘) $+ 2HCl$ (염산) $\rightarrow CaCl_2$ (염화칼슘) $+ H_2O_2$ (과산화수소)
(18) 과산화바륨 + 물 반응식	$2BaO_2$ (과산화바륨) $+ 2H_2O$ (물) $\rightarrow 2Ba(OH)_2$ (수산화바륨) $+ O_2$ (산소)
(19) 과산화바륨 + 염산 반응식	BaO_2 (과산화바륨) $+ 2HCl$ (염산) $\rightarrow BaCl_2$ (염화바륨) $+ H_2O_2$ (과산화수소)
(20) 과산화바륨 + 황산 반응식	BaO_2 (과산화바륨) $+ H_2SO_4$ (황산) $\rightarrow BaSO_4$ (황산바륨) $+ H_2O_2$ (과산화수소)
(21) 과산화마그네슘 + 물 반응식	$2MgO_2$ (과산화마그네슘) $+ 2H_2O$ (물) $\rightarrow 2Mg(OH)_2$ (수산화마그네슘) $+ O_2$ (산소)
(22) 질산칼륨 400℃ 분해반응식	$2KNO_3$ (질산칼륨) $\rightarrow 2KNO_2$ (아질산칼륨) $+ O_2$ (산소)
(23) 질산은 + 염산 반응식	$AgNO_3$ (질산은) $+ HCl$ (염산) $\rightarrow HNO_3$ (질산) $+ AgCl$ (염화은)
(24) 질산암모늄 분해(폭발)반응식	$2NH_4NO_3$ (질산암모늄) $\rightarrow 4H_2O$ (물) $+ 2N_2$ (질소) $+ O_2$ (산소)
(25) 질산암모늄 + 경유반응식[ANFO 폭약]	$3NH_4NO_3$ (질산암모늄) $+ CH_2$ (경유) $\rightarrow 7H_2O$ (물) $+ 3N_2$ (질소) $+ CO_2$ (이산화탄소)
(26) 과망가니즈산칼륨 240℃ 분해반응식	$2KMnO_4$ (과망가니즈산칼륨) $\rightarrow K_2MnO_4$ (망가니즈산칼륨) $+ MnO_2$ (이산화망가니즈) $+ O_2$ (산소)
(27) 과망가니즈산칼륨 + 염산 반응식	$2KMnO_4$ (과망가니즈산칼륨) $+ 16HCl$ (염산) $\rightarrow 2KCl$ (염화칼륨) $+ 2MnCl_2$ (염화망가니즈) $+ 8H_2O$ (물) $+ 5Cl_2$ (염소)
(28) 과망가니즈산칼륨 + 묽은 황산 반응식	$4KMnO_4$ (과망가니즈산칼륨) $+ 6H_2SO_4$ (황산) $\rightarrow 2K_2SO_4$ (황산칼륨) $+ 4MnSO_4$ (황산망간) $+ 6H_2O$ (물) $+ 5O_2$ (산소)
(29) 과망가니즈산칼륨 + 진한 황산 반응식	$2KMnO_4$ (과망가니즈산칼륨) $+ H_2SO_4$ (황산) $\rightarrow K_2SO_4$ (황산칼륨) $+ 2HMnO_4$ (과산화망가니즈산수소)
(30) 다이크롬산칼륨 분해반응식	$4K_2Cr_2O_7$ (다이크롬산칼륨) $\rightarrow 4K_2CrO_4$ (다이크롬산칼륨) $+ 2Cr_2O_3$ (산화크로뮴) $+ 3O_2$ (산소)
(31) 삼산화크로뮴 열분해반응식	$4CrO_3$ (삼산화크로뮴) $\rightarrow 2Cr_2O_3$ (삼산화제이크로뮴) $+ 3O_2$ (산소)

2-2 제2류 위험물(가연성고체)

반응물	반응식
(32) 삼황화인 연소반응식	P_4S_3 (삼황화인) $+ 8O_2$ (산소) $\rightarrow 2P_2O_5$ (오산화인) $+ 3SO_2$ (이산화황)
(33) 오황화인 연소반응식	$2P_2S_5$ (오황화인) $+ 15O_2$ (산소) $\rightarrow 2P_2O_5$ (오산화인) $+ 10SO_2$ (이산화황)
(34) 오황화인 + 물 반응식	P_2S_5 (오황화린) $+ 8H_2O$ (물) $\rightarrow 5H_2S$ (황화수소) $+ 2H_3PO_4$ (인산)
(35) 적린 연소반응식	$4P$ (적린) $+ 5O_2$ (산소) $\rightarrow 2P_2O_5$ (오산화린)
(36) 적린 + 염소산칼륨 반응식	$6P$ (적린) $+ 5KClO_3$ (염소산칼륨) $\rightarrow 3P_2O_5$ (오산화인) $+ 5KCl$ (염화칼륨)
(37) 황 연소반응식	S (황) $+ O_2$ (산소) $\rightarrow SO_2$ (이산화황)
(38) 마그네슘 연소반응식	$2Mg$ (마그네슘) $+ O_2$ (산소) $\rightarrow 2MgO$ (산화마그네슘)
(39) 마그네슘 + 물 반응식	Mg (마그네슘) $+ 2H_2O$ (물) $\rightarrow Mg(OH)_2$ (수산화마그네슘) $+ H_2$ (수소)
(40) 마그네슘 + 이산화탄소 반응식	① $2Mg$ (마그네슘) $+ CO_2$ (이산화탄소) $\rightarrow 2MgO$ (산화마그네슘) $+ C$ (탄소) ② Mg (마그네슘) $+ CO_2$ (이산화탄소) $\rightarrow MgO$ (산화마그네슘) $+ CO$ (일산화탄소)
(41) 마그네슘 + 염산 반응식	Mg (마그네슘) $+ 2HCl$ (염산) $\rightarrow MgCl_2$ (염화마그네슘) $+ H_2$ (수소)
(42) 마그네슘 + 황산 반응식	Mg (마그네슘) $+ H_2SO_4$ (황산) $\rightarrow MgSO_4$ (황산마그네슘) $+ H_2$ (수소)
(43) 철 + 염산 반응식	Fe (철) $+ 2HCl$ (염산) $\rightarrow FeCl_2$ (염화제일철) $+ H_2$ (수소)
(44) 알루미늄 연소반응식	$4Al$ (알루미늄) $+ 3O_2$ (산소) $\rightarrow 2Al_2O_3$ (산화알루미늄)
(45) 알루미늄 + 물 반응식	$2Al$ (알루미늄) $+ 6H_2O$ (물) $\rightarrow 2Al(OH)_3$ (수산화알루미늄) $+ 3H_2$ (수소)
(46) 알루미늄 + 염산 반응식	$2Al$ (알루미늄) $+ 6HCl$ (염산) $\rightarrow 2AlCl_3$ (염화알루미늄) $+ 3H_2$ (수소)
(47) 아연 + 물 반응식	Zn (아연) $+ 2H_2O$ (물) $\rightarrow Zn(OH)_2$ (수산화아연) $+ H_2$ (수소)
(48) 아연 + 염산 반응식	Zn (아연) $+ 2HCl$ (염산) $\rightarrow ZnCl_2$ (염화아연) $+ H_2$ (수소)
(49) 아연 + 황산 반응식	Zn (아연) $+ H_2SO_4$ (황산) $\rightarrow ZnSO_4$ (황산아연) $+ H_2$ (수소)

2-3 제3류 위험물(금수성물질, 자연발화성물질)

반응물	반응식
(50) 칼륨 + 물 반응식	$2K$ (칼륨) $+ 2H_2O$ (물) $\rightarrow 2KOH$ (수산화칼륨) $+ H_2$ (수소)
(51) 칼륨 + 이산화탄소 반응식	$4K$ (칼륨) $+ 3CO_2$ (이산화탄소) $\rightarrow 2K_2CO_3$ (탄산칼륨) $+ C$ (탄소)
(52) 칼륨 + 에틸알코올 (에탄올) 반응식	$2K$ (칼륨) $+ 2C_2H_5OH$ (에틸알코올) $\rightarrow 2C_2H_5OK$ (칼륨에틸레이트) $+ H_2$ (수소)
(53) 나트륨 연소반응식	$4Na$ (나트륨) $+ O_2$ (산소) $\rightarrow 2Na_2O$ (산화나트륨)
(54) 나트륨 + 물 반응식	$2Na$ (나트륨) $+ 2H_2O$ (물) $\rightarrow 2NaOH$ (수산화나트륨) $+ H_2$ (수소)
(55) 나트륨 + 이산화탄소 반응식	$4Na$ (나트륨) $+ 3CO_2$ (이산화탄소) $\rightarrow 2Na_2CO_3$ (탄산나트륨) $+ C$ (탄소)
(56) 나트륨 + 에틸알코올 (에탄올) 반응식	$2Na$ (나트륨) $+ 2C_2H_5OH$ (에틸알코올) $\rightarrow 2C_2H_5ONa$ (나트륨에틸레이트) $+ H_2$ (수소)
(57) 트리메틸알루미늄 (TMA) 연소반응식	$2(CH_3)_3Al$ (트리메틸알루미늄) $+ 12O_2$ (산소) $\rightarrow Al_2O_3$ (산화알루미늄) $+ 6CO_2$ (이산화탄소) $+ 9H_2O$ (물)
(58) 트리메틸알루미늄 (TMA) + 물 반응식	$(CH_3)_3Al$ (트리메틸알루미늄) $+ 3H_2O$ (물) $\rightarrow Al(OH)_3$ (수산화알루미늄) $+ 3CH_4$ (메탄)
(59) 트리에틸알루미늄 (TEA) 연소반응식	$2(C_2H_5)_3Al$ (트리에틸알루미늄) $+ 21O_2$ (산소) $\rightarrow Al_2O_3$ (산화알루미늄) $+ 12CO_2$ (이산화탄소) $+ 15H_2O$ (물)
(60) 트리에틸알루미늄 (TEA) + 물 반응식	$(C_2H_5)_3Al$ (트리에틸알루미늄) $+ 3H_2O$ (물) $\rightarrow Al(OH)_3$ (수산화알루미늄) $+ 3C_2H_6$ (에탄)
(61) 트리에틸알루미늄 (TEA) + 메틸알코올 반응식	$(C_2H_5)_3Al$ (트리에틸알루미늄) $+ 3CH_3OH$ (메틸알코올) $\rightarrow Al(CH_3O)_3$ (트리메톡시알루미늄) $+ 3C_2H_6$ (에탄)
(62) 황린 연소반응식	P_4 (황린) $+ 5O_2$ (산소) $\rightarrow 2P_2O_5$ (오산화린)
(63) 황린 + 강알칼리 용액 반응식	P_4 (황린) $+ 3KOH$ (수산화칼륨) $+ 3H_2O$ (물) $\rightarrow 3KH_2PO_2$ (차아인산칼륨) $+ PH_3$ (포스핀)
(64) 메틸리튬 + 물 반응식	CH_3Li (메틸리튬) $+ H_2O$ (물) $\rightarrow LiOH$ (수산화리튬) $+ CH_4$ (메탄)
(65) 리튬 + 물 반응식	$2Li$ (리튬) $+ 2H_2O$ (물) $\rightarrow 2LiOH$ (수산화리튬) $+ H_2$ (수소)
(66) 칼슘 + 물 반응식	Ca (칼슘) $+ 2H_2O$ (물) $\rightarrow Ca(OH)_2$ (수산화칼슘) $+ H_2$ (수소)

반응물	반응식
(67) 인화칼슘(인화석회) + 물 반응식	Ca_3P_2 (인화칼슘) $+ 6H_2O$ (물) $\rightarrow 3Ca(OH)_2$ (수산화칼슘) $+ 2PH_3$ (포스핀)
(68) 인화알루미늄 + 물 반응식	AlP (인화알루미늄) $+ 3H_2O$ (물) $\rightarrow Al(OH)_3$ (수산화알루미늄) $+ PH_3$ (포스핀)
(69) 인화아연 + 물 반응식	Zn_3P_2 (인화아연) $+ 6H_2O$ (물) $\rightarrow 3Zn(OH)_2$ (수산화아연) $+ 2PH_3$ (포스핀)
(70) 수소화나트륨 + 물 반응식	NaH (수소화나트륨) $+ H_2O$ (물) $\rightarrow NaOH$ (수산화나트륨) $+ H_2$ (수소)
(71) 수소화칼륨 + 물 반응식	KH (수소화칼륨) $+ H_2O$ (물) $\rightarrow KOH$ (수산화칼륨) $+ H_2$ (수소)
(72) 수소화칼슘 + 물 반응식	CaH_2 (수소화칼슘) $+ 2H_2O$ (물) $\rightarrow Ca(OH)_2$ (수산화칼슘) $+ 2H_2$ (수소)
(73) 수소화알루미늄리튬 + 물 반응식	$LiAlH_4$ (수소화알루미늄리튬) $+ 4H_2O$ (물) $\rightarrow LiOH$ (수산화리튬) $+ Al(OH)_3$ (수산화알루미늄) $+ 4H_2$ (수소)
(74) 탄화알루미늄 + 물 반응식	Al_4C_3 (탄화알루미늄) $+ 12H_2O$ (물) $\rightarrow 4Al(OH)_3$ (수산화알루미늄) $+ 3CH_4$ (메탄)
(75) 탄화칼슘(카바이드) + 물 반응식	CaC_2 (탄화칼슘) $+ 2H_2O$ (물) $\rightarrow Ca(OH)_2$ (수산화칼슘) $+ C_2H_2$ (아세틸렌)
(76) 탄화칼슘(카바이드) + 질소 반응식	CaC_2 (탄화칼슘) $+ N_2$ (질소) $\rightarrow CaCN_2$ (석회질소) $+ C$ (탄소)
(77) 탄화리튬 + 물 반응식	Li_2C_2 (탄화리튬) $+ 2H_2O$ (물) $\rightarrow 2LiOH$ (수산화리튬) $+ C_2H_2$ (아세틸렌)

2-4 제4류 위험물(인화성액체)

반응물	반응식
(78) 이황화탄소 연소반응식	CS_2 (이황화탄소) $+ 3O_2$ (산소) $\rightarrow CO_2$ (이산화탄소) $+ 2SO_2$ (이산화황)
(79) 이황화탄소 + 물 반응식	CS_2 (이황화탄소) $+ 2H_2O$ (물) $\rightarrow CO_2$ (이산화탄소) $+ 2H_2S$ (황화수소)
(80) 아세트알데하이드 산화반응식	$2CH_3CHO$ (아세트알데히드) $+ O_2$ (산소) $\rightarrow 2CH_3COOH$ (아세트산)
(81) 아세트알데하이드 연소반응식	$2CH_3CHO$ (아세트알데히드) $+ 5O_2$ (산소) $\rightarrow 4CO_2$ (이산화탄소) $+ 4H_2O$ (물)
(82) 다이에틸에터(에틸에터) 제조식	$2C_2H_5OH$ (에틸알코올) $\xrightarrow[\text{축합반응}]{C-H_2SO_4} C_2H_5OC_2H_5$ (다이에틸에터) $+ H_2O$ (물)
(83) 다이에틸에터 연소식	$C_2H_5OC_2H_5$ (디에틸에테르) $+ 6O_2$ (산소) $\rightarrow 4CO_2$ (이산화탄소) $+ 5H_2O$ (물)
(84) 클로로벤젠 제조식	$2C_6H_6$ (벤젠) $+ 2HCl$ (염산) $+ O_2$ (산소) $\rightarrow 2C_6H_5Cl$ (클로로벤젠) $+ 2H_2O$ (물)
(85) 벤젠의 연소식	$2C_6H_6$ (벤젠) $+ 15O_2$ (산소) $\rightarrow 12CO_2$ (이산화탄소) $+ 6H_2O$ (물)
(86) 톨루엔 연소식	$C_6H_5CH_3$ (톨루엔) $+ 9O_2$ (산소) $\rightarrow 7CO_2$ (이산화탄소) $+ 4H_2O$ (물)
(87) 초산에틸 제조식	CH_3COOH (아세트산) $+ C_2H_5OH$ (에틸알코올) $\xrightarrow[\text{에스테르화}]{C-H_2SO_4} CH_3COOC_2H_5$ (초산에틸) $+ H_2O$ (물)
(88) 메틸에틸케톤 연소식	$2CH_3COC_2H_5$ (메틸에틸케톤) $+ 11O_2$ (산소) $\rightarrow 8CO_2$ (이산화탄소) $+ 8H_2O$ (물)
(89) 아세톤 연소반응식	CH_3COCH_3 (아세톤) $+ 4O_2$ (산소) $\rightarrow 3CO_2$ (이산화탄소) $+ 3H_2O$ (물)
(90) 메틸알코올 연소반응식	$2CH_3OH$ (메틸알코올) $+ 3O_2$ (산소) $\rightarrow 2CO_2$ (이산화탄소) $+ 4H_2O$ (물)
(91) 메틸알코올 산화식 (포름알데히드 생성)	$2CH_3OH$ (메틸알코올) $+ O_2$ (산소) $\rightarrow 2HCHO$ (포름알데히드) $+ 2H_2O$ (물)
(92) 에틸알코올 연소반응식	C_2H_5OH (에틸알코올) $+ 3O_2$ (산소) $\rightarrow 2CO_2$ (이산화탄소) $+ 3H_2O$ (물)
(93) 아세트산(초산) 연소반응식	CH_3COOH (아세트산) $+ 2O_2$ (산소) $\rightarrow 2CO_2$ (이산화탄소) $+ 2H_2O$ (물)
(94) 아세트산 + 아연 반응식	$2CH_3COOH$ (아세트산) $+ Zn$ (아연) $\rightarrow (CH_3COO)_2Zn$ (초산아연) $+ H_2$ (수소)
(95) 나이트로-벤젠 제조식	C_6H_6 (벤젠) $+ HNO_3$ (질산) $\xrightarrow[\text{나이트로화}]{C-H_2SO_4} C_6H_5NO_2$ (나이트로벤젠) $+ H_2O$ (물)
(96) 메탄 연소식	CH_4 (메탄) $+ 2O_2$ (산소) $\rightarrow CO_2$ (이산화탄소) $+ 2H_2O$ (물)
(97) 에탄 연소식	$2C_2H_6$ (에탄) $+ 7O_2$ (산소) $\rightarrow 4CO_2$ (이산화탄소) $+ 6H_2O$ (물)

반응물	반응식
(98) 프로판 연소식	C_3H_8 (프로판) $+ 5O_2$ (산소) $\rightarrow 3CO_2$ (이산화탄소) $+ 4H_2O$ (물)
(99) 부탄 연소식	$2C_4H_{10}$ (부탄) $+ 13O_2$ (산소) $\rightarrow 8CO_2$ (이산화탄소) $+ 10H_2O$ (물)
(100) 에틸렌 산화식	C_2H_4 (에틸렌) $+ PdCl_2$ (염화팔라듐) $+ H_2O$ (물) $\rightarrow CH_3CHO$ (아세트알데히드) $+ Pd$ (팔라듐) $+ 2HCl$ (염산)

2-5 제5류 위험물(자기반응성물질)

반응물	반응식
(101) 나이트로글리세린 분해식	$4C_3H_5(ONO_2)_3$ (나이트로글리세린) $\rightarrow 12CO_2$ (이산화탄소) $+ 10H_2O$ (물) $+ 6N_2$ (질소) $+ O_2$ (산소)
(102) 나이트로글리세린 제조식	$C_3H_5(OH)_3$ (글리세린) $+ 3HNO_3$ (질산) $\xrightarrow[\text{나이트로화}]{C-H_2SO_4} C_3H_5(ONO_2)_3$ (나이트로글리세린) $+ 3H_2O$ (물)
(103) 트리나이트로톨루엔 (TNT)분해식	$2C_6H_2CH_3(NO_2)_3$ (트리나이트로톨루엔) $\rightarrow 12CO$ (일산화탄소) $+ 5H_2$ (수소) $+ 3N_2$ (질소) $+ 2C$ (탄소)
(104) 트리나이트로톨루엔 (TNT)제조식	$C_6H_5CH_3$ (톨루엔) $+ 3HNO_3$ (질산) $\xrightarrow[\text{나이트로화}]{C-H_2SO_4} C_6H_2CH_3(NO_2)_3$ (트리니트로톨루엔) $+ 3H_2O$ (물)

2-6 제6류 위험물(산화성액체)

반응물	반응식
(105) 질산 분해식	$4HNO_3$ (질산) $\rightarrow 4NO_2$ (이산화질소) $+ 2H_2O$ (물) $+ O_2$ (산소)
(106) 과산화수소 분해식	$2H_2O_2$ (과산화수소) $\rightarrow 2H_2O$ (물) $+ O_2$ (산소)
(107) 과산화수소 + 이산화망가니즈 반응식	$2H_2O_2$ (과산화수소) $+ MnO_2$ (이산화망간) $\rightarrow 2H_2O$ (물) $+ O_2$ (산소) $+ MnO_2$ (이산화망간) ✔이산화망가니즈는 촉매 역할만 하고 반응하고난 후 바닥에 그대로 남아있다.
(108) 과산화수소 + 하이드라진 반응식	$2H_2O_2$ (과산화수소) $+ N_2H_4$ (히드라진) $\rightarrow 4H_2O$ (물) $+ N_2$ (질소)
(109) 과염소산 분해식	$HClO_4$ (과염소산) $\rightarrow HCl$ (염산) $+ 2O_2$ (산소)

2-7 분말 소화약제 반응식

반응물		반응식
(118) 분말 소화약제 반응식	제1종 분말 소화약제 270℃ 열분해식	$2NaHCO_3$ (탄산수소나트륨) $\rightarrow$ Na_2CO_3 (탄산나트륨) $+$ CO_2 (이산화탄소) $+$ H_2O (물)
	제1종 분말 소화약제 850℃ 이상 열분해식	$2NaHCO_3$ (탄산수소나트륨) $\rightarrow$ Na_2O (산화나트륨) $+$ $2CO_2$ (이산화탄소) $+$ H_2O (물)
	제2종 분말 소화약제 열분해식	$2KHCO_3$ (탄산수소칼륨) $\rightarrow$ K_2CO_3 (탄산칼륨) $+$ CO_2 (이산화탄소) $+$ H_2O (물)
	제3종 분말 소화약제 166℃ 열분해식	$NH_4H_2PO_4$ (인산암모늄) $\rightarrow$ NH_3 (암모니아) $+$ H_3PO_4 (인산)
	제3종 분말 소화약제 완전 열분해식	$NH_4H_2PO_4$ (인산암모늄) $\rightarrow$ NH_3 (암모니아) $+$ HPO_3 (메타인산) $+$ H_2O (물)
	제4종 분말 소화약제 열분해식	$2KHCO_3$ (탄산수소칼륨) $+$ $(NH_2)_2CO$ (요소) $\rightarrow$ K_2CO_3 (탄산칼륨) $+$ $2NH_3$ (암모니아)

2-8 기타 반응식

반응물	반응식
(110) 황화수소 완전연소식	$2H_2S$ (황화수소) $+$ $3O_2$ (산소) $\rightarrow$ $2SO_2$ (이산화황) $+$ $2H_2O$ (물)
(111) 구리 + 진한질산 반응식	Cu (구리) $+$ $4HNO_3$ (진한질산) $\rightarrow$ $Cu(NO_3)_2$ (질산구리) $+$ $2NO_2$ (이산화질소) $+$ $2H_2O$ (물)
(112) 아세틸렌 연소반응식	$2C_2H_2$ (아세틸렌) $+$ $5O_2$ (산소) $\rightarrow$ $4CO_2$ (이산화탄소) $+$ $2H_2O$ (물)
(113) 아세틸렌 + 구리 반응식	C_2H_2 (아세틸렌) $+$ $2Cu$ (구리) $\rightarrow$ Cu_2C_2 (구리아세틸리드) $+$ H_2 (수소)
(114) 탄산마그네슘 분해식	$MgCO_3$ (탄산마그네슘) $\rightarrow$ MgO (산화마그네슘) $+$ CO_2 (이산화탄소)
(115) 산, 알칼리 소화기	H_2SO_4 (황산) $+$ $2NaHCO_3$ (탄산수소나트륨) $\rightarrow$ Na_2SO_4 (황산나트륨) $+$ $2CO_2$ (이산화탄소) $+$ $2H_2O$ (물)
(116) 강화액 소화기	H_2SO_4 (황산) $+$ K_2CO_3 (탄산칼륨) $+$ H_2O (물) $\rightarrow$ K_2SO_4 (황산칼륨) $+$ CO_2 (이산화탄소) $+$ $2H_2O$ (물)
(117) 포소화약제	$6NaHCO_3$ (탄산수소나트륨) $+$ $Al_2(SO_4)_3 \cdot 18H_2O$ (황산알루미늄 수화물) $\rightarrow$ $3Na_2SO_4$ (황산나트륨) $+$ $2Al(OH)_3$ (수산화알루미늄) $+$ $6CO_2$ (이산화탄소) $+$ $18H_2O$ (물)

Chapter 3
기타 주요 법령

3-1 기타 주요 법령

(1) 위험물의 운반용기 외부에 수납하는 위험물에 따른 주의사항

유별	성질	표시
제1류 위험물	산화성고체	알칼리금속의 과산화물 또는 이를 함유한 것 : 화기주의, 충격주의, 물기엄금, 가연물접촉주의
		그 외 : 화기주의, 충격주의, 가연물접촉주의
제2류 위험물	가연성고체	철분, 금속분, 마그네슘 : 화기주의, 물기엄금
		인화성고체 : 화기엄금
		그 외 : 화기주의
제3류 위험물	자연발화성 및 금수성물질	자연발화성물질 : 화기엄금, 공기접촉엄금
		금수성물질 : 물기엄금
제4류 위험물	인화성액체	화기엄금
제5류 위험물	자기반응성 물질	화기엄금, 충격주의
제6류 위험물	산화성액체	가연물접촉주의

(2) 주의사항 표시

종류	주의사항표시
*제1류 위험물 중 알칼리금속의 과산화물 *제3류 위험물 중 금수성물질	물기엄금 (청색바탕에 백색문자)
*제2류 위험물(인화성고체를 제외)	화기주의 (적색바탕에 백색문자)
*제2류 위험물 중 인화성고체 *제3류 위험물 중 자연발화성물질 *제4류 위험물 *제5류 위험물	화기엄금 (적색바탕에 백색문자)

(3) 운반 시 위험물의 혼재 가능 기준

	1류	2류	3류	4류	5류	6류
1류		×	×	×	×	○
2류	×		×	○	○	×
3류	×	×		○	×	×
4류	×	○	○		○	×
5류	×	○	×	○		×
6류	○	×	×	×	×	

(단, 이 표는 지정수량의 1/10 이하의 위험물에 대해 적용하지 않는다.)

① 4 : 23 – 제4류와 제2류, 제4류와 제3류는 혼재 가능
② 5 : 24 – 제5류와 제2류, 제5류와 제4류는 혼재 가능
③ 6 : 1 – 제6류와 제1류는 혼재 가능

(4) 위험물의 저장기준

① $1m$ 이상의 간격을 두어 저장소에 함께 저장하는 위험물
 – 제1류 위험물(알칼리금속의 과산화물 또는 이를 함유한 것을 제외한다.)과 제5류 위험물을 저장하는 경우
 – 제1류 위험물과 제6류 위험물을 저장하는 경우
 – 제1류 위험물과 제3류 위험물 중 자연발화성물질(황린 또는 이를 함유한 것에 한한다.)을 저장하는 경우
 – 제2류 위험물 중 인화성고체와 제4류 위험물을 저장하는 경우
 – 제3류 위험물 중 알킬알루미늄등과 제4류 위험물(알킬알루미늄 또는 알킬리튬을 함유한 것에 한한다.)을 저장하는 경우
 – 제4류 위험물 중 유기과산화물 또는 이를 함유하는 것과 제5류 위험물 중 유기과산화물 또는 이를 함유한 것을 저장하는 경우

② 자연발화 할 우려가 있는 위험물의 저장기준
 : 옥내 저장소에서 동일 품명의 위험물이더라도 자연발화 할 우려가 있는 위험물 또는 재해가 현저하게 증대할 우려가 있는 위험물을 다량 저장하는 경우에는 지정수량의 10배 이하마다 구분하여 상호간 $0.3m$ 이상의 간격을 두어 저장하여야 한다.

③ 옥내 저장소에 저장 시 높이
 : 아래 기준의 높이를 초과하지 않아야 한다.
 – 기계에 의하여 하역하는 구조로 된 용기만을 겹쳐 쌓는 경우 : $6m$
 – 제4류 위험물 중 제3석유류, 제4석유류, 동식물유류를 수납하는 용기만을 겹쳐 쌓는 경우 : $4m$
 – 그 밖의 경우 : $3m$

④ 기타 저장기준

   ㉠ 옥내 저장소에서 용기에 수납하여 저장하는 위험물의 온도 : 55℃ 이하

   ㉡ 이동저장탱크에는 당해 탱크에 저장 또는 취급하는 위험물의 유별, 품명, 최대수량, 적재중량을 표시하고 잘 보일 수 있도록 관리할 것

   ㉢ 이동탱크저장소에는 당해 이동탱크저장소의 완공검사합격확인증 및 정기점검기록부를 비치한다.

   ㉣ 옥외저장소에서 위험물을 수납한 용기를 선반에 저장하는 경우 : 6m를 초과하지 말 것

   ㉤ 이동저장탱크에 알킬알루미늄 등을 저장하는 경우에는 $20kPa$ 이하의 압력으로 불활성 기체를 봉입하여 둘 것

   ㉥ 옥외저장탱크, 옥내저장탱크 또는 지하저장탱크 중 압력탱크 외의 탱크에 저장
   - 산화프로필렌, 다이에틸에터 : 30℃ 이하
   - 아세트알데하이드 : 15℃ 이하

   ㉦ 옥외저장탱크, 옥내저장탱크 또는 지하저장탱크 중 압력탱크에 저장
   - 아세트알데하이드, 다이에틸에터 등 : 40℃ 이하

   ㉧ 아세트알데하이드 등 또는 다이에틸에터 등을 이동저장탱크에 저장하는 경우
   - 보냉장치 ○ : 비점 이하
   - 보냉장치 × : 40℃ 이하

(5) 위험물의 취급기준

① 이동탱크저장소의 취급기준

   ㉠ 이동저장탱크로부터 위험물을 저장 또는 취급하는 탱크에 인화점이 40℃ 미만인 위험물을 주입할 때에는 이동탱크저장소의 원동기를 정지할 것

   ㉡ 발유를 저장하던 이동저장탱크에 등유나 경유를 주입할 때 또는 등유나 경유를 저장하던 이동저장탱크에 휘발유를 주입할 때 정전기등의 방지 조치사항

   ⓐ 이동저장탱크의 상부로부터 위험물을 주입할 때에는 위험물의 액 표면이 주입관의 선단을 넘는 높이가 될 때까지 주입관 내의 유속은 $1m/s$ 이하로 할 것

   ⓑ 이동저장탱크의 밑부분으로부터 위험물을 주입할 때에는 위험물의 액 표면이 주입관의 정상부분을 넘는 높이가 될 때까지 주입관 내의 유속은 $1m/s$ 이하로 할 것

② 알킬알루미늄 등 및 아세트알데하이드 등의 취급기준

　㉠ 알킬알루미늄 등의 이동탱크저장소에 있어, 이동저장탱크로부터 알킬알루미늄 등을 꺼낼 때에는 동시에 $200kPa$ 이하의 압력으로 불활성의 기체를 봉입할 것

　㉡ 아세트알데하이드 등의 이동탱크저장소에 있어, 이동저장탱크로부터 아세트알데하이드 등을 꺼낼 때에는 동시에 $100kPa$ 이하의 압력으로 불활성의 기체를 봉입할 것

(6) 위험물의 운반기준

[수납률]

① 고체 위험물 : 운반용기 내용적의 95% 이하의 수납률로 수납할 것

② 액체 위험물 : 운반용기 내용적의 98% 이하의 수납률로 수납할 것

③ 자연발화성 물질 중 알킬알루미늄 등은 운반용기 내용적의 90% 이하의 수납물로 수납하되, 50℃의 온도에서 5% 이상의 공간용적을 유지하도록 할 것

[적재위험물에 따른 조치]

① 제1류 위험물, 제3류 위험물 중 자연발화성물질, 제4류 위험물 중 특수인화물, 제5류 위험물 또는 제6류 위험물은 차광성이 있는 피복으로 가릴 것

② 제1류 위험물 중 알칼리금속의 과산화물 또는 이를 함유한 것, 제2류 위험물 중 철분·금속분·마그네슘 또는 이들 중 어느 하나 이상을 함유한 것 또는 제3류 위험물 중 금수성물질은 방수성이 있는 피복으로 덮을 것

[운반용기의 외부 표시 사항]

① 위험물의 품명, 위험등급, 화학명 및 수용성(제4류 위험물의 수용성인 것에 한함)
② 위험물의 수량
③ 주의사항

(7) 보유공지

① 제조소의 보유공지 너비의 기준

저장 또는 취급하는 위험물의 최대수량	공지의 너비
지정수량의 10배 이하	3m 이상
지정수량의 10배 초과	5m 이상

② 옥내저장소 보유공지 너비의 기준

저장 또는 취급하는 위험물의 최대수량	공지의 너비	
	벽·기둥 및 바닥이 내화구조로 된 건축물	그 밖의 건축물
지정수량의 5배 이하	X	0.5m 이상
지정수량의 5배 초과 10배 이하	1m 이상	1.5m 이상
지정수량의 10배 초과 20배 이하	2m 이상	3m 이상
지정수량의 20배 초과 50배 이하	3m 이상	5m 이상
지정수량의 50배 초과 200배 이하	5m 이상	10m 이상
지정수량의 200배 초과	10m 이상	15m 이상

③ 옥외저장소 보유공지 너비의 기준

저장 또는 취급하는 위험물의 최대수량	공지의 너비
지정수량의 10배 이하	3m 이상
지정수량의 10배 초과 20배 이하	5m 이상
지정수량의 20배 초과 50배 이하	9m 이상
지정수량의 50배 초과 200배 이하	12m 이상
지정수량의 200배 초과	15m 이상

- 제4류 위험물 중 제4석유류와 제6류 위험물을 저장 또는 취급하는 옥외저장소의 보유공지는 위의 표에 의한 공지의 너비의 $\frac{1}{3}$ 이상의 너비로 할 수 있다.

④ 옥외탱크저장소 보유공지 너비의 기준

저장 또는 취급하는 위험물의 최대수량	공지의 너비
지정수량의 500배 이하	3m 이상
지정수량의 500배 초과 1000배 이하	5m 이상
지정수량의 1000배 초과 2000배 이하	9m 이상
지정수량의 2000배 초과 3000배 이하	12m 이상
지정수량의 3000배 초과 4000배 이하	15m 이상
지정수량의 4000배 초과	당해 탱크의 수평단면의 최대지름(횡형인 경우에는 긴 변)과 높이 중 큰 것과 같은 거리 이상. 다만, 30m 초과의 경우에는 30m 이상으로 할 수 있고, 15m 미만의 경우에는 15m 이상으로 하여야 한다.

- 제6류 위험물 외의 위험물을 저장 또는 취급하는 옥외저장탱크(지정수량의 4000배를 초과하여 저장 또는 취급하는 옥외저장탱크를 제외한다.)를 동일한 방유제안에 2개 이상 인접하여 설치하는 경우 그 인접하는 방향의 보유공지는 제1호의 규정에 의한 보유공지의 1/3 이상의 너비로 할 수 있다. 이 경우 보유공지의 너비는 3m 이상이 되어야 한다.
- 제6류 위험물을 저장 또는 취급하는 옥외저장탱크는 제1호의 규정에 의한 보유공지의 1/3 이상의 너비로 할 수 있다. 이 경우 보유공지의 너비는 1.5m 이상이 되어야 한다.
- 제6류 위험물을 저장 또는 취급하는 옥외저장탱크를 동일구내에 2개 이상 인접하여 설치하는 방향의 보유공지는 제3호의 규정에 의하여 산출된 너비의 1/3 이상의 너비로 할 수 있다. 이 경우 보유공지의 너비는 1.5m 이상이 되어야 한다.

(8) 건축물의 구조 등

① 건축물의 구조

- 지하층이 없도록 할 것
- 벽, 기둥, 바닥, 보, 서까래 및 계단은 불연재료(연소 우려가 있는 외벽은 개구부가 없는 내화구조의 벽으로 할 것)로 할 것
- 지붕은 폭발력이 위로 방출될 정도의 가벼운 불연재료로 덮어야 한다.
- 출입구와 비상구에는 60분 방화문 또는 30분 방화문을 설치하되, 연소의 우려가 있는 외벽에 설치하는 출입구에는 수시로 열 수 있는 자동폐쇄식의 60분 방화문을 설치하여야 한다.
- 액체의 위험물을 취급하는 건축물의 바닥은 적당한 경사를 두고 최저부에 집유설비를 설치할 것

② 배출설비
- 설치장소 : 가연성 증기 또는 미분이 체류할 우려가 있는 건축물
- 배출설비 : 국소방식
- 배출설비는 배풍기, 후드, 배출덕트 등을 이용해 강제로 배출할 것
- 배출능력은 1시간당 배출장소 용적의 20배 이상인 것으로한다.
  (전역방식의 경우에는 바닥면적의 $1m^3$당 $18m^3$이상으로 한다.)
- 급기구는 높은 곳에 설치하고 가는 눈의 구리망으로 인화방지망을 설치할 것
- 배출구는 지상 $2m$ 이상으로서 연소 우려가 없는 장소에 설치하고 화재시 자동으로 폐쇄되는 방화댐퍼를 설치할 것

③ 피뢰설비
: 지정수량의 10배 이상의 위험물을 저장하거나 취급하는 제조소(제6류 위험물의 저장창고는 제외한다.)에 설치할 것

④ 위험물 취급탱크(지정수량 1/5 미만은 제외)
  ㉠ 위험물 제조소 옥외에 있는 위험물 취급탱크
    - 하나의 취급 탱크 주위에 설치하는 방유제의 용량 : 당해 탱크용량의 50% 이상
    - 2개 이상의 취급 탱크 주위에 하나의 방유제를 설치하는 경우, 방유제의 용량
      : 당해 탱크 중 용량이 최대인 것의 50%에 나머지 탱크용량의 합계를 10%를 가산한 양 이상이 되게 할 것
  ㉡ 위험물 제조소 옥내에 있는 위험물 취급탱크
    - 하나의 취급탱크 주위에 설치하는 방유턱의 용량 : 당해 탱크용량 이상
    - 2 이상의 취급탱크 주위에 설치하는 방유턱의 용량 : 최대 탱크용량 이상

(9) 옥내저장소에 안전거리를 두지 아니할 수 있는 경우

① 제4석유류 또는 동식물유류의 위험물을 저장 또는 취급하는 옥내저장소로서 그 최대수량이 지정수량의 20배 미만인 것

② 제6류 위험물을 저장 또는 취급하는 옥내저장소

③ 지정수량의 20배(하나의 저장창고의 바닥면적이 $150m^2$이하인 경우에는 50배) 이하의 위험물을 저장 또는 취급하는 옥내저장소로서 다음의 기준에 적합한 것
  - 저장창고의 벽, 기둥, 바닥, 보 및 지붕이 내화구조인 것
  - 저장창고의 출입구에 수시로 열 수 있는 자동폐쇄방식의 60분 방화문이 설치될 것
  - 저장창고에 창을 설치하지 아니할 것

(10) 저장창고의 기준면적

위험물을 저장하는 창고의 종류	기준면적
1. 제1류 위험물 중 아염소산염류, 염소산염류, 과염소산염류, 무기과산화물, 그 밖에 지정수량이 50kg인 위험물 2. 제3류 위험물 중 칼륨, 나트륨, 알킬알루미늄, 알킬리튬, 그 밖에 지정수량이 10kg인 위험물 및 황린 3. 제4류 위험물 중 특수 인화물, 제1석유류 및 알코올류 4. 제5류 위험물 중 유기과산화물, 질산에스터류, 그 밖에 지정수량이 10kg인 위험물 5. 제6류 위험물	$1000m^2$ 이하
위의 위험물들을 제외한 나머지	$2000m^2$ 이하

(11) 지정과산화물(제5류 위험물 중 유기과산화물)을 저장 또는 취급하는 옥내저장소

① 담 또는 토제는 저장창고의 외벽으로부터 $2m$ 이상 떨어진 장소에 설치할 것

② 담은 두께 $15cm$ 이상의 철근 콘크리트조나 철골 철근콘크리트조 또는 두께 $20cm$ 이상의 보강콘크리트블록조로 할 것

③ 토제 경사면은 경사도의 60도 미만으로 할 것

④ 저장창고는 $150m^2$ 이내마다 격벽으로 완전하게 구획할 것. 이 경우 당해 격벽은 두께 $30cm$ 이상의 철근콘크리트조 또는 철골철근콘크리트조로 하거나 두께 $40cm$ 이상의 보강 콘크리트블록조로 하고, 당해 저장창고의 양측의 외벽으로부터 $1m$ 이상, 상부의 지붕으로부터 $50cm$ 이상 돌출하게 할 것

⑤ 저장창고의 외벽은 두께 $20cm$ 이상의 철근콘크리트조나 철골철근콘크리트조 또는 두께 $30cm$ 이상의 보강콘크리트조로 할 것

(12) 옥외탱크저장소의 위치, 구조 및 설비의 기준

종류	저장 또는 취급하는 액체 위험물의 최대수량
특정옥외저장탱크	100만L 이상
준특정옥외저장탱크	50만L 이상 100만L 미만

(13) 위험물의 취급
: 지정수량 이상을 저장하면 위험물안전관리법에 따른 규제에 따라야하고, 지정수량 미만을 저장하면 시·도의 조례에 의한 규제를 받는다. 지정수량 이상이면 위험물 안전관리법에 적용을 받아 제조소등을 설치하고 안전관리자를 선임해야 한다.

(14) 위험물 안전관리자

① 위험물 안전관리자 선임권자 : 제조소등의 관계인
② 위험물 안전관리자 선임선고 : 소방본부장 또는 소방서장에게 신고
③ 해임 또는 퇴직 시 : 30일 이내에 재선임
④ 안전관리자 선임 선고 : 14일 이내
⑤ 안전관리자 여행, 질병 기타사유로 직무 수행 불가 시 대리자를 지정하여 대리자는 30일을 초과할 수 없다.

(15) 제조소의 위치·구조 및 설비의 기준(제6류 위험물을 취급하는 제조소는 제외)

안전거리	해당 대상물
50m 이상	지정, 유형문화재
30m 이상	병원, 학교, 극장, 보호시설, 아동복지시설, 양로원 등
20m 이상	고압가스, 액화석유가스, 도시가스시설
10m 이상	주거용도 주택
5m 이상	$35,000\,V$ 초과 고압 가공전선
3m 이상	$7,000\,V$ 초과 $35,000\,V$ 이하 특고압 가공전선

(16) 관계인이 예방규정을 정하여야 하는 제조소등

① 지정수량의 10배 이상의 위험물을 취급하는 제조소
② 지정수량의 100배 이상의 위험물을 저장하는 옥외저장소
③ 지정수량의 150배 이상의 위험물을 저장하는 옥내저장소
④ 지정수량의 200배 이상의 위험물을 저장하는 옥외탱크저장소
⑤ 암반탱크저장소
⑥ 이송취급소
⑦ 지정수량의 10배 이상의 위험물을 취급하는 일반취급소. 다만, 제4류 위험물(특수인화물을 제외한다)만을 지정수량의 50배 이하로 취급하는 일반취급소(제1석유류·알코올류의 취급량이 지정수량의 10배 이하인 경우에 한한다)로서 다음 각목의 어느 하나에 해당하는 것을 제외한다.
 - 보일러·버너 또는 이와 비슷한 것으로서 위험물을 소비하는 장치로 이루어진 일반취급소
 - 위험물을 용기에 옮겨 담거나 차량에 고정된 탱크에 주입하는 일반취급소

(17) 운송책임자의 감독·지원을 받아 운송하여야 하는 위험물

① 알킬알루미늄
② 알킬리튬
③ 제1호 또는 제2호의 물질을 함유하는 위험물

(18) 탱크안전성능검사의 내용

구 분	검 사 내 용
기초·지반검사	① 제8조제1항제1호의 규정에 의한 탱크중 나목외의 탱크 : 탱크의 기초 및 지반에 관한 공사에 있어서 당해 탱크의 기초 및 지반이 행정안전부령으로 정하는 기준에 적합한지 여부를 확인함 ② 제8조제1항제1호의 규정에 의한 탱크중 행정안전부령으로 정하는 탱크 : 탱크의 기초 및 지반에 관한 공사에 상당한 것으로서 행정안전부령으로 정하는 공사에 있어서 당해 탱크의 기초 및 지반에 상당하는 부분이 행정안전부령으로 정하는 기준에 적합한지 여부를 확인함
충수·수압검사	탱크에 배관 그 밖의 부속설비를 부착하기 전에 당해 탱크 본체의 누설 및 변형에 대한 안전성이 행정안전부령으로 정하는 기준에 적합한지 여부를 확인함
용접부검사	탱크의 배관 그 밖의 부속설비를 부착하기 전에 행하는 당해 탱크의 본체에 관한 공사에 있어서 탱크의 용접부가 행정안전부령으로 정하는 기준에 적합한지 여부를 확인함
암반탱크검사	탱크의 본체에 관한 공사에 있어서 탱크의 구조가 행정안전부령으로 정하는 기준에 적합한지 여부를 확인함

(19) 위험물취급자격자의 자격

위험물취급자격자의 구분	취급할 수 있는 위험물
「국가기술자격법」에 따라 위험물기능장, 위험물산업기사, 위험물기능사의 자격을 취득한 사람	모든 위험물
안전관리자교육이수자(법 28조제1항에 따라 소방청장이 실시하는 안전관리자교육을 이수한 자를 말한다. 이하 별표 6에서 같다)	제4류 위험물
소방공무원 경력자(소방공무원으로 근무한 경력이 3년 이상인 자를 말한다. 이하 별표 6에서 같다)	제4류 위험물

(20) 탱크시험자의 기술능력·시설 및 장비

① 기술능력

㉠ 필수인력
- 위험물기능장·위험물산업기사 또는 위험물기능사 중 1명 이상
- 비파괴검사기술사 1명 이상 또는 초음파비파괴검사·자기비파괴검사 및 침투비파괴검사로 기사 또는 산업기사 각 1명 이상

㉡ 필요한 경우에 두는 인력
- 충·수압시험, 진공시험, 기밀시험 또는 내압시험의 경우: 누설비파괴검사 기사, 산업기사 또는 기능사
- 수직·수평도시험의 경우: 측량 및 지형공간정보 기술사, 기사, 산업기사 또는 측량기능사
- 방사선투과시험의 경우: 방사선비파괴검사 기사 또는 산업기사
- 필수 인력의 보조: 방사선비파괴검사·초음파비파괴검사·자기비파괴검사 또는 침투비 파괴 검사 기능사

② 시설: 전용사무실

③ 장비

㉠ 필수장비: 자기탐상시험기, 초음파두께측정기 및 다음 1) 또는 2) 중 어느 하나
- 영상초음파시험기
- 방사선투과시험기 및 초음파시험기

㉡ 필요한 경우에 두는 장비
- 충·수압시험, 진공시험, 기밀시험 또는 내압시험의 경우
  진공능력 53KPa 이상의 진공누설시험기
  기밀시험장치(안전장치가 부착된 것으로서 가압능력 200kPa 이상, 감압의 경우에는 감압능력 10kPa 이상·감도 10Pa 이하의 것으로서 각각의 압력 변화를 스스로 기록할 수 있는 것)
- 수직·수평도 시험의 경우: 수직·수평도 측정기

✔ 비고
둘 이상의 기능을 함께 가지고 있는 장비를 갖춘 경우에는 각각의 장비를 갖춘 것으로 본다.

(21) 제조소의 표지 및 게시판

① 제조소에는 보기 쉬운 곳에 다음 각목의 기준에 따라 "위험물 제조소"라는 표시를 한 표지를 설치하여야 한다.
  - 표지는 한변의 길이가 0.3m 이상, 다른 한변의 길이가 0.6m 이상인 직사각형으로 할 것
  - 표지의 바탕은 백색으로, 문자는 흑색으로 할 것

② 제조소에는 보기 쉬운 곳에 다음 각목의 기준에 따라 방화에 관하여 필요한 사항을 게시한 게시판을 설치하여야 한다.
  - 게시판은 한변의 길이가 0.3m 이상, 다른 한변의 길이가 0.6m 이상인 직사각형으로 할 것
  - 게시판에는 저장 또는 취급하는 위험물의 유별·품명 및 저장최대수량 또는 취급최대수량, 지정수량의 배수 및 안전관리자의 성명 또는 직명을 기재할 것
  - 게시판의 바탕은 백색으로, 문자는 흑색으로 할 것

(22) 제조소 건축물의 구조
: 위험물을 취급하는 건축물의 구조는 다음 각호의 기준에 의하여야 한다.

① 지하층이 없도록 하여야 한다. 다만, 위험물을 취급하지 아니하는 지하층으로서 위험물의 취급장소에서 새어나온 위험물 또는 가연성의 증기가 흘러 들어갈 우려가 없는 구조로 된 경우에는 그러하지 아니하다.

② 벽·기둥·바닥·보·서까래 및 계단을 불연재료로 하고, 연소의 우려가 있는 외벽은 출입구 외의 개구부가 없는 내화구조의 벽으로 하여야 한다. 이 경우 제6류 위험물을 취급하는 건축물에 있어서 위험물이 스며들 우려가 있는 부분에 대하여는 아스팔트 그 밖에 부식되지 아니하는 재료로 피복하여야 한다.

③ 지붕은 폭발력이 위로 방출될 정도의 가벼운 불연재료로 덮어야 한다. 다만, 위험물을 취급하는 건축물이 다음 각목에 해당하는 경우에는 그 지붕을 내화구조로 할 수 있다.

  ㉠ 제2류 위험물(분말상태의 것과 인화성고체를 제외한다), 제4류 위험물 중 제4석유류·동식물유류 또는 제6류 위험물을 취급하는 건축물인 경우

  ㉡ 다음의 기준에 적합한 밀폐형 구조의 건축물인 경우
    - 발생할 수 있는 내부의 과압 또는 부압에 견딜 수 있는 철근콘크리트조일 것
    - 외부화재에 90분 이상 견딜 수 있는 구조일 것

④ 출입구와 「산업안전보건기준에 관한 규칙」 제17조에 따라 설치하여야 하는 비상구에는 60분 방화문 또는 30분 방화문을 설치하되, 연소의 우려가 있는 외벽에 설치하는 출입구에는 수시로 열 수 있는 자동폐쇄식의 60분 방화문을 설치하여야 한다.

⑤ 위험물을 취급하는 건축물의 창 및 출입구에 유리를 이용하는 경우에는 망입유리(두꺼운 판유리에 철망을 넣은 것)로 하여야 한다.

⑥ 액체의 위험물을 취급하는 건축물의 바닥은 위험물이 스며들지 못하는 재료를 사용하고, 적당한 경사를 두어 그 최저부에 집유설비를 하여야 한다.

(23) 제조소 채광·조명 및 환기설비

① 위험물을 취급하는 건축물에는 다음 각목의 기준에 의하여 위험물을 취급하는데 필요한 채광·조명 및 환기의 설비를 설치하여야 한다.
  ㉠ 채광설비는 불연재료로 하고, 연소의 우려가 없는 장소에 설치하되 채광면적을 최소로 할 것
  ㉡ 조명설비는 다음의 기준에 적합하게 설치할 것
    - 가연성가스 등이 체류할 우려가 있는 장소의 조명등은 방폭등(防爆燈)으로 할 것
    - 전선은 내화·내열전선으로 할 것
    - 점멸스위치는 출입구 바깥부분에 설치할 것. 다만, 스위치의 스파크로 인한 화재·폭발의 우려가 없을 경우에는 그러하지 아니하다.
  ㉢ 환기설비는 다음의 기준에 의할 것
    - 환기는 자연배기방식으로 할 것
    - 급기구는 당해 급기구가 설치된 실의 바닥면적 $150m^2$마다 1개 이상으로 하되, 급기구의 크기는 $800cm^2$ 이상으로 할 것. 다만 바닥면적이 $150m^2$ 미만인 경우에는 다음의 크기로 하여야 한다

바닥면적	급기구의 면적
$60m^2$ 미만	$150cm^2$ 이상
$60m^2$ 이상 $90m^2$ 미만	$300cm^2$ 이상
$90m^2$ 이상 $120m^2$ 미만	$450cm^2$ 이상
$120m^2$ 이상 $150m^2$ 미만	$600cm^2$ 이상

    - 급기구는 낮은 곳에 설치하고 가는 눈의 구리망 등으로 인화방지망을 설치할 것
    - 환기구는 지붕위 또는 지상 2m 이상의 높이에 회전식 고정벤티레이터 또는 루프팬 방식으로 설치할 것

② 배출설비가 설치되어 유효하게 환기가 되는 건축물에는 환기설비를 하지 아니 할 수 있고, 조명설비가 설치되어 유효하게 조도(밝기)가 확보되는 건축물에는 채광설비를 하지 아니할 수 있다.

(24) 제조소 옥외설비의 바닥
: 옥외에서 액체위험물을 취급하는 설비의 바닥은 다음 각호의 기준에 의하여야 한다.

① 바닥의 둘레에 높이 0.15m 이상의 턱을 설치하는 등 위험물이 외부로 흘러나가지 아니하도록 하여야 한다.

② 바닥은 콘크리트 등 위험물이 스며들지 아니하는 재료로 하고, 제1호의 턱이 있는 쪽이 낮게 경사지게 하여야 한다.

③ 바닥의 최저부에 집유설비를 하여야 한다.

④ 위험물(온도 20℃의 물 100g에 용해되는 양이 1g 미만인 것에 한한다)을 취급하는 설비에 있어서는 당해 위험물이 직접 배수구에 흘러들어가지 아니하도록 집유설비에 유분리 장치를 설치하여야 한다.

(25) 소화난이도등급 I의 제조소등 및 소화설비

제조소등의 구분	제조소등의 규모, 저장 또는 취급하는 위험물의 품명 및 최대수량 등
제조소 일반취급소	연면적 1,000㎡ 이상인 것
	지정수량의 100배 이상인 것(고인화점위험물만을 100℃ 미만의 온도에서 취급하는 것 및 제48조의 위험물을 취급하는 것은 제외)
	지반면으로부터 6m 이상의 높이에 위험물 취급설비가 있는 것(고인화점위험물만을 100℃ 미만의 온도에서 취급하는 것은 제외)
	일반취급소로 사용되는 부분 외의 부분을 갖는 건축물에 설치된 것(내화구조로 개구부 없이 구획 된 것, 고인화점위험물만을 100℃ 미만의 온도에서 취급하는 것 및 화학실험의 일반취급소는 제외)
주유취급소	면적의 합이 500㎡를 초과하는 것
옥내저장소	지정수량의 150배 이상인 것(고인화점위험물만을 저장하는 것 및 제48조의 위험물을 저장하는 것은 제외)
	연면적 150㎡를 초과하는 것(150㎡ 이내마다 불연재료로 개구부없이 구획된 것 및 인화성고체 외의 제2류 위험물 또는 인화점 70℃ 이상의 제4류 위험물만을 저장하는 것은 제외)
	처마높이가 6m 이상인 단층건물의 것
	옥내저장소로 사용되는 부분 외의 부분이 있는 건축물에 설치된 것(내화구조로 개구부없이 구획된 것 및 인화성고체 외의 제2류 위험물 또는 인화점 70℃ 이상의 제4류 위험물만을 저장하는 것은 제외)
옥외탱크 저장소	액표면적이 40㎡ 이상인 것(제6류 위험물을 저장하는 것 및 고인화점위험물만을 100℃ 미만의 온도에서 저장하는 것은 제외)
	지반면으로부터 탱크 옆판의 상단까지 높이가 6m 이상인 것(제6류 위험물을 저장하는 것 및 고인화점위험물만을 100℃ 미만의 온도에서 저장하는 것은 제외)
	지중탱크 또는 해상탱크로서 지정수량의 100배 이상인 것(제6류 위험물을 저장하는 것 및 고인화점위험물만을 100℃ 미만의 온도에서 저장하는 것은 제외)
	고체위험물을 저장하는 것으로서 지정수량의 100배 이상인 것
옥내탱크 저장소	액표면적이 40㎡ 이상인 것(제6류 위험물을 저장하는 것 및 고인화점위험물만을 100℃ 미만의 온도에서 저장하는 것은 제외)
	지반면으로부터 탱크 옆판의 상단까지 높이가 6m 이상인 것(제6류 위험물을 저장하는 것 및 고인화점위험물만을 100℃ 미만의 온도에서 저장하는 것은 제외)
	탱크전용실이 단층건물 외의 건축물에 있는 것으로서 인화점 38℃ 이상 70℃ 미만의 위험물을 지정수량의 5배 이상 저장하는 것(내화구조로 개구부없이 구획된 것은 제외한다)
옥외저장소	탱크전용실이 단층건물 외의 건축물에 있는 것으로서 인화점 38℃ 이상 70℃ 미만의 위험물을 지정수량의 5배 이상 저장하는 것(내화구조로 개구부없이 구획된 것은 제외한다)
	위험물을 저장하는 것으로서 지정수량의 100배 이상인 것
암반탱크 저장소	액표면적이 40㎡ 이상인 것(제6류 위험물을 저장하는 것 및 고인화점위험물만을 100℃ 미만의 온도에서 저장하는 것은 제외)
	고체위험물만을 저장하는 것으로서 지정수량의 100배 이상인 것
이송 취급소	모든 대상

(26) 소화설비의 적응성

소화설비의 구분			건축물·그 밖의 공작물	전기설비	제1류 위험물		제2류 위험물			제3류 위험물		제4류 위험물	제5류 위험물	제6류 위험물
					알칼리금속과산화물등	그 밖의 것	철분·금속분·마그네슘등	인화성고체	그 밖의 것	금수성물품	그 밖의 것			
옥내소화전 또는 옥외소화전설비			○			○		○	○		○		○	○
스프링클러설비			○			○		○	○		○	△	○	○
물분무등소화설비	물분무소화설비		○	○		○		○	○		○	○	○	○
	포소화설비		○			○		○	○		○	○	○	○
	불활성가스소화설비			○				○				○		
	할로젠화합물소화설비			○				○				○		
	분말소화설비	인산염류등	○	○		○		○	○			○		○
		탄산수소염류등		○	○		○	○		○		○		
		그 밖의 것			○		○			○				
대형·소형 수동식 소화기 기타	봉상수(棒狀水)소화기		○			○		○	○		○		○	○
	무상수(霧狀水)소화기		○	○		○		○	○		○		○	○
	봉상강화액소화기		○			○		○	○		○		○	○
	무상강화액소화기		○	○		○		○	○		○	○	○	○
	포소화기		○			○		○	○		○	○	○	○
	이산화탄소소화기			○				○				○		△
	할로젠화합물소화기			○				○				○		
	분말소화기	인산염류소화기	○	○		○		○	○			○		○
		탄산수소염류소화기		○	○		○	○		○		○		
		그 밖의 것			○		○			○				
기타	물통 또는 수조		○			○		○	○		○		○	○
	건조사				○	○	○	○	○	○	○	○	○	○
	팽창질석 또는 팽창진주암				○	○	○	○	○	○	○	○	○	○

① "○"표시는 당해 소방대상물 및 위험물에 대하여 소화설비가 적응성이 있음을 표시하고, "△" 표시는 제4류 위험물을 저장 또는 취급하는 장소의 살수기준면적에 따라 스프링클러설비의 살수밀도가 다음 표에 정하는 기준 이상인 경우에는 당해 스프링클러설비가 제4류 위험물에 대하여 적응성이 있음을, 제6류 위험물을 저장 또는 취급하는 장소로서 폭발의 위험이 없는 장소에 한하여 이산화탄소소화기가 제6류 위험물에 대하여 적응성이 있음을 각각 표시한다.

살수기준면적 $[m^2]$	방사밀도 $[L/m^2분]$		비고
	인화점 38℃ 미만	인화점 38℃ 이상	
279 미만	16.3 이상	12.2 이상	살수기준면적은 내화구조의 벽 및 바닥으로 구획된 하나의 실의 바닥면적을 말하고, 하나의 실의 바닥면적이 $465m^2$ 이상인 경우의 살수기준면적은 $465m^2$로 한다. 다만, 위험물의 취급을 주된 작업내용으로 하지 아니하고 소량의 위험물을 취급하는 설비 또는 부분이 넓게 분산되어 있는 경우에는 방사밀도는 $8.2L/m^2분$ 이상, 살수기준 면적은 $279m^2$ 이상으로 할 수 있다.
279 이상 372 미만	15.5 이상	11.8 이상	
372 이상 465 미만	13.9 이상	9.8 이상	
465 이상	12.2 이상	8.1 이상	

② 인산염류등은 인산염류, 황산염류 그 밖에 방염성이 있는 약제를 말한다.
③ 탄산수소염류등은 탄산수소염류 및 탄산수소염류와 요소의 반응생성물을 말한다.
④ 알칼리금속과산화물등은 알칼리금속의 과산화물 및 알칼리금속의 과산화물을 함유한 것을 말한다.
⑤ 철분·금속분·마그네슘등은 철분·금속분·마그네슘과 철분·금속분 또는 마그네슘을 함유한 것을 말한다.

(27) 운반용기의 최대용적 또는 중량

① 고체위험물

운반 용기				수납 위험물의 종류								
내장 용기		외장 용기		제1류			제2류		제3류			제4류	
용기의 종류	최대용적 또는 중량	용기의 종류	최대용적 또는 중량	Ⅰ	Ⅱ	Ⅲ	Ⅱ	Ⅲ	Ⅰ	Ⅱ	Ⅲ	Ⅰ	Ⅱ
유리용기 또는 플라스틱 용기	10 L	나무상자 또는 플라스틱상자(필요에 따라 불활성의 완충재를 채울 것)	125kg	○	○	○	○	○	○	○	○	○	○
			225kg		○	○		○		○	○		○
		파이버판상자(필요에 따라 불활성의 완충재를 채울 것)	40kg	○	○	○	○	○	○	○	○	○	○
			55kg					○			○		○
금속제용기	30 L	나무상자 또는 플라스틱상자	125kg	○	○	○	○	○	○	○	○	○	○
			225kg		○	○		○		○	○		○
		파이버판상자	40kg	○	○	○	○	○	○	○	○	○	○
			55kg		○	○		○		○	○		○
플라스틱 필름포대 또는 종이포대	5kg	나무상자 또는 플라스틱상자	50kg	○	○	○	○	○		○	○		○
	50kg		50kg	○	○	○	○	○					○
	125kg		125kg		○	○	○	○					
	225kg		225kg			○		○					
	5kg	파이버판상자	40kg	○	○	○	○	○		○	○		○
	40kg		40kg		○	○	○	○					
	55kg		40kg					○					
		금속제용기(드럼 제외)	60 L		○	○	○	○	○	○	○	○	○
		플라스틱용기 (드럼 제외)	10 L		○	○	○	○		○	○		○
			30 L				○	○			○		○
		금속제드럼	250 L	○	○	○	○	○	○	○	○	○	○
		플라스틱드럼 또는 파이버드럼 (방수성이 있는 것)	60 L		○	○	○	○	○	○	○	○	○
			250 L		○	○		○		○	○		○
		합성수지포대 (방수성이 있는 것), 플라스틱필름포대, 섬유포대 (방수성이 있는 것) 또는 종이포대 (여러겹으로서 방수성이 있는 것)	50kg		○	○	○	○		○	○		○

② 액체위험물

운반 용기				수납 위험물의 종류								
내장 용기		외장 용기		제3류			제4류			제5류		제6류
용기의 종류	최대용적 또는 중량	용기의 종류	최대용적 또는 중량	I	II	III	II	III	I	II	III	I
유리 용기	5 L	나무 또는 플라스틱상자 (불활성의 완충재를 채울 것)	75kg	○	○	○	○	○	○	○	○	○
	10 L		125kg		○	○		○		○	○	
			225kg					○				
	5 L	파이버판상자 (불활성의 완충재를 채울 것)	40kg	○	○	○	○	○	○	○	○	○
	10 L		55kg					○				
플라스틱 용기	10 L	나무 또는 플라스틱상자 (필요에 따라 불활성의 완충재를 채울 것)	75kg	○	○	○	○	○	○	○	○	○
			125kg		○	○		○		○	○	
			225kg					○				
		파이버판상자 (필요에 따라 불활성의 완충재를 채울 것)	40kg	○	○	○	○	○	○	○	○	○
			55kg					○				
금속제 용기	30 L	나무 또는 플라스틱상자	125kg	○	○	○	○	○	○	○	○	○
			225kg					○				○
		파이버판상자	40kg	○	○	○	○	○	○	○	○	○
			55kg		○	○		○		○	○	
		금속제용기 (금속제드럼제외)	60 L		○	○		○	○	○	○	
		플라스틱용기 (플라스틱드럼제외)	10 L		○	○		○	○	○	○	
			20 L					○				
			30 L					○	○			
		금속제드럼(뚜껑고정식)	250 L	○	○	○	○	○	○	○	○	○
		금속제드럼(뚜껑탈착식)	250 L					○		○		
		플라스틱또는파이버드럼 (플라스틱내용기부착의 것)	250 L		○	○		○		○		

04

과년도 기출문제

1. 09년도 기출문제
2. 10년도 기출문제
3. 11년도 기출문제
4. 12년도 기출문제
5. 13년도 기출문제
6. 14년도 기출문제
7. 15년도 기출문제
8. 16년도 기출문제
9. 17년도 기출문제
10. 18년도 기출문제
11. 19년도 기출문제
12. 20년도 기출문제
13. 21년도 기출문제
14. 22년도 기출문제
15. 23년도 기출문제
16. 24년도 기출문제

2009 1회차 위험물산업기사 실기 기출문제

01
지정수량이 100배 초과하는 지하저장탱크를 2기 이상 인접하여 설치하는 경우에는 그 상호간에 몇 m 이상의 간격을 유지하여야 하는가?

$1m$

*지하탱크저장소의 위치, 구조 및 설비의 기준

지정수량의 배수	간격
100배 초과	$1m$ 이상
100배 이하	$0.5m$ 이상

02
제5류 위험물로서 담황색의 주상결정이며 분자량이 227, 융점이 81℃, 물에 녹지 않고 벤젠, 아세톤, 알코올에 녹는 이 물질에 대한 다음 각 물음에 답하시오.

(1) 이 물질의 명칭
(2) 이 물질의 품명
(3) 이 물질의 지정수량
(4) 이 물질의 제조과정을 설명하시오.

(1) 트리나이트로톨루엔(TNT)
(2) 나이트로화합물
(3) $200kg$
(4) 톨루엔과 진한질산을 황산 촉매 하에 나이트로화 반응하여 트리나이트로톨루엔이 생성된다.

03
표준상태에서 $20kg$의 황린을 완전연소할 때 필요한 공기의 부피$[m^3]$을 구하시오.
(단, 공기 중 산소의 양은 $21vol\%$, 황린의 분자량은 124이다.)

$$P_4 + 5O_2 \rightarrow 2P_2O_5$$
(황린) (산소)   (오산화린)

표준상태는 1기압 0℃을 나타내고,

$PV = nRT = \dfrac{W}{M}RT$ 에서,

$\therefore V = \dfrac{WRT}{PM} \times \dfrac{\text{산소의 몰수}}{\text{반응물의 몰수}} \times \dfrac{100}{\text{산소의 부피}}$

$= \dfrac{20 \times 0.082 \times (0+273)}{1 \times 124} \times \dfrac{5}{1} \times \dfrac{100}{21} = 85.97 m^3$

04

옥외저장소에 제2류 위험물인 황(S)을 지정수량 150배 이상의 지정수량을 저장할 때의 보유공지는 얼마나 확보해야 하는가?

$12m$ 이상

*옥외저장소의 보유공지 너비의 기준

저장 또는 취급하는 위험물의 최대수량	공지의 너비
지정수량의 10배 이하	$3m$ 이상
지정수량의 10배 초과 20배 이하	$5m$ 이상
지정수량의 20배 초과 50배 이하	$9m$ 이상
지정수량의 50배 초과 200배 이하	$12m$ 이상
지정수량의 200배 초과	$15m$ 이상

제4류 위험물 중 제4석유류와 제6류 위험물을 저장 또는 취급하는 옥외저장소의 보유공지는 위의 표에 의한 공지의 너비의 $\frac{1}{3}$ 이상의 너비로 할 수 있다.

05

황화인에 대한 각 물음에 답하시오.

(1) 몇 류 위험물인가?
(2) 지정수량
(3) 황화인의 3가지 종류의 화학식을 쓰시오.

(1) 제2류 위험물
(2) $100kg$
(3) P_4S_3, P_2S_5, P_4S_7

06

오르소인산을 생성하는 ABC 분말 소화기의 1차 열분해 반응식을 쓰시오.

$$NH_4H_2PO_4 \rightarrow NH_3 + H_3PO_4$$
(인산암모늄) (암모니아) (인산)

*제3종 분말 소화약제
① 166℃ 열분해식(1차 열분해식)
$$NH_4H_2PO_4 \rightarrow NH_3 + H_3PO_4$$
(인산암모늄) (암모니아) (인산)

② 완전 열분해식
$$NH_4H_2PO_4 \rightarrow NH_3 + HPO_3 + H_2O$$
(인산암모늄) (암모니아) (메타인산) (물)

07

연한 경금속이며, 2차 전지로 이용되며, 비중 0.53, 융점 $180℃$인 위험물의 명칭을 쓰시오.

리튬(Li)

08

다음 보기는 이동저장탱크의 구조에 대한 내용일 때 빈칸을 채우시오.

[보기]
- 탱크는 두께 (①)mm 이상의 강철판으로 할 것.
- 압력탱크 외의 탱크는 (②)kPa의 압력으로, 압력탱크는 최대상용압력의 (③)배의 압력으로 각각 (④)분간 수압시험을 실시하여 새거나 변형 되지 아니할 것.

① 3.2
② 70
③ 1.5
④ 10

09

에틸렌과 산소를 염화구리의 촉매하에 생성되며, 인화점 $-38℃$, 비점 $21℃$, 분자량 44, 연소범위 $4.1{\sim}57\%$인 특수인화물이 있을 때 다음을 구하시오.

(1) 시성식
(2) 증기비중
(3) 증기밀도[g/L]

(1) CH_3CHO(아세트알데히드)
(2) 분자량 : $12+1{\times}3+12+1+16=44$
  $\therefore$ 증기비중 $= \dfrac{분자량}{28.84} = \dfrac{44}{28.84} = 1.53$
(3) 증기밀도 $= \dfrac{분자량}{22.4} = \dfrac{44}{22.4} = 1.96g/L$

10

다음 보기는 제2류 위험물의 위험물이 되는 기준에 대한 설명일 때 빈칸을 채우시오.

[보기]
- 황은 순도 (①)$wt\%$ 이상인 것을 말한다. 이 경우 순도측정에 있어서 불순물은 활석 등 불연성 물질과 수분에 한한다.
- 철분이라 함은 철의 분말로서 (②)μm의 표준체를 통과하는 것이 (③)$wt\%$ 이상인 것을 말한다.
- 금속분이라 함은 구리, 니켈을 제외한 금속의 분말로 (④)μm의 표준체를 통과하는 것이 (⑤)$wt\%$ 이상인 것을 말한다.

① 60
② 53
③ 50
④ 150
⑤ 50

11

지정수량이 $50kg$인 제1류 위험물의 품명 4가지를 쓰시오.

① 아염소산염류
② 염소산염류
③ 과염소산염류
④ 무기과산화물

12
제6류 위험물인 질산의 열분해 반응식을 쓰시오.

$$4HNO_3 \rightarrow 4NO_2 + 2H_2O + O_2$$
(질산) (이산화질소) (물) (산소)

13
다음 빈칸을 채우시오.

[보기]
제3석유류라 함은 중유, 크레오소트유 그 밖에 1기압에서 인화점이 섭씨 (①)도 이상 섭씨 (②)도 미만인 것을 말할 때 빈칸을 채우시오.

① 70 ② 200

2009 2회차 위험물산업기사 실기 기출문제

01
다음 빈칸에 알맞은 답을 쓰시오.

[보기]
과산화수소의 농도가 (①)wt% 이상인 것에 한하여 위험물로 취급하고, 지정수량은 (②)이다.

① 36 ② 300kg

02
다음 위험물들을 저장할 때 각각 사용되는 보호액 한가지씩 쓰시오.

(1) 황린
(2) 칼륨
(3) 이황화탄소

(1) pH9 정도의 약알칼리성 물
(2) 등유, 경유, 유동파라핀유, 벤젠 등
(3) 물

03
탄화칼슘에 대한 각 물음에 답하시오.

(1) 물과의 반응식
(2) 생성 기체의 명칭
(3) 생성 기체의 연소범위
(4) 생성기체의 연소반응식

(1) $\underset{(탄화칼슘)}{CaC_2} + 2H_2O \underset{(물)}{} \rightarrow \underset{(수산화칼슘)}{Ca(OH)_2} + \underset{(아세틸렌)}{C_2H_2}$

(2) 아세틸렌
(3) 2.5 ~ 81%
(4) $\underset{(아세틸렌)}{2C_2H_2} + \underset{(산소)}{5O_2} \rightarrow \underset{(이산화탄소)}{4CO_2} + \underset{(물)}{2H_2O}$

04
다음 보기의 연소 방식을 분류하시오.

[보기]
나트륨, TNT, 에틸알코올, 금속분, 다이에틸에터, TNP

(1) 표면연소
(2) 증발연소
(3) 자기연소

(1) 표면연소 : 나트륨, 금속분
(2) 증발연소 : 에틸알코올, 다이에틸에터
(3) 자기연소 : TNT, TNP

05
황화인의 종류 3가지를 화학식으로 쓰시오.

P_4S_3, P_2S_5, P_4S_7

06
제4류 위험물 옥내저장탱크의 밸브 없는 통기관에 대한 내용일 때 빈칸을 채우시오.

[보기]
통기관의 선단은 건축물의 창·출입구 등의 개구부로부터 (①)m 이상 떨어진 옥외의 장소에 지면으로부터 (②)m 이상의 높이로 설치하되, 인화점이 40℃ 미만인 위험물의 탱크에 설치하는 통기관에 있어서는 부지경계선으로부터 (③)m 이상 이격할 것.

① 1 ② 4 ③ 1.5

07
제5류 위험물에 대한 표일 때 빈칸을 채우시오.

품명	지정수량
유기과산화물	①
질산에스터류	②
아조화합물	③
나이트로화합물	④
하이드라진유도체	⑤

① 10kg
② 10kg
③ 200kg
④ 200kg
⑤ 200kg

08
아염소산나트륨과 알루미늄의 반응식을 쓰시오.

$3NaClO_2$ + $4Al$ → $2Al_2O_3$ + $3NaCl$
(아염소산나트륨) (알루미늄) (산화알루미늄) (염화나트륨)

09
제4류 위험물을 옥외저장탱크에 저장하고 주위에 방유제를 설치할 때 각 물음에 답하시오.

(1) 방유제 높이의 기준
(2) 방유제 면적의 기준
(3) 방유제 내에 설치하는 옥외저장탱크는 몇 기 이하인가?

(1) 0.5m 이상 3m 이하
(2) 80000m^2 이하
(3) 10기 이하

10
제4류 위험물 중 알코올류에 속하는 에틸알코올에 대한 각 물음에 답하시오.

(1) 연소반응식을 쓰시오.
(2) 칼륨과의 반응에서 발생하는 기체의 화학식을 쓰시오.
(3) 에틸알코올의 구조이성질체로서 디메틸에테르의 시성식을 쓰시오.

(1) C_2H_5OH + $3O_2$ → $2CO_2$ + $3H_2O$
(에틸알코올) (산소) (이산화탄소) (물)

(2) $2K$ + $2C_2H_5OH$ → $2C_2H_5OK$ + H_2
(칼륨) (에틸알코올) (칼륨에틸레이트) (수소)

∴ H_2

(3) CH_3OCH_3 (디메틸에테르)

11

제4류 위험물 중 분자량이 27, 끓는점이 26℃이며 맹독성인 위험물이 있다. 이 위험물의 안정제로 무기산을 사용할 때 다음 각 물음에 답하시오.

(1) 화학식을 쓰시오.
(2) 증기비중을 구하시오.

---

(1) HCN(시안화수소)
(2) 시안화수소의 분자량 : $1 + 12 + 14 = 27$
  $\therefore$ 증기비중 $= \dfrac{\text{분자량}}{28.84} = \dfrac{27}{28.84} = 0.94$

12

제1류 위험물인 과산화나트륨의 운반용기 외부에 부착해야 하는 주의사항을 모두 쓰시오.

화기주의, 충격주의, 물기엄금, 가연물접촉주의

---

*위험물의 운반용기 외부에 수납하는 위험물에 따른 주의사항

유별	성질	표시
제1류 위험물	산화성고체	알칼리금속의 과산화물 또는 이를 함유한 것 : 화기주의, 충격주의, 물기엄금, 가연물접촉주의 그 외 : 화기주의, 충격주의, 가연물접촉주의
제2류 위험물	가연성고체	철분, 금속분, 마그네슘 : 화기주의, 물기엄금 인화성고체 : 화기엄금 그 외 : 화기주의
제3류 위험물	자연발화성 및 금수성물질	자연발화성물질 : 화기엄금, 공기접촉엄금 금수성물질 : 물기엄금
제4류 위험물	인화성액체	화기엄금
제5류 위험물	자기반응성 물질	화기엄금, 충격주의
제6류 위험물	산화성액체	가연물접촉주의

13

마그네슘에 (1)물로 냉각소화할 때의 반응식과 (2)주수소화가 안되는 이유를 쓰시오.

---

(1) $\underset{(\text{마그네슘})}{Mg} + \underset{(\text{물})}{2H_2O} \rightarrow \underset{(\text{수산화마그네슘})}{Mg(OH)_2} + \underset{(\text{수소})}{H_2}$
(2) 가연성의 수소가스가 발생하여 위험성이 증대된다.

2009 4회차
위험물산업기사 실기 기출문제

01
다음 위험물들을 저장할 때 각각 사용되는 보호액 한가지씩 쓰시오.

(1) 황린
(2) 칼륨
(3) 이황화탄소

(1) pH9 정도의 약알칼리성 물
(2) 등유, 경유, 유동파라핀유, 벤젠 등
(3) 물

02
다음 보기 위험물의 지정수량의 배수의 합을 계산하시오.

[보기]
클로로벤젠 1500L, 메틸알코올 1000L, 메틸에틸케톤 1000L

지정수량의 배수 = $\dfrac{저장수량}{지정수량}$
= $\dfrac{1500}{1000} + \dfrac{1000}{400} + \dfrac{1000}{200}$ = 9배

물질	품명	지정수량
클로로벤젠	제2석유류 (비수용성)	1000L
메틸알코올	알코올류	400L
메틸에틸케톤	제1석유류 (비수용성)	200L

03
제3류 위험물 중 지정수량이 $10kg$인 위험물의 품명을 모두 쓰시오.

칼륨, 나트륨, 알킬알루미늄, 알킬리튬

*제3류 위험물의 지정수량

품명	지정수량
칼륨	$10kg$
나트륨	$10kg$
알킬알루미늄	$10kg$
알킬리튬	$10kg$
황린	$20kg$
알칼리금속	$50kg$
알칼리토금속	$50kg$
유기금속화합물	$50kg$

04
황화인의 종류 3가지를 조해성의 유무에 따른 분류를 하시오.

조해성이 없는 황화인 : 삼황화인(P_4S_3)
조해성이 있는 황화인 : 오황화인(P_2S_5), 칠황화인(P_4S_7)

05

벤조일퍼옥사이드에 대한 내용일 때 빈칸을 채우시오.

[보기]
벤조일퍼옥사이드는 상온에서 (①)상태이며 가열하면 약 100℃ 부근에서 (②)색 연기를 내며 분해한다.

① 고체   ② 흰(백)

06

위험물제조소에 국소방식의 배출설비를 제조소에 설치하는 경우 배출능력은 시간당 배출장소 용적의 몇 배 이상으로 하여야 하는가?

20배

*배출설비의 배출능력
배출능력은 1시간당 배출장소 용적의 20배 이상인 것으로 한다. (전역방식의 경우에는 바닥면적의 $1m^3$당 $18m^3$ 이상으로 할 수 있다.)

07

다음 보기의 위험물들을 인화점이 낮은 순대로 배치하시오.

[보기]
다이에틸에터, 아세톤, 이황화탄소, 산화프로필렌

다이에틸에터 < 산화프로필렌 < 이황화탄소 < 아세톤

명칭	품명	인화점
다이에틸에터	특수인화물	-45℃
아세톤	제1석유류 (수용성)	-18℃
이황화탄소	특수인화물	-30℃
산화프로필렌	특수인화물	-37℃

08

옥내 저장소에 저장 시 높이에 대한 각 물음에 답하시오.

[보기]
(1) 기계에 의하여 하역하는 구조로 된 용기만을 겹쳐 쌓는 경우 저장 높이는 (①)m를 초과해서는 안된다.

(2) 옥외저장소에서 위험물을 수납한 용기를 선반에 저장하는 경우 저장 높이는 (②)m를 초과해서는 안된다.

(3) 중유만을 저장하는 경우 저장 높이는 (③)m를 초과해서는 안된다.

① 6   ② 6   ③ 4

*옥내 저장소에 저장 시 높이
아래 기준의 높이를 초과하지 않아야 한다.
① 기계에 의하여 하역하는 구조로 된 용기만을 겹쳐 쌓는 경우 : 6m
② 제4류 위험물 중 제3석유류, 제4석유류, 동식물유류를 수납하는 용기만을 겹쳐 쌓는 경우 : 4m
③ 그 밖의 경우 : 3m

09

제4류 위험물 중 알코올류에 속한 메틸알코올에 대한 각 물음에 답하시오.

(1) 완전연소 반응식
(2) 메탄올 $1mol$에 대한 생성물질의 몰 수의 총합을 구하시오.

(1) $\underset{(메틸알코올)}{2CH_3OH} + \underset{(산소)}{3O_2} \rightarrow \underset{(이산화탄소)}{2CO_2} + \underset{(물)}{4H_2O}$

(2) $\underset{(메틸알코올)}{CH_3OH} + \underset{(산소)}{1.5O_2} \rightarrow \underset{(이산화탄소)}{CO_2} + \underset{(물)}{2H_2O}$

$\therefore 3mol$

10

제1류 위험물인 과염소산칼륨의 $610℃$의 분해반응식을 쓰시오.

$\underset{(과염소산칼륨)}{KClO_4} \rightarrow \underset{(염화칼륨)}{KCl} + \underset{(산소)}{2O_2}$

11

제1류 위험물 중 알칼리금속의 과산화물의 운반용기 외부에 부착해야 하는 주의사항을 모두 쓰시오.

화기주의, 충격주의, 물기엄금, 가연물접촉주의

*위험물의 운반용기 외부에 수납하는 위험물에 따른 주의사항

유별	성질	표시
제1류 위험물	산화성고체	알칼리금속의 과산화물 또는 이를 함유한 것 : 화기주의, 충격주의, 물기엄금, 가연물접촉주의
		그 외 : 화기주의, 충격주의, 가연물접촉주의
제2류 위험물	가연성고체	철분, 금속분, 마그네슘 : 화기주의, 물기엄금
		인화성고체 : 화기엄금
		그 외 : 화기주의
제3류 위험물	자연발화성 및 금수성물질	자연발화성물질 : 화기엄금, 공기접촉엄금
		금수성물질 : 물기엄금
제4류 위험물	인화성액체	화기엄금
제5류 위험물	자기반응성 물질	화기엄금, 충격주의
제6류 위험물	산화성액체	가연물접촉주의

12

제5류 위험물 중 휘황색의 침상결정이며, 착화점 $300℃$, 융점 $122.5℃$, 비점 $255℃$, 비중 1.8인 위험물에 대한 각 물음에 답하시오.

(1) 명칭
(2) 구조식

(1) 트리나이트로페놀($C_6H_2OH(NO_2)_3$)

(2)
구조식: OH기와 3개의 NO_2기를 가진 벤젠 고리

13

트리에틸알루미늄(TEA)과 물의 반응식을 쓰시오.

$\underset{(트리에틸알루미늄)}{(C_2H_5)_3Al} + \underset{(물)}{3H_2O} \rightarrow \underset{(수산화알루미늄)}{Al(OH)_3} + \underset{(에탄)}{3C_2H_6}$

2010 1회차 위험물산업기사 실기 기출문제

01
다음 표는 제3류 위험물에 대한 내용일 때 빈칸을 채우시오.

품명	지정수량
칼륨	(①)
나트륨	(②)
알킬알루미늄	(③)
알킬리튬	(④)
황린	(⑤)
알칼리금속	(⑥)
유기금속화합물	(⑦)

① 10kg
② 10kg
③ 10kg
④ 10kg
⑤ 20kg
⑥ 50kg
⑦ 50kg

02
제5류 위험물 중 유기과산화물에 속하는 벤조일퍼옥사이드의 구조식을 그리시오.

$$O=C-O-O-C=O$$

(with two phenyl rings attached)

벤조일퍼옥사이드($(C_6H_5CO)_2O_2$)은 과산화벤조일이라고도 부른다.

03
다음은 염소산칼륨에 대한 내용일 때 각 물음에 답을 쓰시오.

(1) 완전분해 반응식을 쓰시오.
(2) 염소산칼륨 $1kg$이 표준상태에서 완전분해시 생성되는 산소의 부피$[m^3]$를 구하시오.

(1) $2KClO_3 \rightarrow 2KCl + 3O_2$
    (염소산칼륨) (염화칼륨) (산소)

(2) 염소산칼륨의 분자량 : $39 + 35.5 + 16 \times 3 = 122.5g$
    표준상태는 1기압 0℃을 나타내고,
    $PV = nRT = \dfrac{W}{M}RT$에서,

    $\therefore V = \dfrac{WRT}{PM} \times \dfrac{\text{생성물의 몰수}}{\text{반응물의 몰수}}$

    $= \dfrac{1 \times 0.082 \times (0+273)}{1 \times 122.5} \times \dfrac{3}{2} = 0.27 m^3$

04

다음 표에 혼재가 가능한 위험물 O, 불가능한 위험물 X로 표시하시오.

	1류	2류	3류	4류	5류	6류
1류						
2류						
3류						
4류						
5류						
6류						

	1류	2류	3류	4류	5류	6류
1류		×	×	×	×	○
2류	×		×	○	○	×
3류	×	×		○	×	×
4류	×	○	○		○	×
5류	×	○	×	○		×
6류	○	×	×	×	×	

*혼재 가능한 위험물
① 4:23
 - 제4류와 제2류, 제4류와 제3류는 혼재 가능
② 5:24
 - 제5류와 제2류, 제5류와 제4류는 혼재 가능
③ 6:1
 - 제6류와 제1류는 혼재 가능

05

다음 보기는 제2류 위험물들일 때 운반용기 외부에 표시해야 하는 주의사항을 각각 쓰시오.

[보기]
① 금수성물질   ② 인화성고체   ③ 그 외

① 금수성물질 : 화기주의, 물기엄금
② 인화성고체 : 화기엄금
③ 그 외 : 화기주의

*위험물의 운반용기 외부에 수납하는 위험물에 따른 주의사항

유별	성질	표시
제1류 위험물	산화성고체	알칼리금속의 과산화물 또는 이를 함유한 것 : 화기주의, 충격주의, 물기엄금, 가연물접촉주의 그 외 : 화기주의, 충격주의, 가연물접촉주의
제2류 위험물	가연성고체	철분, 금속분, 마그네슘 : 화기주의, 물기엄금 인화성고체 : 화기엄금 그 외 : 화기주의
제3류 위험물	자연발화성 및 금수성물질	자연발화성물질 : 화기엄금, 공기접촉엄금 금수성물질 : 물기엄금
제4류 위험물	인화성액체	화기엄금
제5류 위험물	자기반응성 물질	화기엄금, 충격주의
제6류 위험물	산화성액체	가연물접촉주의

06

조해성이 없는 황화인을 연소할 때 생성되는 물질 2가지를 화학식으로 쓰시오.

조해성이 없는 황화인 : 삼황화인(P_4S_3)
조해성이 있는 황화인 : 오황화인(P_2S_5), 칠황화인(P_4S_7)

$$\underset{(삼황화인)}{P_4S_3} + \underset{(산소)}{8O_2} \rightarrow \underset{(오산화인)}{2P_2O_5} + \underset{(이산화황)}{3SO_2}$$

$\therefore P_2O_5, \ SO_2$

07

자연발화성물질인 황린은 강알칼리 용액과 반응할 때 생성되는 기체가 무엇인지 쓰시오.

P_4 + $3KOH$ + $3H_2O$ → $3KH_2PO_2$ + PH_3
(황린) (수산화칼륨) (물)   (차아인산칼륨) (포스핀)

∴ 포스핀(PH_3)

08

금수성물질인 탄화칼슘과 물의 반응식을 쓰시오.

CaC_2 + $2H_2O$ → $Ca(OH)_2$ + C_2H_2
(탄화칼슘) (물)   (수산화칼슘) (아세틸렌)

09

제6류 위험물로 염산과 반응하여 백금을 용해시키며, 분자량이 63인 위험물을 쓰시오.

질산(HNO_3)

질산의 분자량 : $1 + 14 + 16 \times 3 = 63$

10

제4류 위험물 중 제1석유류 ~ 동식물유류의 인화점의 기준을 쓰시오.

[보기]
① 제1석유류 : 인화점이 (　)℃ 미만
② 제2석유류 : 인화점이 (　)℃ 이상 (　)℃ 미만
③ 제3석유류 : 인화점이 (　)℃ 이상 (　)℃ 미만
④ 제4석유류 : 인화점이 (　)℃ 이상 (　)℃ 미만
⑤ 동식물유류 : 인화점이 (　)℃ 미만

① 21
② 21, 70
③ 70, 200
④ 200, 250
⑤ 250

11

다음 보기는 제조소 등에서 위험물의 저장 및 취급에 관한 기준에 대한 내용일 때 빈칸을 채우시오.

[보기]
(1) 위험물을 저장 또는 취급하는 건축물 그 밖의 공작물 또는 설비는 당해 위험물의 성질에 따라 차광 또는 (①)를 실시하여야 한다.
(2) 위험물은 온도계, 습도계, 압력계 그 밖의 계기를 감시하여 당해 위험물의 성질에 맞는 적정한 (②), (③) 또는 압력을 유지하도록 저장 또는 취급하여야 한다.

① 환기
② 온도
③ 습도

12

다음 보기는 제4류 위험물을 나열한 것이다. 수용성인 위험물을 고르시오.

[보기]
① 이황화탄소   ② 아세트알데하이드   ③ 아세톤
④ 크실렌   ⑤ 클로로벤젠   ⑥ 에틸알코올

②, ③, ⑥

명칭	품명
이황화탄소	특수인화물 (비수용성)
아세트알데하이드	특수인화물 (수용성)
아세톤	제1석유류 (수용성)
크실렌	제2석유류 (비수용성)
클로로벤젠	제2석유류 (비수용성)
에틸알코올	알코올류 (수용성)

13

옥외탱크저장소 방유제 안에 30만, 20만, 50만리터 3개의 인화성 탱크가 설치되어 있을 때 방유제의 저장용량은 몇 m^3 이상으로 하여야 하는가?

저장용량 $= 500000 \times 1.1 = 550000L = 550m^3$ 이상

*옥외탱크저장소의 방유제 설치 기준
① 방유제의 용량은 설치된 탱크가 하나일 때
　: 그 탱크 용량의 110% 이상

② 방유제의 용량은 설치된 탱크가 2기 이상일 때
　: 그 탱크 중 용량이 최대인 용량의 110%이상

2010 2회차 위험물산업기사 실기 기출문제

01
제3류 위험물인 탄화칼슘에 대해 각 물음에 답하시오.

(1) 탄화칼슘과 물의 반응식을 쓰시오.
(2) 생성 기체와 구리와의 반응식을 쓰시오.
(3) (2)에서 구리와 반응하면 위험한 이유를 쓰시오.

(1) $CaC_2 + 2H_2O \rightarrow Ca(OH)_2 + C_2H_2$
　　(탄화칼슘)　(물)　　(수산화칼슘)　(아세틸렌)
(2) $C_2H_2 + 2Cu \rightarrow Cu_2C_2 + H_2$
　　(아세틸렌)　(구리)　(구리아세틸리드)　(수소)
(3) 폭발성 물질인 구리아세틸리드와 가연성의 수소를 발생하여 위험성이 증대된다.

02
다음 표는 주유취급소의 위치·구조 및 설비의 기준에 대한 내용일 때 알맞은 답을 쓰시오.

기준	고정주유설비	고정급유설비
도로경계선	(①) 이상	(②) 이상
부지경계선 및 담	(③) 이상	(④) 이상
건축물의 벽	(⑤) 이상	(⑥) 이상
개구부가 없는 벽	(⑦) 이상	(⑧) 이상

※ 고정주유설비와 고정급유설비 사이에는 $4m$ 이상.

① $4m$　② $4m$
③ $2m$　④ $1m$
⑤ $2m$　⑥ $2m$
⑦ $1m$　⑧ $1m$

03
알루미늄분과 물의 반응식을 쓰시오.

$2Al + 6H_2O \rightarrow 2Al(OH)_3 + 3H_2$
(알루미늄)　(물)　　(수산화알루미늄)　(수소)

04
산화성액체에 산화력의 잠재력인 위험성을 판단하기 위한 시험인 연소시간 측정 시험에 사용되는 물질 2가지를 쓰시오.

① 질산　② 목분

05

제4류 위험물 중 특수인화물에 속하는 산화프로필렌의 (1)화학식 및 (2)지정수량을 쓰시오.

(1) CH_3CH_2CHO

(2) $50L$

06

다음 보기 중 인화점이 낮은 순대로 배치하시오.

[보기]
① 초산에틸   ② 메틸알코올
③ 나이트로벤젠 ④ 에틸렌글리콜

① - ② - ③ - ④

물질	인화점
초산에틸	$-4℃$
메틸알코올	$11℃$
나이트로벤젠	$88℃$
에틸렌글리콜	$111℃$

07

표준상태에서 질산암모늄 $800g$이 열분해 되는 경우 발생하는 모든 기체의 부피$[L]$를 구하시오.

$$2NH_4NO_3 \rightarrow 4H_2O + 2N_2 + O_2$$
(질산암모늄)   (물)   (질소) (산소)

질산암모늄의 분자량 : $14 + 1 \times 4 + 14 + 16 \times 3 = 80$
표준상태는 1기압 0℃을 나타내고,

$PV = nRT = \dfrac{W}{M}RT$에서,

$\therefore V = \dfrac{WRT}{PM} \times \dfrac{\text{생성물의 몰수}}{\text{반응물의 몰수}}$

$= \dfrac{800 \times 0.082 \times (0+273)}{1 \times 80} \times \dfrac{7}{2} = 783.51L$

08

제5류 위험물 중 트리나이트로페놀의 (1)구조식과 (2)지정수량을 쓰시오.

(1)

$$\underset{NO_2}{\overset{OH}{\underset{}{}}}$$

(벤젠 고리에 OH 1개, NO₂ 3개)

(2) $200kg$

09

제2류 위험물인 마그네슘에 대한 각 물음에 답하시오.

(1) 마그네슘 완전연소 시 생성되는 물질을 쓰시오.
(2) 마그네슘과 황산이 반응할 때 생성되는 기체를 쓰시오.

(1) $\underset{(마그네슘)}{2Mg} + \underset{(산소)}{O_2} \rightarrow \underset{(산화마그네슘)}{2MgO}$

∴ 산화마그네슘

(2) $\underset{(마그네슘)}{Mg} + \underset{(황산)}{H_2SO_4} \rightarrow \underset{(황산마그네슘)}{MgSO_4} + \underset{(수소)}{H_2}$

∴ 수소

10
다음 보기는 자동화재탐지설비의 경계구역 설정 기준에 대한 내용일 때 빈칸을 채우시오.

[보기]
하나의 경계구역의 면적은 (①)m^2 이하로 하고 한 변의 길이는 (②)m 이하로 할 것. 단, 해당 소방대상물의 주된 출입구에서 그 내부 전체가 보이는 것에 있어서는 한 변의 길이가 (②)m의 범위 내에서 (③) m^2 이하로 할 수 있다.

① 600
② 50
③ 1000

11
다음 보기에서 제3류 위험물 중 금수성물질을 제외한 나머지에 적응성이 있는 소화설비를 모두 고르시오.

[보기]
① 옥내소화전설비
② 옥외소화전설비
③ 스프링클러설비
④ 물분무소화설비
⑤ 할로젠화합물소화설비
⑥ 이산화탄소소화설비

①, ②, ③, ④

*제3류 위험물 중 금수성물질을 제외한 나머에 적응성이 있는 소화설비
① 옥내소화전 또는 옥외소화전설비
② 스프링클러설비
③ 물분무소화설비
④ 포소화설비

12
다음 보기의 지정수량을 쓰시오.

[보기]
① 아염소산염류 ② 브로민산염류 ③ 다이크로뮴산염류

① 50kg
② 300kg
③ 1000kg

13
다음 보기에서 제2석유류에 대한 설명으로 옳은 것을 모두 고르시오.

[보기]
① 등유, 경유
② 아세톤, 휘발유
③ 기어유, 실린더유
④ 1atm에서 인화점이 21℃ 미만인 것
⑤ 1atm에서 인화점이 21℃ 이상 70℃ 미만인 것
⑥ 1atm에서 인화점이 70℃ 이상 200℃ 미만인 것

①, ⑤

2010 4회차 위험물산업기사 실기 기출문제

01
TNT의 분해시 생성되는 물질을 모두 쓰시오.

$2C_6H_2CH_3(NO_2)_3$ (트리니트로톨루엔) $\rightarrow$ $12CO$ (일산화탄소) $+ 5H_2$ (수소) $+ 3N_2$ (질소) $+ 2C$ (탄소)

∴ 일산화탄소, 수소, 질소, 탄소

02
제1류 위험물 중 과망가니즈산염류에 속하는 $KMnO_4$에 대하여 각 물음에 답하시오.

(1) 지정수량을 쓰시오.
(2) 열분해식을 쓰시오.
(3) 묽은황산과의 반응식을 쓰시오.
(4) (2), (3)에 공통으로 생성된 물질을 쓰시오.

(1) 1000kg
(2) $2KMnO_4$ (과망간산칼륨) $\rightarrow$ K_2MnO_4 (망간산칼륨) $+ MnO_2$ (이산화망간) $+ O_2$ (산소)
(3) $4KMnO_4$ (과망간산칼륨) $+ 6H_2SO_4$ (황산)
$\rightarrow$ $2K_2SO_4$ (황산칼륨) $+ 4MnSO_4$ (황산망간) $+ 6H_2O$ (물) $+ 5O_2$ (산소)
(4) 산소(O_2)

03
다음 보기 중 위험물 운반용기 외부에 표시하는 주의사항을 각각 쓰시오.

[보기]
① 제3류 위험물 중 금수성 물질
② 제4류 위험물
③ 제6류 위험물

① 물기엄금
② 화기엄금
③ 가연물접촉주의

04
다음 보기는 이동저장탱크의 구조에 대한 내용일 때 빈칸을 채우시오.

[보기]
(1) 탱크는 두께 (①)mm 이상의 강철판으로 할 것.
(2) 압력탱크 외의 탱크는 (②)kPa의 압력으로, 압력탱크는 최대상용압력의 (③)배의 압력으로 각각 (④)분간 수압시험을 실시하여 새거나 변형되지 아니할 것.
(3) 방파판은 두께 (⑤)mm 이상의 강철판 또는 이와 동등 이상의 강도·내열성 및 내식성이 있는 금속성의 것으로 할 것.

① 3.2
② 70
③ 1.5
④ 10
⑤ 1.6

05

다음 보기에서 제4류 위험물 중 비수용성인 위험물을 모두 고르시오.

[보기]
① 이황화탄소 ② 아세트알데하이드 ③ 아세톤
④ 스티렌   ⑤ 클로로벤젠

①, ④, ⑤

06

소화난이도등급 I에 해당하는 제조소에 관한 내용일 때 빈칸을 채우시오.

[보기]
(1) 연면적 (①)m^2 이상인 것
(2) 지반면으로부터 (②)m 이상의 높이에 위험물 취급설비가 있는 것
(3) 지정수량의 (③)배 이상인 것

① 1000
② 6
③ 100

07

다음을 구하시오.

(1) 트리에틸알루미늄의 연소 반응식
(2) 트리에틸알루미늄과 물의 반응식
(3) 트리에틸알루미늄과 메틸알코올의 반응식

(1)
$$2(C_2H_5)_3Al + 21O_2 \rightarrow Al_2O_3 + 12CO_2 + 15H_2O$$
(트리에틸알루미늄) (산소) (산화알루미늄) (이산화탄소) (물)

(2)
$$(C_2H_5)_3Al + 3H_2O \rightarrow Al(OH)_3 + 3C_2H_6$$
(트리에틸알루미늄) (물) (수산화알루미늄) (에탄)

(3)
$$(C_2H_5)_3Al + 3CH_3OH \rightarrow Al(CH_3O)_3 + 3C_2H_6$$
(트리에틸알루미늄) (메틸알코올) (트리메톡시알루미늄) (에탄)

08

과산화칼륨 화재 시 주수소화가 부적합한 이유를 쓰시오.

$$2K_2O_2 + 2H_2O \rightarrow 4KOH + O_2$$
(과산화칼륨) (물) (수산화칼륨) (산소)

물과 격렬히 반응하여 폭발적으로 조연성의 산소를 방출하여 위험성이 증대된다.

09

위험물 제조소에 $200m^3$ 및 $100m^3$의 탱크가 각각 1개씩 있으며, 탱크 주위로 방유제를 만들 때 방유제의 용량[m^3]을 구하시오.

방유제의 용량 = $200 \times 0.5 + 100 \times 0.1 = 110m^3$ 이상

*위험물 제조소에 있는 위험물 취급탱크
① 하나의 취급 탱크 주위에 설치하는 방유제의 용량
: 당해 탱크용량의 50% 이상

② 2 이상의 취급 탱크 주위에 하나의 방유제를 설치하는 경우, 방유제의 용량
: 당해 탱크 중 용량이 최대인 것의 50%에 나머지 탱크용량의 합계를 10%를 가산한 양 이상이 되게 할 것

10
과산화수소와 이산화망가니즈의 반응식을 쓰시오.

$$2H_2O_2 + MnO_2 \rightarrow 2H_2O + O_2 + MnO_2$$
(과산화수소) (이산화망가니즈) (물) (산소) (이산화망가니즈)

이산화망가니즈는 촉매 역할만 하고 반응하고 난 후 바닥에 그대로 남아있다.

11
아이소프로필알코올을 산화시켜 만든 것으로 아이오도폼 반응을 하는 제1석유류에 대한 각 물음에 답하시오.

(1) 제1석유류 중 아이오도폼반응을 하는 것의 명칭을 쓰시오.
(2) 아이오도폼의 화학식을 쓰시오.
(3) 아이오도폼의 색깔을 쓰시오.

(1) 아세톤
(2) CHI_3
(3) 노란색

아세톤, 아세트알데하이드, 에틸알코올에 수산화칼륨과 아이오딘을 반응시키면 노란색의 아이오도폼(CHI_3)의 침전물이 생긴다.

12
이황화탄소(CS_2)에 녹지 않는 황의 명칭을 쓰시오.

고무상황

이황화탄소(CS_2)에 녹는 황 : 사방황, 단사황
이황화탄소(CS_2)에 녹지 않는 황 : 고무상황

Memo

2011년 1회차 위험물산업기사 실기 기출문제

01
제5류 위험물(자기반응성 물질)의 운반용기 외부에 표시해야 하는 주의사항을 쓰시오.

화기엄금, 충격주의

*위험물의 운반용기 외부에 수납하는 위험물에 따른 주의사항

유별	성질	표시
제1류 위험물	산화성고체	알칼리금속의 과산화물 또는 이를 함유한 것 : 화기주의, 충격주의, 물기엄금, 가연물접촉주의 그 외 : 화기주의, 충격주의, 가연물접촉주의
제2류 위험물	가연성고체	철분, 금속분, 마그네슘 : 화기주의, 물기엄금 인화성고체 : 화기엄금 그 외 : 화기주의
제3류 위험물	자연발화성 및 금수성물질	자연발화성물질 : 화기엄금, 공기접촉엄금 금수성물질 : 물기엄금
제4류 위험물	인화성액체	화기엄금
제5류 위험물	자기반응성 물질	화기엄금, 충격주의
제6류 위험물	산화성액체	가연물접촉주의

02
다음 보기 위험물의 지정수량의 배수의 합을 계산하시오.

[보기]
클로로벤젠 1500L, 메틸알코올 1000L, 메틸에틸케톤 1000L

지정수량의 배수 = $\dfrac{저장수량}{지정수량}$

$= \dfrac{1500}{1000} + \dfrac{1000}{400} + \dfrac{1000}{200} = 9$배

물질	품명	지정수량
클로로벤젠	제2석유류 (비수용성)	1000L
메틸알코올	알코올류	400L
메틸에틸케톤	제1석유류 (비수용성)	200L

03
증기는 마취성이 있고 아이오도폼 반응을 하며 화장품 원료로 사용되는 물질에 대하여 다음을 구하시오.

(1) 해당하는 위험물을 쓰시오.
(2) 이 위험물의 지정수량을 쓰시오.
(3) 이 위험물이 진한 황산과의 축합반응 후에 생성되는 특수인화물을 쓰시오.

(1) 에틸알코올(C_2H_5OH)
(2) 400L (제4류 위험물 중 알코올류)
(3) $2C_2H_5OH \xrightarrow[축합반응]{C-H_2SO_4} C_2H_5OC_2H_5 + H_2O$
　　(에틸알코올)　　　　　　(다이에틸에터)　(물)

∴ 다이에틸에터($C_2H_5OC_2H_5$)

04

다음 보기의 빈칸에 대한 알맞은 답을 쓰시오.

[보기]
(1) 「인화성고체」라 함은 고형알코올, 그 밖에 $1atm$에서 인화점이 섭씨 (①)℃ 미만인 고체를 말한다.
(2) 「철분」이라 함은 철의 분말로서 (②)μm의 표준체를 통과하는 것이 (③)$wt\%$ 이상인 것을 말한다.
(3) 「특수인화물」이라 함은 이황화탄소, 다이에틸에터, 그 밖에 $1atm$에서 발화점이 섭씨 (④)℃ 이하인 것 또는 인화점이 섭씨 영하 (⑤)℃ 이하이고 비점이 섭씨 (⑥)℃ 이하인 것을 말한다.

① 40 ② 53 ③ 50 ④ 100 ⑤ 20 ⑥ 40

05

다음 보기의 위험물 등급을 분류하시오.

[보기]
칼륨, 나트륨, 알킬알루미늄, 알킬리튬, 황린, 알칼리토금속

I 등급 : 칼륨, 나트륨, 알킬알루미늄, 알킬리튬, 황린
II 등급 : 알칼리토금속

등급	품명	지정수량
I	칼륨	10kg
	나트륨	
	알킬리튬	
	알킬알루미늄	
	황린	20kg
II	알칼리금속 (칼륨, 나트륨 제외)	50kg
	알칼리토금속	
	유기금속화합물 (알킬알루미늄, 알킬리튬 제외)	
III	금속인화합물	300kg
	금속수소화합물	
	칼슘 탄화물	
	알루미늄 탄화물	

06

톨루엔에 질산과 진한황산을 혼합하여 생성되는 위험물을 쓰시오.

$$C_6H_5CH_3 \underset{(톨루엔)}{} + 3HNO_3 \underset{(질산)}{} \xrightarrow[\text{니트로화}]{C-H_2SO_4} C_6H_2CH_3(NO_2)_3 \underset{(트리니트로톨루엔)}{} + 3H_2O \underset{(물)}{}$$

∴ 트리니트로톨루엔(TNT)

07

다음 보기에서 제3류 위험물인 나트륨의 화재 시 사용하는 소화방법으로 맞는 것을 모두 고르시오.

[보기]
팽창질석, 건조사, 포소화설비, 이산화탄소소화설비, 인산염류분말소화설비

팽창질석, 건조사

나트륨은 제3류 위험물 중 금수성물질로 화재 시 건조사(마른모래), 팽창질석, 팽창진주암, 탄산수소염류 분말 소화설비 등으로 질식소화를 하여야 한다.

08

다음 보기를 참고하여 제2류 위험물(가연성고체)에 대한 설명 중 알맞은 답을 모두 고르시오.

> [보기]
> ① 황화인, 황, 적린은 위험등급 Ⅱ이다.
> ② 고형알코올의 지정수량은 $1000kg$이다.
> ③ 물에 대부분 잘 녹는다.
> ④ 비중은 1보다 작다.
> ⑤ 산화제이다.

①, ②

③ 제2류 위험물은 물에 녹지 않는다.
④ 제2류 위험물은 일반적으로 비중이 1보다 크다.
⑤ 제2류 위험물은 환원제이다.

09

제1류 위험물 중 염소산염류에 해당하는 위험물로 분자량이 106.5이고, 철제 용기를 부식시키는 것은 무엇인지 쓰시오.

염소산나트륨($NaClO_3$)

염소산나트륨($NaClO_3$)의 분자량
: $23 + 35.5 + 16 \times 3 = 106.5$

10

트리에틸알루미늄과 메틸알코올의 반응식을 쓰시오.

$(C_2H_5)_3Al + 3CH_3OH \rightarrow Al(CH_3O)_3 + 3C_2H_6$
(트리에틸알루미늄) (메틸알코올) (트리메톡시알루미늄) (에탄)

11

인화점 측정방법 3가지를 쓰시오.

① 신속평형법
② 태그밀폐식
③ 클리브랜드 개방컵

12

$20℃$의 물 $10kg$으로 주수소화를 할 경우 $100℃$의 수증기로 흡수하는 열량$[kcal]$을 구하시오.

① 물의 비열을 생각하여,
$Q_A = m\triangle T = 10 \times (100 - 20) = 800kcal$

② 물의 증발잠열을 고려하여,
$Q_B = 539m = 539 \times 10 = 5390kcal$

③ ①과 ②를 더한다.
$\therefore Q = Q_A + Q_B = 800 + 5390 = 6190kcal$

Memo

2011 2회차 위험물산업기사 실기 기출문제

01
다음 보기에서 위험물탱크 시험자의 필수 기술인력을 모두 고르시오.

[보기]
① 위험물기능장
② 누설비파괴검사 기사 · 산업기사
③ 초음파비파괴검사 기사 · 산업기사
④ 비파괴검사기능사
⑤ 토목분야 측량 관련 기술사
⑥ 위험물산업기사

①, ③, ⑥

*위험물탱크 시험장의 필수 기술인력
① 위험물기능장 · 위험물산업기사 또는 위험물기능사 중 1명 이상
② 비 파괴검사기술사 1명 이상 또는 초음파비파괴검사 · 자기비파괴검사 및 침투비파괴검사별로 기사 또는 산업기사 각 1명 이상

02
압력 $800 mmHg$, 온도 $30℃$에서, 이황화탄소 $100 kg$이 연소할 때 발생하는 이산화황의 부피 $[m^3]$를 구하시오.

*이황화탄소 연소반응식
$$CS_2\text{(이황화탄소)} + 3O_2\text{(산소)} \rightarrow CO_2\text{(이산화탄소)} + 2SO_2\text{(이산화황)}$$

이황화탄소(CS_2)의 분자량 : $12 + 32 \times 2 = 76$

$PV = nRT = \dfrac{W}{M}RT$에서,

$\therefore V = \dfrac{WRT}{PM} \times \dfrac{\text{생성물의 몰수}}{\text{반응물의 몰수}}$

$= \dfrac{100 \times 0.082 \times (30+273)}{\frac{800}{760} \times 76} \times \dfrac{2}{1} = 62.12 m^3$

03
아세트산(초산)의 완전 연소반응식을 쓰시오.

$$CH_3COOH\text{(아세트산)} + 2O_2\text{(산소)} \rightarrow 2CO_2\text{(이산화탄소)} + 2H_2O\text{(물)}$$

04

적린을 완전 연소할 때 발생하는 기체의 화학식과 색상을 쓰시오.

P_2O_5, 백색

*적린 연소반응식

$$4P + 5O_2 \rightarrow 2P_2O_5$$
(적린) (산소) (오산화린)

05

다음 보기는 과산화물이 생성 여부를 확인하는 방법일 때 빈칸에 알맞은 답을 쓰시오.

[보기]
과산화물을 검출할 때 (①) 10% 용액을 반응시켜, (②)색이 나타나는 것으로 검출이 가능하다.

① 아이오딘화칼륨(KI) ② 황

06

제4류 위험물 중 위험등급 II에 해당하는 품명 2가지를 쓰시오.

제1석유류, 알코올류

등급	품명	지정수량
I	특수인화물(비수용성)	50L
	특수인화물(수용성)	
II	제1석유류(비수용성)	200L
	제1석유류(수용성)	400L
	알코올류	400L
III	제2석유류(비수용성)	1000L
	제2석유류(수용성)	2000L
	제3석유류(비수용성)	2000L
	제3석유류(수용성)	4000L
	제4석유류	6000L
	동식물유류 (건성유/반건성유/불건성유)	10000L

07

TNT 제조식을 쓰시오.

$$C_6H_5CH_3 + 3HNO_3 \xrightarrow[\text{니트로화}]{C-H_2SO_4} C_6H_2CH_3(NO_2)_3 + 3H_2O$$
(톨루엔) (질산) (트리니트로톨루엔) (물)

08

다음 보기에 있는 위험물의 화학식 및 지정수량을 쓰시오.

[보기]
아세틸퍼옥사이드, 과망가니즈산암모늄, 칠황화인

① 아세틸퍼옥사이드 : $(CH_3CO)_2O_2$, 10kg
② 과망가니즈산암모늄 : NH_4MnO_4, 1000kg
③ 칠황화인 : P_4S_7, 100kg

구분	유별 및 품명	화학식	지정수량
아세틸퍼옥사이드	제5류 위험물 중 유기과산화물	$(CH_3CO)_2O_2$	10kg
과망가니즈산암모늄	제1류 위험물 중 과망가니즈산염류	NH_4MnO_4	1000kg
칠황화인	제2류 위험물 중 황화인	P_4S_7	100kg

09

주유취급소에 설치하는 탱크의 용량을 몇 L이하로 해야하는지 쓰시오.

[보기]
① 비고속도로 주유취급소 ② 고속도로 주유취급소

① 50000L 이하
② 60000L 이하

*주유취급소 탱크의 용량
① 자동차 등에 주유하기 위한 고정주유설비에 직접 접속하는 전용탱크로서 50000L 이하의 것
② 고정급유설비에 직접 접속하는 전용탱크로서 50000L 이하의 것
③ 보일러 등에 직접 접속하는 전용탱크로서 10000L 이하의 것
④ 자동차 등을 점검·정비하는 작업장 등에서 사용하는 폐유·윤활유 등의 위험물을 저장하는 탱크로서 용량이 2000L 이하인 탱크

*고속국도주유취급소의 특례
고속국도의 도로변에 설치된 주유취급소에 있어서는 탱크의 용량을 60000L 까지 할 수 있다.

10
제2류 위험물과 혼재 가능한 위험물을 모두 쓰시오.

제4류 위험물, 제5류 위험물

*혼재 가능한 위험물
① 4:23
 - 제4류와 제2류, 제4류와 제3류는 혼재 가능
② 5:24
 - 제5류와 제2류, 제5류와 제4류는 혼재 가능
③ 6:1
 - 제6류와 제1류는 혼재 가능

	1류	2류	3류	4류	5류	6류
1류		×	×	×	×	○
2류	×		×	○	○	×
3류	×	×		○	×	×
4류	×	○	○		○	×
5류	×	○	×	○		×
6류	○	×	×	×	×	

11
다음 보기는 아세트알데하이드 등의 옥외탱크저장소에 대한 내용일 때 빈칸을 채우시오.

[보기]
아세트알데하이드 또는 산화프로필렌의 옥외탱크 저장소는 (①), (②), (③), 수은 또는 이를 함유한 합금을 사용해서는 안된다.

① 동   ② 은   ③ 마그네슘

12
제조소 또는 일반취급소에서 취급하는 제4류 위험물의 최대수량에 대한 자체소방대원 및 소방차의 수에 대한 다음 표를 완성하시오.

사업소의 구분	화학소방 자동차	자체 소방대원 수
3000배 이상 12만배 미만	(①)	(②)
12만배 이상 24만배 미만	(③)	(④)
24만배 이상 48만배 미만	(⑤)	(⑥)
48만배 이상	(⑦)	(⑧)

① 1대   ② 5인
③ 2대   ④ 10인
⑤ 3대   ⑥ 15인
⑦ 4대   ⑧ 20인

13
다음 보기 중 위험물에서 제외되는 물질을 모두 고르시오.

[보기]
황산, 질산구아니딘, 금속의 아지화합물, 구리분, 과아이오딘산

황산, 구리분

질산구아니딘, 금속의 아지화합물 - 제5류 위험물
과아이오딘산 - 제1류 위험물

2011 4회차 위험물산업기사 실기 기출문제

01
다음 보기의 빈칸을 채우시오.

[보기]
아세트알데하이드 등을 취급하는 탱크에는 (①) 또는 (②) 및 연소성 혼합기체의 생성에 의한 폭발을 방지하기 위한 불활성기체를 봉입하는 장치를 갖추어야 할 것

① 냉각장치 ② 보냉장치

02
질산메틸의 증기 비중을 구하시오.

질산메틸(CH_3NO_3)의 분자량
: $12 + 1 \times 3 + 14 + 16 \times 3 = 77$

∴ 증기비중 $= \dfrac{\text{분자량}}{28.84} = \dfrac{77}{28.84} = 2.67$

03
트리에틸알루미늄(TEA)과 물의 반응식을 쓰시오.

$$(C_2H_5)_3Al + 3H_2O \rightarrow Al(OH)_3 + 3C_2H_6$$
(트리에틸알루미늄) (물) (수산화알루미늄) (에탄)

04
유기과산화물과 혼재 불가능한 위험물을 모두 쓰시오.

유기과산화물은 제5류 위험물이니,

∴ 제1류 위험물, 제3류 위험물, 제6류 위험물

*혼재 가능한 위험물
① 4:23
 - 제4류와 제2류, 제4류와 제3류는 혼재 가능
② 5:24
 - 제5류와 제2류, 제5류와 제4류는 혼재 가능
③ 6:1
 - 제6류와 제1류는 혼재 가능

	1류	2류	3류	4류	5류	6류
1류		×	×	×	×	○
2류	×		×	○	○	×
3류	×	×		○	×	×
4류	×	○	○		○	×
5류	×	○	×	○		×
6류	○	×	×	×	×	

05
다음 보기의 빈칸을 채우시오.

[보기]
알킬알루미늄 등을 저장 또는 취급하는 이동탱크저장소에 있어서는 건조사나 (①) 또는 (②) 등을 설치할 것.

① 팽창질석 ② 팽창진주암

06

다음 보기는 제4류 위험물들이며, 제2석유류(수용성)인 것을 모두 고르시오.

[보기]
테라핀유, 등유, 클로로벤젠, 폼산, 경유, 아세트산

폼산, 아세트산

물질	품명
테라핀유	제2석유류(비수용성)
등유	제2석유류(비수용성)
클로로벤젠	제2석유류(비수용성)
폼산(의산)	제2석유류(수용성)
경유	제2석유류(비수용성)
아세트산(초산)	제2석유류(수용성)

07

에틸알코올(에탄올)의 완전 연소반응식을 쓰시오.

$$\underset{(\text{에틸알코올})}{C_2H_5OH} + \underset{(\text{산소})}{3O_2} \rightarrow \underset{(\text{이산화탄소})}{2CO_2} + \underset{(\text{물})}{3H_2O}$$

08

다음 물음에 각각 답하시오.

(1) (   )라 함은 고형알코올, 그 밖에 1기압에서 인화점이 40℃ 미만인 고체를 말한다.
(2) 위의 위험물은 몇 류 위험물인가?
(3) 위의 위험물의 지정수량은?
(4) 위의 위험물의 위험등급은?

(1) 인화성고체
(2) 제2류 위험물
(3) $1000kg$
(4) 위험등급 III

09

다음은 제4류 위험물에 관한 설명일 때 빈칸에 알맞은 답을 쓰시오.

품명	지정수량	명칭	위험등급
(①)	$50L$	이황화탄소	I
제3석유류	(②)	중유	(③)
제4석유류	(④)	기어유	III

① 특수인화물
② $2000L$
③ III
④ $6000L$

10

다음 방유제 설치에 대한 내용일 때 빈칸을 채우시오.

높이가 (   )m를 넘는 방유제 및 간막이 둑의 안팎에는 방유제 내에 출입하기 위한 계단 또는 경사로를 약 $50m$ 마다 설치해야 한다.

1

11

질산암모늄의 구성성분 중 질소와 수소의 함량 $[wt\%]$을 구하시오.

질산암모늄(NH_4NO_3)의 분자량
: $14 + 1 \times 4 + 14 + 16 \times 3 = 80$

$\therefore$ 질소(N)의 함량 $= \dfrac{\text{질소 분자량}}{\text{전체 분자량}} \times 100$

$= \dfrac{14 \times 2}{80} \times 100 = 35wt\%$

$\therefore$ 수소(H)의 함량 $= \dfrac{\text{수소 분자량}}{\text{전체 분자량}} \times 100$

$= \dfrac{1 \times 4}{80} \times 100 = 5wt\%$

12

다음 보기는 위험물의 운반기준일 때 빈칸을 채우시오.

[보기]
(1) 고체 위험물은 운반용기 내용적의 (①)% 이하의 수납율로 수납할 것
(2) 액체 위험물은 운반용기 내용적의 (②)% 이하의 수납율로 수납할 것
(3) 자연발화성물질 중 알킬알루미늄 등은 운반용기의 내용적의 (③)% 이하의 수납율로 수납할 것

① 95
② 98
③ 90

Memo

2012 1회차 위험물산업기사 실기 기출문제

01
다음은 이동저장탱크의 구조에 관한 내용일 때 빈칸에 알맞은 답을 쓰시오.

[보기]
탱크(맨홀 및 주입관의 뚜껑을 포함)는 두께 (   )mm 이상의 강철판 또는 이와 동등 이상의 강도·내식성 및 내열성이 있다고 인정하여 소방방재청장이 정하여 고시하는 재료 및 구조로 위험물이 새지 아니하게 제작할 것

3.2

02
다음 표의 빈칸을 채우시오.

품명	유별	지정수량
칼륨	(①)	(②)
질산염류	(③)	(④)
나이트로화합물	(⑤)	(⑥)
질산	(⑦)	(⑧)

① 제3류 위험물 ② 10kg
③ 제1류 위험물 ④ 300kg
⑤ 제5류 위험물 ⑥ 200kg
⑦ 제6류 위험물 ⑧ 300kg

03
위험물안전관리법에 따른 고인화점 위험물의 정의를 쓰시오.

인화점이 100℃ 이상인 제4류 위험물

04
피크르산의 구조식을 쓰시오.

트리나이트로페놀(=피크린산, =피크르산)의 시성식 : $C_6H_2OH(NO_2)_3$

05

마그네슘에 (1)물로 냉각소화할 때의 반응식과 (2)주수소화가 안되는 이유를 쓰시오.

(1) $\underset{\text{(마그네슘)}}{Mg} + 2H_2O \rightarrow \underset{\text{(수산화마그네슘)}}{Mg(OH)_2} + \underset{\text{(수소)}}{H_2}$

(2) 가연성의 수소가스가 발생하여 위험성이 증대된다.

06

과산화나트륨과 이산화탄소의 화학반응식을 쓰시오.

$\underset{\text{(과산화나트륨)}}{2Na_2O_2} + \underset{\text{(이산화탄소)}}{2CO_2} \rightarrow \underset{\text{(탄산나트륨)}}{2Na_2CO_3} + \underset{\text{(산소)}}{O_2}$

07

표준상태에서 톨루엔의 증기밀도[g/L]를 계산하여 구하시오.

톨루엔($C_6H_5CH_3$)의 분자량
: $12 \times 6 + 1 \times 5 + 12 + 1 \times 3 = 92$

$\therefore$ 증기밀도 $= \dfrac{\text{톨루엔의 분자량}}{22.4} = \dfrac{92}{22.4} = 4.11 g/L$

08

카바이드와 물이 접촉할 때의 반응식과 발생되는 기체의 완전 연소반응식을 쓰시오.

(1) $\underset{\text{(탄화칼슘)}}{CaC_2} + 2H_2O \rightarrow \underset{\text{(수산화칼슘)}}{Ca(OH)_2} + \underset{\text{(아세틸렌)}}{C_2H_2}$

(2) $\underset{\text{(아세틸렌)}}{2C_2H_2} + \underset{\text{(산소)}}{5O_2} \rightarrow \underset{\text{(이산화탄소)}}{4CO_2} + \underset{\text{(물)}}{2H_2O}$

탄화칼슘(CaC_2)를 카바이드라고도 부른다.

09

강화플라스틱제 이중벽 탱크의 성능시험 종류 3가지를 쓰시오.

① 비파괴시험
② 수압시험
③ 기밀시험

10

다음 위험물들의 지정수량 배수의 합을 구하시오.

| 아세톤 20L - 100개, 경유 200L - 5드럼 |

지정수량의 배수 $= \dfrac{\text{저장수량}}{\text{지정수량}} = \dfrac{20 \times 100}{400} + \dfrac{200 \times 5}{1000}$
$= 6$배

명칭	품명	지정수량
아세톤	제1석유류 (수용성)	400L
경유	제2석유류 (비수용성)	1000L

11

트리나이트로톨루엔(TNT)을 분해 반응식을 쓰시오.

$\underset{\text{(트리나이트로톨루엔)}}{2C_6H_2CH_3(NO_2)_3}$
$\rightarrow \underset{\text{(일산화탄소)}}{12CO} + \underset{\text{(수소)}}{5H_2} + \underset{\text{(질소)}}{3N_2} + \underset{\text{(탄소)}}{2C}$

12

다음 보기의 위험물들을 인화점이 낮은 순대로 배치하시오.

```
[보기]
다이에틸에터, 아세톤, 이황화탄소, 산화프로필렌
```

다이에틸에터 < 산화프로필렌 < 이황화탄소 < 아세톤

명칭	품명	인화점
다이에틸에터	특수인화물	$-45℃$
아세톤	제1석유류 (수용성)	$-18℃$
이황화탄소	특수인화물	$-30℃$
산화프로필렌	특수인화물	$-37℃$

13

제1류 위험물 중 알칼리금속의 과산화물의 운반용기 외부에 부착해야 하는 주의사항을 모두 쓰시오.

화기주의, 충격주의, 물기엄금, 가연물접촉주의

*위험물의 운반용기 외부에 수납하는 위험물에 따른 주의사항

유별	성질	표시
제1류 위험물	산화성고체	알칼리금속의 과산화물 또는 이를 함유한 것 : 화기주의, 충격주의, 물기엄금, 가연물접촉주의
		그 외 : 화기주의, 충격주의, 가연물접촉주의
제2류 위험물	가연성고체	철분, 금속분, 마그네슘 : 화기주의, 물기엄금
		인화성고체 : 화기엄금
		그 외 : 화기주의
제3류 위험물	자연발화성 및 금수성물질	자연발화성물질 : 화기엄금, 공기접촉엄금
		금수성물질 : 물기엄금
제4류 위험물	인화성액체	화기엄금
제5류 위험물	자기반응성물질	화기엄금, 충격주의
제6류 위험물	산화성액체	가연물접촉주의

14

"주유 중 엔진정지" 주의사항 게시판의 바탕색과 글자색을 쓰시오.

① 바탕색 : 황색
② 글자색 : 흑색

Memo

2012년 2회차 위험물산업기사 실기 기출문제

01
제3류 위험물 중 위험등급 I에 해당되는 품명 5가지를 쓰시오.

① 칼륨
② 나트륨
③ 알킬알루미늄
④ 알킬리튬
⑤ 황린

유별	품명	지정수량	위험등급
제3류 위험물	칼륨	10kg	I
	나트륨		
	알킬알루미늄		
	알킬리튬		
	황린	20kg	

02
다음은 철분의 정의일 때 빈칸을 채우시오.

「철분」이라 함은 철의 분말로서 (①)μm의 표준체를 통과하는 것이 (②)$wt\%$ 이상인 것을 말한다.

① 53   ② 50

03
다음 위험물 운반용기 외부의 주의사항을 쓰시오.

유별	주의사항
제2류 위험물 중 인화성고체	(①)
제3류 위험물 중 금수성물질	(②)
제4류 위험물	(③)
제6류 위험물	(④)

① 화기엄금
② 물기엄금
③ 화기엄금
④ 가연물 접촉주의

*위험물의 운반용기 외부에 수납하는 위험물에 따른 주의사항

유별	성질	표시
제1류 위험물	산화성고체	알칼리금속의 과산화물 또는 이를 함유한 것 : 화기주의, 충격주의, 물기엄금, 가연물접촉주의 그 외 : 화기주의, 충격주의, 가연물접촉주의
제2류 위험물	가연성고체	철분, 금속분, 마그네슘 : 화기주의, 물기엄금 인화성고체 : 화기엄금 그 외 : 화기주의
제3류 위험물	자연발화성 및 금수성물질	자연발화성물질 : 화기엄금, 공기접촉엄금 금수성물질 : 물기엄금
제4류 위험물	인화성액체	화기엄금
제5류 위험물	자기반응성물질	화기엄금, 충격주의
제6류 위험물	산화성액체	가연물접촉주의

04

다음 보기에서 이산화탄소 소화설비에 적응성이 있는 위험물을 모두 고르시오.

[보기]
① 제1류 위험물 중 알칼리금속의 과산화물
② 제2류 위험물 중 인화성고체
③ 제3류 위험물
④ 제4류 위험물
⑤ 제5류 위험물
⑥ 제6류 위험물

②, ④

*이산화탄소 소화설비에 적응성이 있는 위험물
① 제2류 위험물 중 인화성고체
② 제4류 위험물
③ 전기설비

05

옥외저장탱크・옥내저장탱크 또는 지하저장탱크 중 압력탱크 외의 탱크에 아래의 위험물을 저장할 경우에 유지하여야 하는 온도를 쓰시오.

물질	온도
다이에틸에터	(①)
산화프로필렌	(②)
아세트알데하이드	(③)

① 30℃ 이하
② 30℃ 이하
③ 15℃ 이하

06

트리에틸알루미늄(TEA)의 완전 연소반응식을 쓰시오.

$$2(C_2H_5)_3Al + 21O_2 \rightarrow Al_2O_3 + 12CO_2 + 15H_2O$$
(트리에틸알루미늄) (산소) (산화알루미늄) (이산화탄소) (물)

07

옥외소화전설비의 개폐밸브 및 호스접속구는 지반면으로부터 몇 m 이하의 높이에 설치해야 하는가?

1.5m 이하

08

외벽이 내화구조인 위험물 취급소의 건축물 면적이 $450m^2$인 경우 소요단위를 구하시오.

소요단위 $= \dfrac{450}{100} = 4.5 ≒ 5$소요단위

*각 설비의 1소요단위의 기준

건축물	외벽이 내화구조인 것	외벽이 내화구조가 아닌 것
제조소 및 취급소	$100m^2$	$50m^2$
저장소	$150m^2$	$75m^2$

09

제5류 위험물로서 담황색의 주상결정이며 분자량이 227, 융점이 81℃, 물에 녹지 않고 벤젠, 아세톤, 알코올에 녹는 이 물질에 대한 다음 각 물음에 답하시오.

(1) 이 물질의 명칭
(2) 이 물질의 품명
(3) 이 물질의 지정수량
(4) 이 물질의 제조과정을 설명하시오.

(1) 트리나이트로톨루엔(TNT)
(2) 나이트로화합물
(3) 200kg
(4) 톨루엔과 진한질산을 황산 촉매 하에 나이트로화 반응하여 트리나이트로톨루엔이 생성된다.

*트리나이트로톨루엔(TNT) 제조식

$C_6H_5CH_3 + 3HNO_3 \xrightarrow[\text{나이트로화}]{C-H_2SO_4} C_6H_2CH_3(NO_2)_3 + 3H_2O$
(톨루엔) (질산)   (트리나이트로톨루엔) (물)

10

황린의 연소반응식을 쓰시오.

$\underset{(\text{황린})}{P_4} + \underset{(\text{산소})}{5O_2} \rightarrow \underset{(\text{오산화린})}{2P_2O_5}$

11

$1mol$의 과산화나트륨과 물이 반응할 때 생성되는 산소의 몰수를 구하시오.

$\underset{(\text{과산화나트륨})}{2Na_2O_2} + \underset{(\text{물})}{2H_2O} \rightarrow \underset{(\text{수산화나트륨})}{4NaOH} + \underset{(\text{산소})}{O_2}$

$2mol$의 과산화나트륨이 반응하여 $1mol$의 산소를 생성하였으니, $1mol$의 과산화나트륨이 반응하면 $0.5mol$의 산소가 생성된다.

∴ $0.5mol$

12

다음 보기는 지정과산화물 옥내저장소의 저장창고 격벽에 설치 기준일 때 빈칸을 채우시오.

[보기]
저장창고는 (①)m^2 이내마다 격벽으로 완전하게 구획할 것. 이 경우 당해 격벽은 두께 (②)cm 이상의 철근콘크리트조 또는 철골철근콘크리트조로 하거나 두께 (③)cm 이상의 보강콘크리트블록조로 하고, 당해 저장창고의 양측의 외벽으로부터 (④)m 이상, 상부의 지붕으로부터 (⑤)cm 이상 돌출하게 하여야 한다.

① 150
② 30
③ 40
④ 1
⑤ 50

13

표준상태에서 $580g$의 인화알루미늄과 물이 반응하여 생성되는 기체의 부피[L]을 구하시오.

인화알루미늄(AlP)의 분자량 : $27 + 31 = 58$

$$\underset{\text{(인화알루미늄)}}{AlP} + \underset{\text{(물)}}{3H_2O} \rightarrow \underset{\text{(수산알루미늄)}}{Al(OH)_3} + \underset{\text{(포스핀)}}{PH_3}$$

표준상태(1기압, 0℃)에서 기체 $1mol$의 부피는 $22.4L$이고, 인화알루미늄 $1mol(58g)$이 반응할 때 $1mol$의 포스핀이 발생하니, $10mol(580g)$이 반응할 때 $10mol$의 포스핀이 발생하므로,

∴ $V = 10 \times 22.4 = 224L$

14

다음 그림을 참고하여 탱크의 내용적[m^3]을 구하시오.

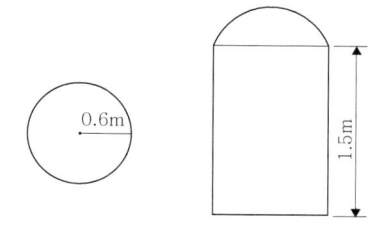

$V = \pi r^2 \ell = \pi \times 0.6^2 \times 1.5 = 1.7 m^3$

2012 4회차 위험물산업기사 실기 기출문제

01
다음 보기를 참고하여 제1류 위험물의 성질로 옳은 것을 모두 고르시오.

[보기]
① 무기화합물
② 유기화합물
③ 산화제
④ 인화점이 0℃ 이하
⑤ 인화점이 0℃ 이상
⑥ 고체

①, ③, ⑥

02
제2종 분말소화약제의 1차 열분해 반응식을 쓰시오.

$$2KHCO_3 \rightarrow K_2CO_3 + CO_2 + H_2O$$
(탄산수소칼륨) (탄산칼륨) (이산화탄소) (물)

03
각 위험물의 위험등급 II에 해당되는 품명을 2가지씩 쓰시오.

(1) 제1류 위험물
(2) 제2류 위험물
(3) 제4류 위험물

(1) 제1류 위험물 : 브로민산염류, 아이오딘산염류, 질산염류
(2) 제2류 위험물 : 황화인, 적린, 황
(3) 제4류 위험물 : 제1석유류, 알코올류

04
다음 보기의 연소 방식을 분류하시오.

[보기]
나트륨, TNT, 에틸알코올, 금속분, 다이에틸에터, TNP

(1) 표면연소
(2) 증발연소
(3) 자기연소

(1) 표면연소 : 나트륨, 금속분
(2) 증발연소 : 에틸알코올, 다이에틸에터
(3) 자기연소 : TNT, TNP

*고체연소의 종류
① 표면연소 : 숯(목탄), 코크스, 금속분 등
② 증발연소 : 제4류 위험물(에테르, 휘발유, 아세톤, 등유, 경유 등), 황, 나프탈렌, 파라핀(양초) 등
③ 자기연소 : 제5류 위험물(TNT, 나이트로글리세린 등) 등
④ 분해연소 : 종이, 나무, 목재, 석탄, 중유, 플라스틱

05
다음 보기는 제조소의 보유공지를 설치 안할 수 있는 격벽설치의 기준일 때 빈칸을 채우시오.

[보기]
(1) 방화벽은 내화구조로 할 것. 다만, 제(①)류 위험물인 경우 불연재료로 할 것
(2) 출입구 및 창에는 자동폐쇄식의 (②)을 설치할 것

① 6 ② 60분 방화문

06
표준상태에서 트리에틸알루미늄 $228g$과 물의 반응식에서 발생된 기체의 부피[L]를 구하시오.

트리에틸알루미늄 $[(C_2H_5)_3Al]$의 분자량
: $(12 \times 2 + 1 \times 5) \times 3 + 27 = 114$

$(C_2H_5)_3Al + 3H_2O \rightarrow Al(OH)_3 + 3C_2H_6$
(트리에틸알루미늄) (물)   (수산화알루미늄) (에탄)

표준상태(1기압, 0℃)에서 기체 $1mol$의 부피는 22.4L이고, 트리에틸알루미늄 $1mol(114g)$이 반응할 때 $3mol$의 에탄가스가 발생하니, $2mol(228g)$이 반응할 때 $6mol$의 에탄가스가 발생하므로,

∴ $V = 6 \times 22.4 = 134.4L$

07
인화알루미늄과 물의 반응식을 쓰시오.

$AlP + 3H_2O \rightarrow Al(OH)_3 + PH_3$
(인화알루미늄) (물)   (수산화알루미늄) (포스핀)

08
제1종 판매취급소의 시설기준에 관한 내용일 때 빈칸을 채우시오.

(1) 위험물을 배합하는 실은 바닥면적 (①)m^2 이상 (②)m^2 이하로 한다.
(2) (③) 또는 (④)의 벽으로 한다.
(3) 바닥은 위험물이 침투하지 아니하는 구조로 하여 적당한 경사를 두고 (⑤)을(를) 설치하여야 한다.
(4) 출입구 문턱의 높이는 바닥면으로부터 (⑥)m 이상으로 하여야 한다.

① 6
② 15
③ 내화구조
④ 불연재료
⑤ 집유설비
⑥ 0.1

09

특수인화물인 다이에틸에터가 $2000L$ 있을 때 소요단위를 계산하시오.

지정수량의 배수 $= \dfrac{저장수량}{지정수량} = \dfrac{2000}{50} = 40배$

$\therefore$ 소요단위 $= \dfrac{지정수량의 배수}{10} = \dfrac{40}{10} = 4$소요단위

특수인화물의 지정수량은 $50L$이다.

10

나트륨에 관한 다음 각 물음에 답하시오.

(1) 나트륨의 연소반응식을 쓰시오.
(2) 나트륨의 완전분해 시 불꽃 색상을 쓰시오.

(1) $\underset{(나트륨)}{4Na} + \underset{(산소)}{O_2} \rightarrow \underset{(산화나트륨)}{2Na_2O}$
(2) 노란색

＊불꽃색상

명칭	색깔
리튬	빨간색
칼슘	주황색
나트륨	노란색
칼륨	보라색

11

다음은 위험물의 운반기준일 때 빈칸을 채우시오.

(1) 고체위험물은 운반용기 내용적의 (①)% 이하의 수납율로 수납할 것
(2) 액체위험물은 운반용기 내용적의 (②)% 이하의 수납율로 수납하되, (③)℃의 온도에서 누설되지 않도록 충분한 공간용적을 유지하도록 할 것

① 95
② 98
③ 55

12

이산화탄소 소화설비에 관한 내용일 때 다음 빈칸을 채우시오.

(1) 저압식 저장용기에는 액면계 및 압력계와 (①) MPa 이상 (②) MPa 이하의 압력에서 작동하는 압력경보장치를 설치할 것.
(2) 저압식 저장용기에는 용기내부의 온도를 영하 (①)℃ 이상 영하 (②)℃ 이하로 유지할 수 있는 자동냉동기를 설치할 것.

① 2.3 ② 1.9 ③ 20 ④ 18

Memo

2013 1회차 위험물산업기사 실기 기출문제

01
위험물안전관리법의 기준에 따른 흑색화약의 원료 중 위험물에 해당하는 물질이 있을 때 다음을 구하시오.

(1) 해당하는 위험물 2가지를 쓰시오.
(2) 해당하는 위험물의 지정수량을 쓰시오.

(1) 질산칼륨(KNO_3), 황(S)
(2) 질산칼륨 : $300kg$, 황 : $100kg$

흑색화약의 원료 : 질산칼륨, 황, 숯
(여기서 숯은 위험물이 아니다.)

02
탄화알루미늄과 물의 화학반응식을 쓰시오.

Al_4C_3 (탄화알루미늄) $+ 12H_2O \rightarrow 4Al(OH)_3$ (수산화알루미늄) $+ 3CH_4$ (메탄)

03
제3종 분말 소화약제의 주성분의 화학식을 쓰시오.

$NH_4H_2PO_4$ (인산암모늄)

04
3층으로 된 옥내저장소에 옥내소화전설비를 각 층에 3개 설치를 할 경우 필요한 수원의 수량$[m^3]$을 구하시오.

수원의 수량 $= 7.8 \times 3 = 23.4m^3$ 이상

*수원의 수량
① 옥외 : $13.5 \times n$[개]
   (단, $n=4$개 이상인 경우는 $n=4$)
② 옥내 : $7.8 \times n$n[개]
   (단, $n=5$개 이상인 경우는 $n=5$)

05
어떠한 물질이 하이드라진과 만나면 격렬하게 반응 및 폭발 현상을 보일 때 다음을 구하시오.

(1) 이 물질의 위험물에 해당하는 기준을 쓰시오.
(2) 이 물질과 하이드라진의 반응식을 쓰시오.

(1) 과산화수소(H_2O_2)의 농도가 $36wt\%$ 이상인 것
(2) $2H_2O_2$ (과산화수소) $+ N_2H_4$ (히드라진) $\rightarrow 4H_2O$ (물) $+ N_2$ (질소)

06
조해성이 없는 황화인이 완전연소할 때 생성되는 물질 2가지를 화학식으로 쓰시오.

① 오산화인(P_2O_5) ② 이산화황(SO_2)

07

다음 보기는 셀프용 고정주유설비의 기준에 관한 내용일 때 아래의 빈칸을 채우시오.

[보기]
1회의 연속주유량 및 주유시간의 상한을 미리 설정할 수 있는 구조일 것. 이 경우 주유량의 상한은 휘발유는 (①)L 이하, 경유는 (②)L 이하로 하며, 주유시간의 상한은 휘발유는 (③)분 이하, 경유는 12분 이하로 한다.

① 100
② 200
③ 4

08

위험물 제조소에 $200m^3$ 및 $100m^3$의 탱크가 각각 1개씩 있으며, 탱크 주위로 방유제를 만들 때 방유제의 용량$[m^3]$을 구하시오.

방유제의 용량 = $200 \times 0.5 + 100 \times 0.1 = 110m^3$ 이상

*위험물 제조소에 있는 위험물 취급탱크
① 하나의 취급 탱크 주위에 설치하는 방유제의 용량
  : 당해 탱크용량의 50% 이상
② 2 이상의 취급 탱크 주위에 하나의 방유제를 설치하는 경우, 방유제의 용량
  : 당해 탱크 중 용량이 최대인 것의 50%에 나머지 탱크용량의 합계를 10%를 가산한 양 이상이 되게 할 것

09

다음 보기는 알킬알루미늄 등 및 아세트알데하이드 등의 취급기준에 관한 내용일 때 빈칸을 채우시오.

[보기]
(1) 알킬알루미늄 등의 이동탱크저장소에 있어서 이동저장탱크로부터 알킬알루미늄 등을 꺼낼 때에는 동시에 (①)kPa 이하의 압력으로 불활성 기체를 봉입할 것
(2) 아세트알데하이드 등의 이동탱크저장소에 있어서 이동저장탱크로부터 아세트알데하이드 등을 꺼낼 때에는 동시에 (②)kPa 이하의 압력으로 불활성 기체를 봉입할 것

① 200   ② 100

10

다음은 옥내소화전설비의 압력수조를 이용한 가압수송장치의 설치기준에 관한 공식일 때 보기를 참고하여 빈칸에 알맞은 답을 쓰시오.

$P = (①) + (②) + (③) + 0.35MPa$

[보기]
ⓐ 전양정$[MPa]$
ⓑ 필요한 압력$[MPa]$
ⓒ 소방용 호스의 마찰손실수두압$[MPa]$
ⓓ 배관의 마찰손실수두압$[MPa]$
ⓔ 낙차의 환산수두압$[MPa]$
ⓕ 방수압력 환산수두압$[MPa]$

① : ⓒ
② : ⓓ
③ : ⓔ

*필요한 압력
$P = p_1 + p_2 + p_3 + 0.35MPa$
$\begin{cases} P : 필요한 압력[MPa] \\ p_1 : 소방용 호스의 마찰손실수두압[MPa] \\ p_2 : 배관의 마찰손실수두압[MPa] \\ p_3 : 낙차의 환산수두압[MPa] \end{cases}$

11
제1류 위험물 중 위험등급 I의 위험물을 품명 2가지를 쓰시오.

① 아염소산염류
② 염소산염류
③ 과염소산염류
④ 무기과산화물

12
경유, 등유, 벤젠 각각 $1000L$를 저장할 시 지정수량의 배수의 합을 구하시오.

지정수량의 배수 $= \dfrac{\text{저장수량}}{\text{지정수량}} = \dfrac{1000}{1000} + \dfrac{1000}{1000} + \dfrac{1000}{200}$

$= 7$배

물질	품명	지정수량
경유	제2석유류 (비수용성)	$1000L$
등유	제2석유류 (비수용성)	$1000L$
벤젠	제1석유류 (비수용성)	$200L$

13
제4류 위험물 중 제1석유류 ~ 동식물유류의 인화점의 기준을 쓰시오.

[보기]
① 제1석유류 : 인화점이 (　)℃ 미만
② 제2석유류 : 인화점이 (　)℃ 이상 (　)℃ 미만
③ 제3석유류 : 인화점이 (　)℃ 이상 (　)℃ 미만
④ 제4석유류 : 인화점이 (　)℃ 이상 (　)℃ 미만
⑤ 동식물유류 : 인화점이 (　)℃ 미만

① 21
② 21, 70
③ 70, 200
④ 200, 250
⑤ 250

2013 2회차 위험물산업기사 실기 기출문제

01
제3류 위험물 중 자연발화성물질인 황린에 대하여 답하시오.

(1) 화학식을 쓰시오.
(2) 완전연소 시에 발생하는 백색 연기의 화학식을 쓰시오.
(3) 보호액을 쓰시오.

---

(1) P_4
(2) $\underset{(황린)}{P_4} + \underset{(산소)}{5O_2} \rightarrow \underset{(오산화린)}{2P_2O_5}$

∴ P_2O_5 (오산화린)
(3) pH9 정도의 약알칼리성 물

02
제1류 위험물 중 질산암모늄에 대하여 답하시오.

(1) 화학식을 쓰시오.
(2) 질산암모늄의 분해반응식을 쓰시오.

---

(1) NH_4NO_3
(2) $\underset{(질산암모늄)}{2NH_4NO_3} \rightarrow \underset{(물)}{4H_2O} + \underset{(질소)}{2N_2} + \underset{(산소)}{O_2}$

03
경유 $15000L$, 휘발유 $8000L$를 지하탱크저장소에 인접하게 설치하는 경우 그 상호간에 몇 m 이상의 간격을 유지해야 하는가?

지정수량의 배수 = $\dfrac{저장수량}{지정수량} = \dfrac{15000}{1000} + \dfrac{8000}{200} = 55$배

∴ 간격 : $0.5m$ 이상

*각 물질의 지정수량

물질	품명	지정수량
경유	제2석유류 (비수용성)	$1000L$
휘발유	제1석유류 (비수용성)	$200L$

*지하탱크저장소의 위치, 구조 및 설비의 기준

지정수량의 배수	간격
100배 초과	$1m$ 이상
100배 이하	$0.5m$ 이상

04
다음 보기는 알코올류에 관한 내용일 때 빈칸을 채우시오.

[보기]
(1) 1분자를 구성하는 탄소원자의 수가 1개 내지 (①)개의 포화1가 알코올의 함유량이 (②)$wt\%$ 미만인 수용액
(2) 가연성액체량이 60$wt\%$ 미만이고 인화점 및 연소점이 에틸알코올 (③)$wt\%$ 수용액의 인화점 및 연소점을 초과하는 것

① 3 ② 60 ③ 60

05

$2mL$의 시료를 사용하는 인화점 측정기는 무엇인지 쓰시오.

신속평형법 인화점측정기

*신속평형법 인화점측정기에 의한 인화점 측정시험
① 시험장소는 1기압, 무풍의 장소로 할 것
② 신속평형법인화점측정기의 시료컵을 설정온도까지 가열 또는 냉각하여 시험물품(설정온도가 상온보다 낮은 온도인 경우에는 설정온도까지 냉각한 것) $2ml$를 시료컵에 넣고 즉시 뚜껑 및 개폐기를 닫을 것
③ 시료컵의 온도를 1분간 설정온도로 유지할 것
④ 시험불꽃을 점화하고 화염의 크기를 직경 $4mm$가 되도록 조정할 것
⑤ 1분 경과 후 개폐기를 작동하여 시험불꽃을 시료컵에 2.5초간 노출시키고 닫을 것. 이 경우 시험불꽃을 급격히 상하로 움직이지 아니하여야 한다.
⑥ ⑤의 방법에 의하여 인화한 경우에는 인화하지 않을 때까지 설정온도를 낮추고, 인화하지 않는 경우에는 인화할 때까지 설정온도를 높여 제2호 내지 제5호의 조작을 반복하여 인화점을 측정할 것

06

제6류 위험물과 혼재할 수 있는 위험물은 무엇인지 쓰시오.

제1류 위험물

*혼재 가능한 위험물
① 4:23
 - 제4류와 제2류, 제4류와 제3류는 혼재 가능
② 5:24
 - 제5류와 제2류, 제5류와 제4류는 혼재 가능
③ 6:1
 - 제6류와 제1류는 혼재 가능

	1류	2류	3류	4류	5류	6류
1류		×	×	×	×	○
2류	×		×	○	○	×
3류	×	×		○	×	×
4류	×	○	○		○	×
5류	×	○	×	○		×
6류	○	×	×	×	×	

07

다음 빈칸에 알맞은 답을 쓰시오.

[보기]
건축물 등은 부표의 기준에 의하여 불연재료로 된 방화상 유효한 (①) 또는 (②)을 설치하는 경우에는 동표의 기준에 의하여 안전거리를 단축할 수 있다.

① 담 ② 벽

08

다음 빈칸에 알맞은 답을 쓰시오.

[보기]
과산화수소의 농도가 (①)$wt\%$ 이상인 것에 한하여 위험물로 취급하고, 지정수량은 (②)이다.

① 36 ② $300kg$

10

제1류 위험물 중 염소산염류에 속하는 염소산칼륨에 관한 내용일 때 다음을 구하시오.

(1) 완전분해 반응식
(2) 표준상태에서 염소산칼륨 $24.5kg$이 완전분해 할 때 생성되는 산소의 부피 $[m^3]$

(1) $2KClO_3 \rightarrow 2KCl + 3O_2$
  (염소산칼륨) (염화칼륨) (산소)

(2) 염소산칼륨의 분자량 : $39 + 35.5 + 16 \times 3 = 122.5g$
표준상태는 1기압 0℃을 나타내고,
$PV = nRT = \dfrac{W}{M}RT$ 에서,

$\therefore V = \dfrac{WRT}{PM} \times \dfrac{생성물의\ 몰수}{반응물의\ 몰수}$

$= \dfrac{24.5 \times 0.082 \times (0+273)}{1 \times 122.5} \times \dfrac{3}{2} = 6.72m^3$

09

제5류 위험물인 트리나이트로페놀의 구조식과 지정수량을 각각 쓰시오.

① 구조식

② 지정수량 : $200kg$

11

옥외저장소에 저장할 수 있는 제4류 위험물의 품명 4가지를 쓰시오.

① 제1석유류(인화점이 0℃ 이상인 것에 한한다.)
② 알코올류
③ 제2석유류
④ 제3석유류
⑤ 제4석유류
⑥ 동식물유류

12

다음 표는 제3류 위험물에 대한 내용일 때 빈칸을 채우시오.

품명	지정수량
칼륨	(①)
나트륨	(②)
알킬알루미늄	(③)
(④)	10kg
(⑤)	20kg
알칼리금속	(⑥)
유기금속화합물	(⑦)

① $10kg$
② $10kg$
③ $10kg$
④ 알킬리튬
⑤ 황린
⑥ $50kg$
⑦ $50kg$

13

소화난이도등급 I에 해당하는 제조소에 관한 내용일 때 빈칸을 채우시오.

[보기]
(1) 연면적 (①)m^2 이상인 것

(2) 지반면으로부터 (②)m 이상의 높이에 위험물 취급 설비가 있는 것

(3) 지정수량의 (③)배 이상인 것

① 1000
② 6
③ 100

*소화난이도등급 I에 해당하는 제조소 및 옥내저장소 비교

기준	제조소	옥내저장소
연면적	$1000m^2$ 이상	$150m^2$ 초과
지반면 높이	$6m$ 이상	$6m$ 이상
지정수량	100배 이상	150배 이상

2013년 4회차 위험물산업기사 실기 기출문제

01

다음 보기의 제4류 위험물 중 동식물유류를 아이오딘값에 따라 건성유, 반건성유, 불건성유로 분류하시오.

[보기]
아마인유, 야자유, 들기름, 쌀겨유, 목화씨유, 땅콩유

① 건성유 : 아마인유, 들기름
② 반건성유 : 쌀겨유, 목화씨유
③ 불건성유 : 야자유, 땅콩유

동식물유류	건성유	아이오딘값 130 이상	아마인유, 들기름, 동유, 정어리유, 해바라기유 등
	반건성유	아이오딘값 100~130	참기름, 옥수수유, 채종유, 쌀겨유, 청어유, 콩기름 등
	불건성유	아이오딘값 100 이하	야자유, 땅콩유, 피마자유, 올리브유, 돼지기름 등

02

인화점 $-38℃$, 비점 $21℃$, 분자량 44, 연소범위 4.1~57%인 특수인화물이 있을 때 다음을 구하시오.

(1) 시성식
(2) 증기비중
(3) 산화반응 시 생성되는 위험물

(1) CH_3CHO(아세트알데히드)
(2) 분자량 : $12 + 1 \times 3 + 12 + 1 + 16 = 44$

$$\therefore 증기비중 = \frac{분자량}{28.84} = \frac{44}{28.84} = 1.53$$

(3) $\underset{(아세트알데히드)}{2CH_3CHO} + \underset{(산소)}{O_2} \rightarrow \underset{(아세트산)}{2CH_3COOH}$

∴ 아세트산(초산)

03

알루미늄 연소 시 생성되는 반응식을 쓰시오.

$\underset{(알루미늄)}{4Al} + \underset{(산소)}{3O_2} \rightarrow \underset{(산화알루미늄)}{2Al_2O_3}$

04

위험물안전관리법에서 정한 특수인화물의 조건 2가지를 쓰시오.

① 이황화탄소, 다이에틸에터 그 밖에 $1atm$에서 발화점이 100℃ 이하인 것
② 인화점이 섭씨 -20℃ 이하이고 비점이 40℃ 이하인 것

05

염소산염류 중 분자량이 106.5이고, 철제 용기를 부식시키는 위험물의 화학식을 쓰시오.

$NaClO_3$ (염소산나트륨)

06

옥외저장소에 옥외소화전을 6개 설치하는 경우에 필요한 수원의 수량$[m^3]$을 구하시오.

수원의 수량 $= 13.5 \times 4 = 54m^3$ 이상

*수원의 수량
① 옥외 : $13.5 \times n$[개]
(단, $n = 4$개 이상인 경우는 $n = 4$)

② 옥내 : $7.8 \times n$[개]
(단, $n = 5$개 이상인 경우는 $n = 5$)

07

트리에틸알루미늄과 메틸알코올의 (1)반응식과 (2)발생하는 가스를 쓰시오.

(1) $\underset{\text{(트리에틸알루미늄)}}{(C_2H_5)_3Al} + \underset{\text{(메틸알코올)}}{3CH_3OH}$
$\rightarrow \underset{\text{(트리메톡시알루미늄)}}{Al(CH_3O)_3} + \underset{\text{(에탄)}}{3C_2H_6}$

(2) 에탄(C_2H_6)

08

유별을 달리하는 위험물은 동일한 저장소에 저장하지 아니하여야 한다. 다만, 옥내 또는 옥외장소에 위험물을 저장하는 경우로서 유별로 서로 $1m$ 이상의 간격을 두는 경우에는 그러지 아니하다. 다음 빈칸을 채우시오.

[보기]
(1) 제1류 위험물(알칼리금속의 과산화물 또는 이를 함유한 것은 제외)과 (①)을 저장하는 경우
(2) 제1류 위험물과 (②)을 저장하는 경우
(3) 제2류 위험물 중 (③)와 제4류 위험물을 저장하는 경우

① 제5류 위험물
② 제6류 위험물
③ 인화성고체

*제조소등에서의 위험물의 저장 및 취급에 관한 기준
- 유별을 달리하는 위험물은 동일한 저장소(내화구조의 격벽으로 완전히 구획된 실이 2 이상 있는 저장소에 있어서는 동일한 실)에 저장하지 아니하여야 한다. 다만, 옥내저장소 또는 옥외저장소에 있어서 다음의 각목의 규정에 의한 위험물을 저장하는 경우로서 위험물을 유별로 정리하여 저장하는 한편, 서로 1m 이상의 간격을 두는 경우에는 그러지 아니하다.
① 제1류 위험물(알칼리금속의 과산화물 또는 이를 함유한 것을 제외)과 제5류 위험물을 저장하는 경우
② 제1류 위험물과 제6류 위험물을 저장하는 경우
③ 제1류 위험물과 제3류 위험물 중 자연발화성물질(황린 또는 이를 함유한 것)을 저장하는 경우
④ 제2류 위험물 중 인화성고체와 제4류 위험물을 저장하는 경우
⑤ 제3류 위험물 중 알킬알루미늄등과 제4류 위험물(알킬알루미늄 또는 알칼리튬을 함유한 것)을 저장하는 경우
⑥ 제4류 위험물 중 유기과산화물 또는 이를 함유한 것과 제5류 위험물 중 유기과산화물 또는 이를 함유한 것을 저장하는 경우

09

옥외저장탱크·옥내저장탱크 또는 지하저장탱크 중에서 압력탱크 외의 탱크 또는 압력탱크에 저장할 경우에 유지하여야 하는 온도를 쓰시오.

(1) 압력탱크 외의 탱크에 저장하는 산화프로필렌
(2) 압력탱크 외의 탱크에 저장하는 아세트알데하이드
(3) 압력탱크에 저장하는 다이에틸에터

> (1) 30℃ 이하
> (2) 15℃ 이하
> (3) 40℃ 이하

10

이동저장탱크 및 이송취급소의 구조에 관한 내용일 때 빈칸을 구하시오.

[보기]
(1) 상용압력이 $20kPa$를 초과하는 탱크에 있어서는 상용압력의 (①)배 이하의 압력에서 작동하는 것으로 할 것
(2) 배관계에는 배관내의 압력이 최대상용압력을 초과하거나 유격작용 등에 의하여 생긴 압력이 최대상용압력의 (②)배를 초과하지 아니하도록 제어하는 장치를 설치할 것

> ① 1.1 ② 1.1

11

다음을 구하시오.

(1) 질산에스터류의 종류 3가지
(2) 나이트로화합물의 종류 3가지

> (1) 나이트로글리세린, 나이트로셀룰로오스, 질산메틸, 질산에틸
> (2) 트리니트로페놀, 트리나이트로톨루엔, 테트릴

12

탄화칼슘과 물의 반응식을 쓰시오.

$$\underset{\text{(탄화칼슘)}}{CaC_2} + \underset{\text{(물)}}{2H_2O} \rightarrow \underset{\text{(수산화칼슘)}}{Ca(OH)_2} + \underset{\text{(아세틸렌)}}{C_2H_2}$$

Memo

2014년 1회차 위험물산업기사 실기 기출문제

01
다음 알루미늄에 대한 각 물음에 답하시오.

(1) 완전 연소식을 쓰시오.
(2) 염산과의 반응할 때 생성하는 기체를 쓰시오.

(1) $\underset{(\text{알루미늄})}{4Al} + \underset{(\text{산소})}{3O_2} \rightarrow \underset{(\text{산화알루미늄})}{2Al_2O_3}$

(2) $\underset{(\text{알루미늄})}{2Al} + \underset{(\text{염산})}{6HCl} \rightarrow \underset{(\text{염화알루미늄})}{2AlCl_3} + \underset{(\text{수소})}{3H_2}$

∴ 수소

02
다음 Halon 표에 화학식을 쓰시오.

하론 소화약제의 종류	화학식
Halon 1301	(①)
Halon 2402	(②)
Halon 1211	(③)

① CF_3Br
② $C_2F_4Br_2$
③ CF_2ClBr

Halon 소화약제의 Halon번호는 C, F, Cl, Br, I의 개수를 나타낸다.

*Halon 소화약제의 종류

명칭	분자식
Halon 1001	CH_3Br
Halon 10001	CH_3I
Halon 1011	CH_2ClBr
Halon 1211	CF_2ClBr
Halon 1301	CF_3Br
Halon 104	CCl_4
Halon 2402	$C_2F_4Br_2$

03
제4류 위험물 중 알코올류에 속하는 에틸알코올에 대한 각 물음에 답하시오.

(1) 연소반응식을 쓰시오.
(2) 칼륨과의 반응에서 발생하는 기체의 화학식을 쓰시오.
(3) 에틸알코올의 구조이성질체로서 디메틸에테르의 시성식을 쓰시오.

(1) $\underset{(\text{에틸알코올})}{C_2H_5OH} + \underset{(\text{산소})}{3O_2} \rightarrow \underset{(\text{이산화탄소})}{2CO_2} + \underset{(\text{물})}{3H_2O}$

(2) $\underset{(\text{칼륨})}{2K} + \underset{(\text{에틸알코올})}{2C_2H_5OH} \rightarrow \underset{(\text{칼륨에틸레이트})}{2C_2H_5OK} + \underset{(\text{수소})}{H_2}$

∴ H_2

(3) CH_3OCH_3 (디메틸에테르)

04

제3류 위험물인 인화칼슘(인화석회)에 대한 설명일 때 다음 각 물음에 답하시오.

(1) 인화칼슘의 지정수량을 쓰시오.
(2) 물과의 반응식을 쓰고, 생성 기체의 화학식을 쓰시오.

(1) 300kg
(2) $\underset{(인화칼슘)}{Ca_3P_2} + \underset{(물)}{6H_2O} \rightarrow \underset{(수산화칼슘)}{3Ca(OH)_2} + \underset{(포스핀)}{2PH_3}$

∴ PH_3(포스핀)

05

$1atm$, $25℃$에서 이황화탄소 $5kg$이 모두 증발할 때의 부피$[m^3]$를 구하시오.

이황화탄소(CS_2)의 분자량 $= 12 + 32 \times 2 = 76$
$PV = nRT = \dfrac{W}{M}RT$에서,
∴ $V = \dfrac{WRT}{PM} = \dfrac{5 \times 0.082 \times (25+273)}{1 \times 76} = 1.61m^3$

06

제6류 위험물로 염산과 반응하여 백금을 용해시키며, 분자량이 63인 위험물을 쓰시오.

질산(HNO_3)
질산의 분자량 : $1 + 14 + 16 \times 3 = 63$

07

1기압, $350℃$에서 과산화나트륨 $1kg$이 물과 반응할 때 생성되는 기체의 부피$[L]$를 구하시오.

과산화나트륨(Na_2O_2)의 분자량 $= 23 \times 2 + 16 \times 2 = 78$
$\underset{(과산화나트륨)}{2Na_2O_2} + \underset{(물)}{2H_2O} \rightarrow \underset{(수산화나트륨)}{4NaOH} + \underset{(산소)}{O_2}$

$PV = nRT = \dfrac{W}{M}RT$에서,
∴ $V = \dfrac{WRT}{PM} \times \dfrac{\text{생성물의 몰수}}{\text{반응물의 몰수}}$
$= \dfrac{1000 \times 0.082 \times (350+273)}{1 \times 78} \times \dfrac{1}{2} = 327.47L$

08

제5류 위험물중 유기과산화물에 속하는 과산화벤조일의 구조식을 그리시오.

O=C-O-O-C=O
 | |
(페닐) (페닐)

과산화벤조일($(C_6H_5CO)_2O_2$)은 벤조일퍼옥사이드라고도 부른다.

09

제1류 위험물과 혼재 불가능한 위험물들을 모두 쓰시오.

① 제2류 위험물
② 제3류 위험물
③ 제4류 위험물
④ 제5류 위험물

*혼재 가능한 위험물
① 4:23
 - 제4류와 제2류, 제4류와 제3류는 혼재 가능
② 5:24
 - 제5류와 제2류, 제5류와 제4류는 혼재 가능
③ 6:1
 - 제6류와 제1류는 혼재 가능

	1류	2류	3류	4류	5류	6류
1류		×	×	×	×	○
2류	×		×	○	○	×
3류	×	×		○	×	×
4류	×	○	○		○	×
5류	×	○	×	○		×
6류	○	×	×	×	×	

11

$1atm$, $70℃$의 벤젠 $16g$이 증발할 때의 부피$[L]$를 구하시오.

벤젠(C_6H_6)의 분자량 $= 12 \times 6 + 1 \times 6 = 78$

$PV = nRT = \dfrac{W}{M}RT$ 에서,

$\therefore V = \dfrac{WRT}{PM} = \dfrac{16 \times 0.082 \times (70+273)}{1 \times 78} = 5.77 L$

10

다음 보기에 대한 제4류 위험물의 인화점의 기준을 쓰시오.

[보기]
① 제1석유류 : 인화점이 (   )℃ 미만
② 제2석유류 : 인화점이 (   )℃ 이상 (   )℃ 미만

① 21
② 21, 70

12

황린의 완전연소 반응식을 쓰시오.

P_4 + $5O_2$ → $2P_2O_5$
(황린) (산소)   (오산화린)

Memo

2014 2회차 위험물산업기사 실기 기출문제

01
일반취급소 또는 제조소에서 취급하는 제4류 위험물의 최대수량의 합이 지정수량의 48만배 이상인 사업소에 대해 다음을 구하시오.

(1) 소방차의 대수
(2) 자체소방대의 인원

(1) 4대
(2) 20인

사업소의 구분	화학소방자동차	자체소방대원 수
3000배 이상 12만배 미만	1대	5인
12만배 이상 24만배 미만	2대	10인
24만배 이상 48만배 미만	3대	15인
48만배 이상	4대	20인

02
트리에틸알루미늄과 물의 반응식을 쓰시오.

$$(C_2H_5)_3Al + 3H_2O \rightarrow Al(OH)_3 + 3C_2H_6$$
(트리에틸알루미늄) (물) (수산화알루미늄) (에탄)

03
크실렌(자일렌)의 이성질체 3가지에 대한 명칭과 구조식을 쓰시오.

명칭	구조식
o-크실렌	(벤젠 고리에 인접한 두 위치에 CH_3, CH_3)
m-크실렌	(벤젠 고리에 메타 위치에 CH_3, CH_3)
p-크실렌	(벤젠 고리에 파라 위치에 CH_3, CH_3)

04
소화난이도등급 I의 제조소 또는 일반취급소에 반드시 설치하여야 하는 소화설비의 종류 4가지를 쓰시오.

① 옥내소화전설비
② 옥외소화전설비
③ 스프링클러설비
④ 물분무 등 소화설비

05

"주유 중 엔진정지" 주의사항 게시판에 대한 각 물음에 답하시오.

(1) 바탕색 및 글자색
(2) 규격

(1) 바탕색 : 황색,　글자색 : 흑색
(2) 규격 : 한 변의 길이가 $0.3m$ 이상,
　　　　　다른 한 변의 길이가 $0.6m$ 이상인 직사각형

06

옥내 저장소에 저장 시 높이에 대한 각 물음에 답하시오.

[보기]
(1) 기계에 의하여 하역하는 구조로 된 용기만을 겹쳐 쌓는 경우 저장 높이는 (①)m를 초과해서는 안된다.
(2) 옥외저장소에서 위험물을 수납한 용기를 선반에 저장하는 경우 저장 높이는 (②)m를 초과해서는 안된다.
(3) 중유만을 저장하는 경우 저장 높이는 (③)m를 초과해서는 안된다.

① 6　② 6　③ 4

＊옥내 저장소에 저장 시 높이
아래 기준의 높이를 초과하지 않아야 한다.
① 기계에 의하여 하역하는 구조로 된 용기만을 겹쳐 쌓는 경우 : $6m$
② 제4류 위험물 중 제3석유류, 제4석유류, 동식물유류를 수납하는 용기만을 겹쳐 쌓는 경우 : $4m$
③ 그 밖의 경우 : $3m$

07

다음 보기에 대한 빈칸을 채우시오.

[보기]
"특수인화물"이라 함은 이황화탄소, 다이에틸에터, 그 밖에 $1atm$에서 발화점이 섭씨 (①)℃ 이하인 것 또는 인화점이 섭씨 영하 (②)℃ 이하이고 비점이 섭씨 (③)℃ 이하인 것을 말한다.

① 100　② 20　③ 40

08

마그네슘에 대한 각 물음에 답하시오.

(1) 물과의 반응식을 쓰시오.
(2) 주수소화가 안되는 이유를 쓰시오.

(1) $Mg + 2H_2O \rightarrow Mg(OH)_2 + H_2$
　　(마그네슘)　(물)　　(수산화마그네슘)　(수소)
(2) 가연성의 수소가 발생하여 위험성이 증대된다.

09

표준상태에서 과산화나트륨 $1kg$의 완전분해할 때 산소의 부피$[L]$를 구하시오.

과산화나트륨(Na_2O_2)의 분자량 $= 23 \times 2 + 16 \times 2 = 78$

$2Na_2O_2 \rightarrow 2Na_2O + O_2$
(과산화나트륨) (산화나트륨) (산소)

표준상태는 $1atm$, $0℃$를 나타내고,

$PV = nRT = \dfrac{W}{M}RT$에서,

$\therefore V = \dfrac{WRT}{PM} \times \dfrac{생성물의\ 몰수}{반응물의\ 몰수}$

$= \dfrac{1000 \times 0.082 \times (0+273)}{1 \times 78} \times \dfrac{1}{2} = 143.5L$

10

이황화탄소(CS_2)가 들어 있는 드럼통은 화재가 발생할 시 물을 이용하여 소화가 가능하다. 이 물질의 비중과 소화효과를 관련지어 설명하시오.

이황화탄소(CS_2)의 비중은 1.26으로 물보다 무겁고 비수용성으로 냉각소화효과와 질식소화효과를 볼 수 있다.

11

제3류 위험물 중 물과 반응성이 없고 공기 중에 반응하여 백색 연기를 발생시키는 물질에 대한 각 물음에 답하시오.

(1) 이 물질은 무엇인가?
(2) 지정수량을 쓰시오.

(1) 황린(P_4)
(2) $20kg$

12

나트륨과 에탄올의 반응식과 발생하는 가스의 명칭을 쓰시오.

$2Na + 2C_2H_5OH \rightarrow 2C_2H_5ONa + H_2$
(나트륨) (에틸알코올)   (나트륨에틸레이트) (수소)

$\therefore$ 수소

Memo

2014 4회차 위험물산업기사 실기 기출문제

01
다음 보기는 제1석유류에 대한 설명일 때 빈칸을 채우시오.

[보기]
제1석유류는 아세톤, 휘발유, 그 밖에 $1atm$에서 인화점이 ( )℃ 미만인 것을 말한다.

21

02
다음 표의 빈칸을 채우시오.

품명	유별	지정수량
칼륨	(①)	(②)
질산염류	(③)	(④)
나이트로화합물	(⑤)	(⑥)
질산	(⑦)	(⑧)

① 제3류 위험물 ② $10kg$
③ 제1류 위험물 ④ $300kg$
⑤ 제5류 위험물 ⑥ $200kg$
⑦ 제6류 위험물 ⑧ $300kg$

03
다음 표에 혼재가 가능한 위험물 O, 불가능한 위험물 X로 표시하시오.

	1류	2류	3류	4류	5류	6류
1류	\					
2류		\				
3류			\			
4류				\		
5류					\	
6류						\

	1류	2류	3류	4류	5류	6류
1류	\	×	×	×	×	○
2류	×	\	×	○	○	×
3류	×	×	\	○	×	×
4류	×	○	○	\	○	×
5류	×	○	×	○	\	×
6류	○	×	×	×	×	\

*혼재 가능한 위험물
① 4:23
 - 제4류와 제2류, 제4류와 제3류는 혼재 가능
② 5:24
 - 제5류와 제2류, 제5류와 제4류는 혼재 가능
③ 6:1
 - 제6류와 제1류는 혼재 가능

04

트리에틸알루미늄과 메틸알코올의 반응식을 쓰시오.

$$(C_2H_5)_3Al + 3CH_3OH \rightarrow Al(CH_3O)_3 + 3C_2H_6$$
(트리에틸알루미늄) (메틸알코올) (트리메톡시알루미늄) (에탄)

05

제2류 위험물인 오황화인에 대한 다음 각 물음에 답하시오.

(1) 물과의 반응식
(2) 발생 기체의 명칭

(1) $P_2S_5 + 8H_2O \rightarrow 5H_2S + 2H_3PO_4$
　　(오황화린)　(물)　　　(황화수소)　(인산)
(2) 황화수소

06

제1류 위험물 중 알칼리금속의 과산화물의 운반용기 외부에 부착해야 하는 주의사항을 모두 쓰시오.

화기주의, 충격주의, 물기엄금, 가연물접촉주의

07

일반취급소 또는 제조소에서 취급하는 제4류 위험물의 최대수량의 합이 지정수량의 12만배 이상 24만배 미만인 사업소에 대해 다음을 구하시오.

(1) 소방차의 대수
(2) 자체소방대의 인원

(1) 2대
(2) 10인

08

제3류 위험물인 칼슘과 물의 반응식을 쓰시오.

$$Ca + 2H_2O \rightarrow Ca(OH)_2 + H_2$$
(칼슘) (물) 　(수산화칼슘) 　(수소)

09

제1종 분말 소화약제 주성분의 화학식을 쓰시오.

$NaHCO_3$(탄산수소나트륨)

*분말소화기의 종류

종별	소화약제	착색	화재종류
제1종 소화분말	$NaHCO_3$ (탄산수소나트륨)	백색	BC화재
제2종 소화분말	$KHCO_3$ (탄산수소칼륨)	담회색	BC화재
제3종 소화분말	$NH_4H_2PO_4$ (인산암모늄)	담홍색	ABC화재
제4종 소화분말	$KHCO_3 + (NH_2)_2CO$ (탄산수소칼륨 + 요소)	회색	BC화재

10

다음 보기의 위험물들의 발화점 낮은 순으로 배치하시오.

[보기]
이황화탄소, 산화프로필렌, 에탄올

이황화탄소 < 에탄올 < 산화프로필렌

명칭	품명	발화점
이황화탄소	특수인화물	100℃
산화프로필렌	특수인화물	465℃
에탄올	제1석유류	423℃

11

다음 보기의 이동저장탱크의 구조에 대하여 빈칸을 채우시오.

[보기]
이동저장탱크는 각 내부에 (①)L 이하마다 (②) mm 이상의 강철판 또는 이와 동등 이상의 경도·내열성 및 내식성이 있는 금속성의 것으로 칸막이를 설치할 것.

① 4000   ② 3.2

12

주유취급소에 설치하는 탱크의 용량에 대한 설명일 때 빈칸을 채우시오.

[보기]
(1) 고속도로의 도로변에 설치하지 않은 고정급유설비에 직접 접속하는 전용탱크로서 (①)L 이하인 것
(2) 고속도로의 도로변에 설치된 주유취급소에 있어서는 탱크의 용량 (②)L까지 할 수 있다.

① 50000   ② 60000

13

비중이 0.97, 원자량 23이고 불꽃 반응 시 노란색을 나타내는 물질에 대하여 답하시오.

(1) 명칭과 원소기호
(2) 지정수량

(1) 나트륨(Na)
(2) 10kg

*불꽃색상

명칭	색깔
리튬	빨간색
칼슘	주황색
나트륨	노란색
칼륨	보라색

14

에틸알코올의 완전연소반응식을 쓰시오.

$$C_2H_5OH + 3O_2 \rightarrow 2CO_2 + 3H_2O$$
(에틸알코올) (산소) (이산화탄소) (물)

Memo

2015 1회차 위험물산업기사 실기 기출문제

01
제4류 위험물을 저장하는 저장소의 주의사항 게시판에 대하여 각 물음에 답하시오.

(1) 색상
(2) 게시판의 규격
(3) 주의사항

> (1) 바탕색 : 적색, 문자색 : 백색
> (2) 한 변의 길이가 $0.3m$ 이상, 다른 한 변의 길이가 $0.6m$ 이상인 직사각형
> (3) 화기엄금

02
금속 칼륨을 주수소화 하면 안되는 이유를 쓰시오.

> $2K + 2H_2O \rightarrow 2KOH + H_2$
> (칼륨) (물) (수산화칼륨) (수소)
> 폭발적으로 반응하여 가연성의 수소기체를 발생하여 위험성이 증대된다.

03
인화칼슘에 대한 각 물음에 답하시오.

(1) 몇 류 위험물인가?
(2) 지정수량은 얼마인가?
(3) 물과의 반응식을 쓰시오.
(4) 물과의 반응 후 생성되는 기체의 명칭을 쓰시오.

> (1) 제3류 위험물
> (2) $300kg$
> (3) $Ca_3P_2 + 6H_2O \rightarrow 3Ca(OH)_2 + 2PH_3$
>   (인화칼슘) (물) (수산화칼슘) (포스핀)
> (4) 포스핀(인화수소)

04
트리나이트로톨루엔(TNT)의 구조식을 쓰시오.

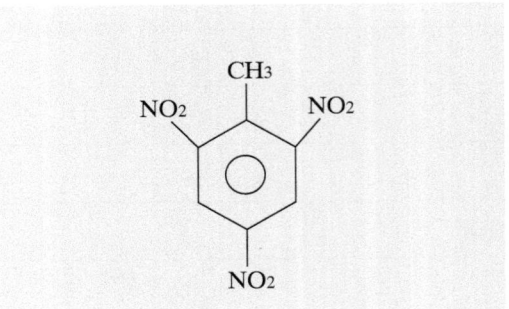

05
보기의 위험물 중 비중이 1보다 큰 것을 모두 고르시오.

> [보기]
> 이황화탄소, 클로로벤젠, 피리딘,
> 산화프로필렌, 글리세린

> 이황화탄소, 클로로벤젠, 글리세린

06
이황화탄소의 연소반응식을 쓰시오.

$$\underset{\text{(이황화탄소)}}{CS_2} + \underset{\text{(산소)}}{3O_2} \rightarrow \underset{\text{(이산화탄소)}}{CO_2} + \underset{\text{(이산화황)}}{2SO_2}$$

07
질산메틸의 증기 비중을 구하시오.

질산메틸(CH_3NO_3)의 분자량
: $12 + 1 \times 3 + 14 + 16 \times 3 = 77$

∴ 증기비중 = $\dfrac{\text{분자량}}{28.84} = \dfrac{77}{28.84} = 2.67$

08
크실렌의 이성질체 3가지에 대한 명칭과 구조식을 쓰시오.

명칭	구조식
o-크실렌	(벤젠고리에 인접한 두 자리에 CH_3, CH_3)
m-크실렌	(벤젠고리에 메타 위치에 CH_3, CH_3)
p-크실렌	(벤젠고리에 파라 위치에 CH_3, CH_3)

09
다음은 위험물의 운반기준일 때 빈칸을 채우시오.

(1) 고체위험물은 운반용기 내용적의 (①)% 이하의 수납율로 수납할 것
(2) 액체위험물은 운반용기 내용적의 (②)% 이하의 수납율로 수납하되, (③)℃의 온도에서 누설되지 않도록 충분한 공간용적을 유지하도록 할 것

① 95
② 98
③ 55

10
다음 아세트알데하이드에 대한 각 물음에 답하시오.

(1) 시성식
(2) 품명
(3) 지정수량
(4) 에틸렌을 산화시켜 제조할 때의 반응식을 쓰시오.

(1) CH_3CHO
(2) 특수인화물
(3) $50L$
(4)
$$\underset{\text{(에틸렌)}}{C_2H_4} + \underset{\text{(염화팔라듐)}}{PdCl_2} + \underset{\text{(물)}}{H_2O} \rightarrow \underset{\text{(아세트알데하이드)}}{CH_3CHO} + \underset{\text{(팔라듐)}}{Pd} + \underset{\text{(염산)}}{2HCl}$$

11
황화인에 대한 각 물음에 답하시오.

(1) 몇 류 위험물인가?
(2) 지정수량
(3) 황화인의 3가지 종류의 화학식을 쓰시오.

(1) 제2류 위험물
(2) $100kg$
(3) P_4S_3, P_2S_5, P_4S_7

12

다음 보기는 위험물안전관리법령에 따른 위험물의 저장 및 취급기준일 때 빈칸을 채우시오.

[보기]
- 제(①)류 위험물은 가연물과의 접촉 및 혼합이나 분해를 촉진하는 물품과의 접근 또는 과열, 충격, 마찰 등을 피하는 한편, 알칼리금속의 과산화물 및 이를 함유한 것에 있어서는 물과의 접촉을 피하여야 한다.

- 제(②)류 위험물은 불티, 불꽃, 고온체와의 접근 또는 과열을 피하고, 함부로 증기를 발생시키지 아니하여야 한다.

-
- 제(③)류 위험물은 산화제와의 접촉, 혼합이나 불티, 불꽃, 고온체와의 접근 또는 과열을 피하는 한편, 철분, 금속분, 마그네슘 및 이를 함유한 것에 있어서는 물이나 산과의 접촉을 피하고 인화성 고체에 있어서는 함부로 증기를 발생시키지 아니하여야 한다.

① 1 ② 4 ③ 2

*제조소 등에서의 위험물의 저장 및 취급에 관한 기준
① 제1류 위험물은 가연물과의 접촉·혼합이나 분해를 촉진하는 물품과의 접근 또는 과열·충격·마찰 등을 피하는 한편, 알칼리금속의 과산화물 및 이를 함유한 것에 있어서는 물과의 접촉을 피하여야 한다.

② 제2류 위험물은 산화제와의 접촉·혼합이나 불티·불꽃·고온체와의 접근 또는 과열을 피하는 한편, 철분·금속분·마그네슘 및 이를 함유한 것에 있어서는 물이나 산과의 접촉을 피하고 인화성 고체에 있어서는 함부로 증기를 발생시키지 아니하여야 한다.

③ 제3류 위험물 중 자연발화성물질에 있어서는 불티·불꽃 또는 고온체와의 접근·과열 또는 공기와의 접촉을 피하고, 금수성물질에 있어서는 물과의 접촉을 피하여야 한다.

④ 제4류 위험물은 불티·불꽃·고온체와의 접근 또는 과열을 피하고, 함부로 증기를 발생시키지 아니하여야 한다.

⑤ 제5류 위험물은 불티·불꽃·고온체와의 접근이나 과열·충격 또는 마찰을 피하여야 한다.

⑥ 제6류 위험물은 가연물과의 접촉·혼합이나 분해를 촉진하는 물품과의 접근 또는 과열을 피하여야 한다.

13

인화점 11℃, 발화점 464℃인 제4류 위험물 중 흡입 시 시신경을 마비시키는 물질에 대하여 각 물음에 답하시오.

(1) 명칭
(2) 지정수량

(1) 메틸알코올(CH_3OH)
(2) $400L$

Memo

2015 2회차 위험물산업기사 실기 기출문제

01

지하저장탱크(탱크전용실을 설치하지 않아도 되는 경우)의 설치기준에 대하여 다음 물음에 답하시오.

(1) 지하저장탱크와 지면과의 거리
(2) 지하철, 지하가 또는 지하터널로부터 수평거리
(3) 피트, 가스관 등의 시설물 및 대지경계선으로부터의 거리

(1) 0.6m 이상
(2) 10m 이내
(3) 0.6m 이상

*지하탱크저장소(탱크전용실을 설치하지 않아도 되는 경우)의 설치기준
① 당해 탱크를 지하철, 지하가 또는 지하터널로부터 수평거리 10m 이내의 장소 또는 지하건축물 내의 장소에 설치하지 아니할 것
② 당해 탱크를 수평투영의 세로 및 가로보다 각각 0.6m 이상 크고 두께가 0.3m 이상인 철근콘크리트조의 뚜껑으로 덮을 것
③ 당해 탱크를 지하의 가장 가까운 벽, 피트, 가스관 등의 시설물 및 대지경계선으로부터 0.6m 이상 떨어진 곳에 매설할 것
④ 지하저장탱크의 윗부분은 지면으로부터 0.6m 이상 아래에 있어야 한다.
⑤ 당해 탱크를 견고한 기초 위에 고정할 것
⑥ 뚜껑에 걸리는 중량이 직접 당해 탱크에 걸리지 아니하는 구조일 것

02

표준상태에서 탄화칼슘 $32g$과 물이 반응하여 생성되는 기체를 완전연소 하기 위해 필요한 산소의 부피$[L]$를 구하시오.

탄화칼슘(CaC_2)의 분자량 : $40 + 12 \times 2 = 64g/mol$

$$CaC_2 + 2H_2O \rightarrow Ca(OH)_2 + C_2H_2$$
(탄화칼슘) (물)   (수산화칼슘) (아세틸렌)

탄화칼슘이 $32g$있고, 분자량은 $64g/mol$이니 $0.5mol$의 탄화칼슘이 반응하였고, 탄화칼슘과 아세틸렌기체는 몰수 1:1 반응을 하니 아세틸렌도 $0.5mol$이 생성되었다.

$$2C_2H_2 + 5O_2 \rightarrow 4CO_2 + 2H_2O$$
(아세틸렌) (산소)   (이산화탄소) (물)

아세틸렌 $2mol$이 반응할 때 필요한 산소의 몰수는 $5mol$이고, 비례식으로 아세틸렌 $0.5mol$이 반응하면 $\frac{5}{4}mol$의 산소가 필요하다.

표준상태($1atm$, $0℃$)에서 $1mol$의 부피는 $22.4L$이다.

$\therefore V = 22.4 \times mol수 = 22.4 \times \frac{5}{4} = 28L$

03

다음 보기 중 인화점이 낮은 순서대로 배치하시오.

[보기]
아세톤, 아닐린, 메틸알코올, 이황화탄소

이황화탄소 < 아세톤 < 메틸알코올 < 아닐린

물질	인화점
아세톤	$-18℃$
아닐린	$70℃$
메틸알코올	$11℃$
이황화탄소	$-30℃$

04

위험물안전관리법령상 동식물유류에 대한 다음 물음에 답하시오.

(1) 아이오딘가의 정의를 쓰시오.
(2) 동식물유류의 아이오딘값에 따른 분류와 범위를 쓰시오.

(1) 유지 100g에 첨가되는 아이오딘의 g수
(2) 건성유 : 아이오딘값이 130 이상인 것
반건성유 : 아이오딘값이 100 초과 130 미만인 것
불건성유 : 아이오딘값이 100 이하인 것

동식물유류	건성유	아이오딘값 130 이상	아마인유, 들기름, 동유, 정어리유, 해바라기유 등
	반건성유	아이오딘값 100~130	참기름, 옥수수유, 채종유, 쌀겨유, 청어유, 콩기름 등
	불건성유	아이오딘값 100 이하	야자유, 땅콩유, 피마자유, 올리브유, 돼지기름 등

05

금속 니켈을 촉매 하에 300℃로 가열 시 수소첨가 반응을 하여 시클로헥산이 생성되는 분자량 78인 물질에 대하여 각 물음에 답하시오.

(1) 명칭
(2) 구조식

(1) 벤젠(C_6H_6)

(2)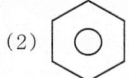

06

제1종 분말소화약제의 열분해에 대해 각 물음에 답하시오.

(1) 270℃에서의 열분해 반응식
(2) 850℃에서의 열분해 반응식

(1) $2NaHCO_3$ → Na_2CO_3 + CO_2 + H_2O
(탄산수소나트륨) (탄산나트륨) (이산화탄소) (물)
(2) $2NaHCO_3$ → Na_2O + $2CO_2$ + H_2O
(탄산수소나트륨) (산화나트륨) (이산화탄소) (물)

07

유별을 달리하는 위험물은 동일한 저장소에 저장하지 아니하여야 한다. 다만, 옥내 또는 옥외저장소에 위험물을 저장하는 경우로서 유별로 서로 $1m$ 이상의 간격을 두는 경우에는 그러지 아니하다. 다음 빈칸을 채우시오.

> 제1류 위험물[(①) 또는 이를 함유한 것은 제외]과 (②)을 저장하는 경우

① 알칼리금속의 과산화물
② 제5류 위험물

08

유기과산화물(지정수량 10배 이상)과 혼재 가능한 위험물을 모두 쓰시오.

제2류 위험물, 제4류 위험물

*혼재 가능한 위험물
① 4:23
　- 제4류와 제2류, 제4류와 제3류는 혼재 가능
② 5:24
　- 제5류와 제2류, 제5류와 제4류는 혼재 가능
③ 6:1
　- 제6류와 제1류는 혼재 가능

	1류	2류	3류	4류	5류	6류
1류		×	×	×	×	○
2류	×		×	○	○	×
3류	×	×		○	×	×
4류	×	○	○		○	×
5류	×	○	×	○		×
6류	○	×	×	×	×	

09

지정수량 $200kg$인 제5류 위험물의 품명 5가지를 쓰시오.

① 나이트로화합물
② 나이트로소화합물
③ 아조화합물
④ 다이아조화합물
⑤ 하이드라진유도체

10

제4류 위험물 중 알코올류에 속한 메탄올에 대한 각 물음에 답하시오.

(1) 완전연소 반응식
(2) 메탄올 $1mol$에 대한 생성물질의 몰 수의 총합을 구하시오.

(1) $2CH_3OH + 3O_2 \rightarrow 2CO_2 + 4H_2O$
　　(메틸알코올)　(산소)　　(이산화탄소)　(물)
(2) $CH_3OH + 1.5O_2 \rightarrow CO_2 + 2H_2O$
　　(메틸알코올)　(산소)　　(이산화탄소)　(물)

　∴ $3mol$

11

다음 보기는 위험물안전관리법에서 정한 제4류 위험물(수용성)일 때 각각 품명을 쓰시오.

[보기]
에틸렌글리콜, 시안화수소, 글리세린

① 에틸렌글리콜 : 제3석유류
② 시안화수소 : 제1석유류
③ 글리세린 : 제3석유류

12

표준상태에서 질산암모늄 $800g$이 열분해 되는 경우 발생하는 모든 기체의 부피$[L]$를 구하시오.

$2NH_4NO_3 \rightarrow 4H_2O + 2N_2 + O_2$
(질산암모늄)　　(물)　(질소)　(산소)

질산암모늄의 분자량 : $14 + 1 \times 4 + 14 + 16 \times 3 = 80$
표준상태는 1기압 0℃을 나타내고,

$PV = nRT = \dfrac{W}{M}RT$에서,

∴ $V = \dfrac{WRT}{PM} \times \dfrac{생성물의\ 몰수}{반응물의\ 몰수}$

$= \dfrac{800 \times 0.082 \times (0+273)}{1 \times 80} \times \dfrac{7}{2} = 783.51L$

Memo

2015 4회차 위험물산업기사 실기 기출문제

01
다음 위험물의 지정수량을 각각 쓰시오.

(1) 탄화알루미늄
(2) 황린
(3) 트리에틸알루미늄
(4) 리튬

(1) 300kg
(2) 20kg
(3) 10kg
(4) 50kg

02
제3류 위험물인 황린이 강알칼리성과 접촉하여 발생되는 유독한 기체의 시성식을 쓰시오.

$$P_4 + 3KOH + 3H_2O \rightarrow 3KH_2PO_2 + PH_3$$
(황린) (수산화칼륨) (물) (차아인산칼륨) (포스핀)

∴ 포스핀(PH_3)

03
과산화벤조일의 운반용기 외부에 표시해야 하는 주의사항을 모두 쓰시오.

화기엄금, 충격주의

*위험물의 운반용기 외부에 수납하는 위험물에 따른 주의사항

유별	성질	표시
제1류 위험물	산화성고체	알칼리금속의 과산화물 또는 이를 함유한 것 : 화기주의, 충격주의, 물기엄금, 가연물접촉주의 그 외 : 화기주의, 충격주의, 가연물접촉주의
제2류 위험물	가연성고체	철분, 금속분, 마그네슘 : 화기주의, 물기엄금 인화성고체 : 화기엄금 그 외 : 화기주의
제3류 위험물	자연발화성 및 금수성물질	자연발화성물질 : 화기엄금, 공기접촉엄금 금수성물질 : 물기엄금
제4류 위험물	인화성액체	화기엄금
제5류 위험물	자기반응성물질	화기엄금, 충격주의
제6류 위험물	산화성액체	가연물접촉주의

04

다음 보기는 간이저장탱크에 대한 내용일 때 빈칸을 채우시오.

[보기]
- 간이저장탱크의 두께는 (①)mm 이상의 강판으로 흠이 없도록 제작하여야 한다.
- 간이저장탱크의 용량은 (②)L 이하여야 한다.

① 3.2 ② 600

05

지정과산화물을 저장하는 옥내저장창고 지붕에 대한 설명일 때 빈칸을 채우시오.

[보기]
- 중도리 또는 서까래의 간격은 (①)cm 이하로 할 것
- 지붕의 아래쪽 면에는 한 변의 길이가 (②)cm 이하의 환강, 경량형강 등으로 된 강제의 격자를 설치할 것
- 두께 (③)cm 이상, 너비 (④)cm 이상의 목재로 만든 받침대를 설치할 것

① 30 ② 45 ③ 5 ④ 30

06

위험물 저장량이 지정수량의 $\frac{1}{10}$ 을 초과하는 경우 혼재할 수 없는 위험물을 모두 쓰시오.

(1) 제1류 위험물
(2) 제2류 위험물
(3) 제3류 위험물
(4) 제4류 위험물
(5) 제5류 위험물

(1) 제2류, 제3류, 제4류, 제5류 위험물
(2) 제1류, 제3류, 제6류 위험물
(3) 제1류, 제2류, 제5류, 제6류 위험물
(4) 제1류, 제6류 위험물
(5) 제1류, 제3류, 제6류 위험물

*혼재 가능한 위험물
① 4:23
  - 제4류와 제2류, 제4류와 제3류는 혼재 가능
② 5:24
  - 제5류와 제2류, 제5류와 제4류는 혼재 가능
③ 6:1
  - 제6류와 제1류는 혼재 가능

	1류	2류	3류	4류	5류	6류
1류		×	×	×	×	○
2류	×		×	○	○	×
3류	×	×		○	×	×
4류	×	○	○		○	×
5류	×	○	×	○		×
6류	○	×	×	×	×	

07

트리나이트로톨루엔, 트리나이트로페놀의 시성식을 각각 쓰시오.

① 트리나이트로톨루엔 : $C_6H_2CH_3(NO_2)_3$
② 트리나이트로페놀 : $C_6H_2OH(NO_2)_3$

08

표준상태에서, 아세톤 $200g$을 완전연소할 때 다음을 구하시오.
(공기 중 산소의 부피는 21%이다.)

(1) 연소반응식
(2) 연소할 때 필요한 이론 공기량 $[L]$
(3) 연소할 때 발생하는 탄산가스의 부피 $[L]$

(1) $CH_3COCH_3 + 4O_2 \rightarrow 3CO_2 + 3H_2O$
　　(아세톤)　(산소)　　(탄산가스)　(물)
(2) 아세톤(CH_3COCH_3)의 분자량
: $12+1\times3+12+16+12+1\times3=58$

표준상태는 $1atm, 0℃$이니,
$PV=nRT=\dfrac{W}{M}RT$에서,

$\therefore V = \dfrac{WRT}{PM} \times \dfrac{\text{산소의 몰수}}{\text{반응물의 몰수}} \times \dfrac{100}{\text{산소의 부피}}$

$= \dfrac{200\times 0.082\times(0+273)}{1\times 58} \times \dfrac{4}{1} \times \dfrac{100}{21} = 1470.34L$

(3) $V = \dfrac{WRT}{PM} \times \dfrac{\text{생성물의 몰수}}{\text{반응물의 몰수}}$

$= \dfrac{200\times 0.082\times(0+273)}{1\times 58} \times \dfrac{3}{1} = 231.58L$

09

다음 특징을 가진 위험물의 시성식을 쓰시오.

[보기]
- 증기비중은 1.5이다.
- 산화하여 아세트산이 된다.
- 환원력이 아주 크다.

CH_3CHO(아세트알데하이드)

*아세트알데하이드(CH_3CHO)의 특징
① 제4류 위험물 중 특수인화물(지정수량 $50L$)
② 무색의 액체, 인화성이 강하다.
③ 증기비중은 약 1.5이다.
④ 환원력이 크고, 은거울 반응을 한다.
⑤ 아세트알데하이드 산화식 :
　　$2CH_3CHO + O_2 \rightarrow 2CH_3COOH$
　　(아세트알데하이드)　(산소)　　(아세트산)

10

다음 탱크에 대한 각 물음에 답하시오.
(단, 탱크의 공간용적은 10%이다.)

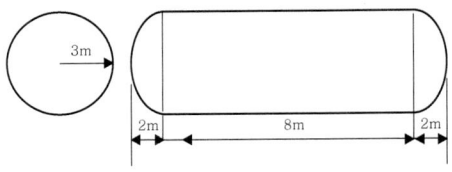

(1) 탱크의 내용적 $[m^3]$
(2) 탱크의 용량 $[m^3]$

(1) $V = \pi r^2 \left(\ell + \dfrac{\ell_1+\ell_2}{3}\right)$
$= \pi \times 3^2 \times \left(8 + \dfrac{2+2}{3}\right) = 263.89m^3$

(2) $V_{용량} = V(1-\text{공간용적})$
$= 263.89\times(1-0.1) = 237.5m^3$

11

최대용적이 $125kg$인 액체위험물을 플라스틱 운반용기에 수납하는 경우 금속제 내장용기의 최대용적을 쓰시오.

$30L$

*위험물의 내장용기의 최대용적 또는 최대중량
① 유리용기, 플라스틱 용기 : $10L$
② 금속제 용기 : $30L$
③ 플라스틱필름포대, 종이포대 : $225kg$

12

다음 보기는 제조소 중 옥외탱크저장소에 소화난이도 등급 I에 해당하는 항목을 모두 고르시오.
(단, 답이 없으면 "없음"이라고 쓰시오.)

[보기]
① 질산 60000kg을 저장하는 옥외탱크저장소
② 과산화수소 액표면적이 $40m^2$ 이상인 옥외탱크저장소
③ 이황화탄소 500L를 저장하는 옥외탱크저장소
④ 황 14000kg을 저장하는 지중탱크
⑤ 휘발유 100000L를 저장하는 해상탱크

①, ② (질산), (과산화수소)는 제6류 위험물이라 해당되지 않는다.
③ (이황화탄소)는 액체이므로 해당되지 않는다.
④ 황의 지정수량 : 100kg
  지정수량의 배수 = $\frac{저장수량}{지정수량} = \frac{14000}{100} = 140$배
  (100배 이상이므로 해당한다.)
⑤ 휘발유의 지정수량 : 200L
  지정수량의 배수 = $\frac{저장수량}{지정수량} = \frac{100000}{200} = 500$배
  (100배 이상이므로 해당한다.)

∴ ④, ⑤

*소화난이도 등급I

옥외탱크저장소	액표면적이 $40m^2$ 이상인 것 (제6류 위험물을 저장하는 것 및 고인화점 위험물만을 100℃ 미만의 온도에서 저장하는 것은 제외)
	지반면으로부터 탱크 옆판의 상단까지 높이가 6m 이상인 것 (제6류 위험물을 저장하는 것 및 고인화점 위험물만을 100℃ 미만의 온도에서 저장하는 것은 제외)
	지중탱크 또는 해상탱크로서 지정수량의 100배 이상인 것 (제6류 위험물을 저장하는 것 및 고인화점 위험물만을 100℃ 미만의 온도에서 저장하는 것은 제외)
	고체위험물을 저장하는 것으로서 지정수량의 100배 이상인 것

13

제1종 분말소화설비에 대한 각 물음에 답하시오.

(1) A~D등급 화재 중 적용 가능한 화재유형 모두 쓰시오.
(2) 제1종 분말소화설비의 주성분의 화학식을 쓰시오.

(1) B, C
(2) $NaHCO_3$

*분말소화기의 종류

종별	소화약제	착색	화재 종류
제1종 소화분말	$NaHCO_3$ (탄산수소나트륨)	백색	BC 화재
제2종 소화분말	$KHCO_3$ (탄산수소칼륨)	담회색	BC 화재
제3종 소화분말	$NH_4H_2PO_4$ (인산암모늄)	담홍색	ABC 화재
제4종 소화분말	$KHCO_3 + (NH_2)_2CO$ (탄산수소칼륨 + 요소)	회색	BC 화재

2016 1회차 위험물산업기사 실기 기출문제

01
다음 표에 혼재가 가능한 위험물 O, 불가능한 위험물 X로 표시하시오.

	1류	2류	3류	4류	5류	6류
1류						
2류						
3류						
4류						
5류						
6류						

	1류	2류	3류	4류	5류	6류
1류		×	×	×	×	○
2류	×		×	○	○	×
3류	×	×		○	×	×
4류	×	○	○		○	×
5류	×	○	×	○		×
6류	○	×	×	×	×	

＊혼재 가능한 위험물
① 4:23
 - 제4류와 제2류, 제4류와 제3류는 혼재 가능
② 5:24
 - 제5류와 제2류, 제5류와 제4류는 혼재 가능
③ 6:1
 - 제6류와 제1류는 혼재 가능

02
TNT가 열분해할 때 생성되는 기체물질 3가지를 화학식으로 적으시오.

$2C_6H_2CH_3(NO_2)_3$ (트리니트로톨루엔) → $12CO$ (일산화탄소) + $5H_2$ (수소) + $3N_2$ (질소) + $2C$ (탄소)

∴ CO, H_2, N_2

03
제1류 위험물인 염소산칼륨의 $560℃$에서의 완전분해 반응식을 쓰시오.

$2KClO_3$ (염소산칼륨) → $2KCl$ (염화칼륨) + $3O_2$ (산소)

04
다음 그림의 원통형 탱크의 용적$[m^3]$을 구하시오.

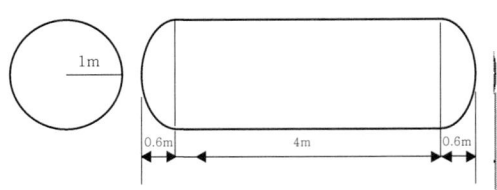

$V = \pi r^2 \left(\ell + \dfrac{\ell_1 + \ell_2}{3} \right) = \pi \times 1^2 \times \left(4 + \dfrac{0.6 + 0.6}{3} \right)$
$= 13.82 m^3$

05

다음 옥외탱크저장소의 방유제 설치에 대한 내용일 때 빈칸을 채우시오.

> 옥외탱크저장소의 방유제가 높이 (　　) 이상일 때 계단을 설치해야 한다.

$1m$

06

가연물 표면에 유리상의 피막을 형성하여 연소에 필요한 산소의 유입을 차단하여 연소를 중단시키는 메타인산이 발생하는 분말소화약제에 대한 각 물음에 답하시오.

(1) 분말소화약제의 종류
(2) (1)의 주성분을 화학식으로 쓰시오.

(1) 제3종 분말소화약제
(2) $NH_4H_2PO_4$

*제3종 분말소화약제의 완전 열분해식
$NH_4H_2PO_4$ → NH_3 + HPO_3 + H_2O
(인산암모늄)　(암모니아)　(메타인산)　(물)

07

오황화인과 물이 반응할 때 생성되는 물질을 화학식으로 모두 쓰시오.

P_2S_5 + $8H_2O$ → $5H_2S$ + $2H_3PO_4$
(오황화린)　(물)　(황화수소)　(인산)

∴ H_2S, H_3PO_4

08

위험물제조소에 국소방식의 배출설비를 제조소에 설치하는 경우 배출능력은 시간당 배출장소 용적의 몇 배 이상으로 하여야 하는가?

20배

*배출설비의 배출능력
배출능력은 1시간당 배출장소 용적의 20배 이상인 것으로한다. (전역방식의 경우에는 바닥면적의 $1m^3$당 $18m^3$ 이상으로 할 수 있다.)

09

에틸알코올에 황산을 촉매로 첨가하면 발생하는 물질의 지정수량이 $50L$인 특수인화물의 화학식을 쓰시오.

$2C_2H_5OH$ $\xrightarrow[\text{축합반응}]{C-H_2SO_4}$ $C_2H_5OC_2H_5$ + H_2O
(에틸알코올)　　　　　　(디에틸에테르)　(물)

∴ $C_2H_5OC_2H_5$

10

제5류 위험물 중 피크린산에 대해 다음 각 물음에 답하시오.

(1) 구조식
(2) 지정수량

(1)

OH기를 가진 벤젠 고리에 NO$_2$가 2,4,6 위치에 결합된 구조

$$\underset{(\text{이황화탄소})}{CS_2} + 3O_2 \underset{(\text{산소})}{} \rightarrow \underset{(\text{이산화탄소})}{CO_2} + \underset{(\text{이산화황})}{2SO_2}$$

(2) 200kg

11

제4류 위험물 중 특수인화물에 속하는 이황화탄소에 대한 다음 각 물음에 답하시오.

(1) 연소반응식
(2) 지정수량

(1) $\underset{(\text{이황화탄소})}{CS_2} + 3O_2 \underset{(\text{산소})}{} \rightarrow \underset{(\text{이산화탄소})}{CO_2} + \underset{(\text{이산화황})}{2SO_2}$

(2) 50L

12

다음 표의 위험물에 대한 제조소에 설치하여야 하는 주의사항 게시판의 내용을 쓰시오.

물질	주의사항
과산화나트륨	①
황	②
트리나이트로톨루엔	③

① 물기엄금
② 화기주의
③ 화기엄금

*주의사항 표시

종류	주의사항표시
*제1류 위험물 중 알칼리금속의 과산화물 *제3류 위험물 중 금수성물질	물기엄금 (청색바탕에 백색문자)
*제2류 위험물 (인화성고체를 제외)	화기주의 (적색바탕에 백색문자)
*제2류 위험물 중 인화성고체 *제3류 위험물 중 자연발화성물질 *제4류 위험물 *제5류 위험물	화기엄금 (적색바탕에 백색문자)

- 과산화나트륨 : 제1류 위험물 중 알칼리금속의 과산화물
- 황 : 제2류 위험물(인화성고체를 제외)
- 트리나이트로톨루엔 : 제5류 위험물

13

불활성가스 소화설비에 적응성이 있는 위험물을 모두 고르시오.

[보기]
① 제1류 위험물 중 알칼리금속의 과산화물
② 제2류 위험물 중 인화성고체
③ 제3류 위험물
④ 제4류 위험물
⑤ 제5류 위험물
⑥ 제6류 위험물

②, ④

*불활성가스 소화설비에 적응성이 있는 위험물
① 제2류 위험물 중 인화성고체
② 제4류 위험물
③ 전기설비

14

다음 보기의 빈칸을 채우시오.

[보기]
- (①)은(는) 고형 알코올, 그 밖에 1기압에서 인화점이 40℃ 미만인 고체를 말한다.

- (②)은(는) 이황화탄소, 다이에틸에터 그 밖에 1기압에서 발화점이 100℃ 이하이거나 인화점이 영하 20℃ 이하이고, 비점이 40℃ 이하인 것을 말한다.

- (③)은(는) 아세톤, 휘발유 그 밖에 1기압에서 인화점이 21℃ 미만인 것을 말한다.

① 인화성고체
② 특수인화물
③ 제1석유류

2016 2회차 위험물산업기사 실기 기출문제

01
아래의 위험물이 물과 반응하여 생성되는 가연성 기체의 화학식을 쓰시오.

(1) 인화알루미늄
(2) 칼륨
(3) 트리에틸알루미늄

(1) $AlP + 3H_2O \rightarrow Al(OH)_3 + PH_3$
 (인화알루미늄) (물) (수산화알루미늄) (포스핀)

$\therefore PH_3$

(2) $2K + 2H_2O \rightarrow 2KOH + H_2$
 (칼륨) (물) (수산화칼륨) (수소)

$\therefore H_2$

(3) $(C_2H_5)_3Al + 3H_2O \rightarrow Al(OH)_3 + 3C_2H_6$
 (트리에틸알루미늄) (물) (수산화알루미늄) (에탄)

$\therefore C_2H_6$

02
탄화알루미늄과 물이 만나 반응할 때 생성되는 물질을 모두 쓰시오.

$Al_4C_3 + 12H_2O \rightarrow 4Al(OH)_3 + 3CH_4$
(탄화알루미늄) (물) (수산화알루미늄) (메탄)

∴ 수산화알루미늄, 메탄

03
인화칼슘에 대한 각 물음에 답하시오.

(1) 물과의 반응식
(2) 물과 접촉할 때의 위험성에 대해 쓰시오.

(1) $Ca_3P_2 + 6H_2O \rightarrow 3Ca(OH)_2 + 2PH_3$
 (인화칼슘) (물) (수산화칼슘) (포스핀)
(2) 유독성 및 가연성의 포스핀을 발생하여 위험성이 증대된다.

04
오르소인산을 생성하는 ABC 분말 소화기의 1차 열분해 반응식을 쓰시오.

$NH_4H_2PO_4 \rightarrow NH_3 + H_3PO_4$
(인산암모늄) (암모니아) (인산)

*제3종 분말 소화약제
① 166℃ 열분해식(1차 열분해식)
$NH_4H_2PO_4 \rightarrow NH_3 + H_3PO_4$
(인산암모늄) (암모니아) (인산)

② 완전 열분해식
$NH_4H_2PO_4 \rightarrow NH_3 + HPO_3 + H_2O$
(인산암모늄) (암모니아) (메타인산) (물)

05

트리나이트로페놀의 구조식을 쓰시오.

$$\underset{\underset{NO_2}{}}{\overset{OH}{\underset{}{\bigcirc}}}\begin{matrix}NO_2\\NO_2\end{matrix}$$

(구조식: 2,4,6-트리나이트로페놀 — OH기, 2·4·6 위치에 NO₂)

06

다음 옥외저장소에서 저장하는 위험물의 최대수량에 대한 보유공지 너비의 기준을 쓰시오.

> [보기]
> ① 지정수량의 10배 이하
> ② 지정수량의 20배 초과 50배 이하

① $3m$ 이상
② $9m$ 이상

*옥외저장소의 보유공지 너비의 기준

저장 또는 취급하는 위험물의 최대수량	공지의 너비
지정수량의 10배 이하	3m 이상
지정수량의 10배 초과 20배 이하	5m 이상
지정수량의 20배 초과 50배 이하	9m 이상
지정수량의 50배 초과 200배 이하	12m 이상
지정수량의 200배 초과	15m 이상
제4류 위험물 중 제4석유류와 제6류 위험물을 저장 또는 취급하는 옥외저장소의 보유공지는 위의 표에 의한 공지의 너비의 $\frac{1}{3}$ 이상의 너비로 할 수 있다.	

07

고형알코올, 그 밖에 1기압에서 인화점이 40℃ 미만인 고체의 위험물에 대해 각 물음에 답하시오.

(1) 품명
(2) 몇 류 위험물인가?
(3) 지정수량
(4) 위험등급

(1) 인화성고체
(2) 제2류 위험물
(3) 1000kg
(4) 위험등급 III

08

옥외저장탱크·옥내저장탱크 또는 지하저장탱크 중 압력탱크 외의 탱크에 아래의 위험물을 저장할 경우에 유지하여야 하는 온도를 쓰시오.

물질	온도
다이에틸에터	(①)
산화프로필렌	(②)
아세트알데하이드	(③)

① 30℃ 이하
② 30℃ 이하
③ 15℃ 이하

09

다음 보기의 위험물들을 인화점이 낮은 순대로 배치하시오.

[보기]
다이에틸에터, 아세톤, 이황화탄소, 산화프로필렌

다이에틸에터 < 산화프로필렌 < 이황화탄소 < 아세톤

명칭	품명	인화점
다이에틸에터	특수인화물	$-45℃$
아세톤	제1석유류(수용성)	$-18℃$
이황화탄소	특수인화물	$-30℃$
산화프로필렌	특수인화물	$-37℃$

*제4류 위험물의 각 지정수량

품명	지정수량
특수인화물	$50L$
제1석유류(비수용성)	$200L$
제1석유류(수용성)	$400L$
알코올류	$400L$
제2석유류(비수용성)	$1000L$
제2석유류(수용성)	$2000L$
제3석유류(비수용성)	$2000L$
제3석유류(수용성)	$4000L$
제4석유류	$6000L$
동식물유류	$10000L$

10

특수인화물 $200L$, 제1석유류 $400L$, 제2석유류 $4000L$, 제3석유류 $12000L$, 제4석유류 $24000L$에 대한 지정수량의 배수의 합을 쓰시오.
(단, 전부 수용성이다.)

$$지정수량의 배수 = \frac{저장수량}{지정수량}$$

$$= \frac{200}{50} + \frac{400}{400} + \frac{4000}{2000} + \frac{12000}{4000} + \frac{24000}{6000}$$

$$= 14배$$

11

다음 보기에서 위험물탱크 시험자의 필수 기술인력을 모두 고르시오.

[보기]
① 위험물기능장
② 누설비파괴검사기사 및 산업기사
③ 위험물산업기사
④ 비파괴검사기능사
⑤ 측량 및 지형공간정보기술사, 기사 또는 산업기사
⑥ 초음파비파괴기능사
⑦ 에너지관리기능사

①, ③

*위험물탱크 시험장의 필수 기술인력
① 위험물기능장·위험물산업기사 또는 위험물기능사 중 1명 이상
② 비파괴검사기술사 1명 이상 또는 초음파비파괴검사·자기비파괴검사 및 침투비파괴검사별로 기사 또는 산업기사 각 1명 이상

12

에틸렌과 산소를 염화구리의 촉매하에 생성되며, 인화점 $-38℃$, 비점 $21℃$, 분자량 44, 연소범위 $4.1\sim57\%$인 특수인화물이 있을 때 다음을 구하시오.

(1) 시성식
(2) 증기비중

(1) CH_3CHO(아세트알데히드)
(2) 분자량 : $12+1\times3+12+1+16=44$
∴ 증기비중 $= \dfrac{분자량}{28.84} = \dfrac{44}{28.84} = 1.53$

13

"주유 중 엔진정지" 주의사항 게시판의 바탕색과 글자색을 쓰시오.

① 바탕색 : 황색
② 글자색 : 흑색

2016 위험물산업기사 실기 기출문제
4회차

01
휘발유와 혼재할 수 있는 위험물을 모두 쓰시오. (단, 위험물의 적재량은 지정수량의 $\frac{1}{5}$ 이다.)

제2류 위험물, 제3류 위험물, 제5류 위험물

혼재 가능한 위험물
① 4:23
 - 제4류와 제2류, 제4류와 제3류는 혼재 가능
② 5:24
 - 제5류와 제2류, 제5류와 제4류는 혼재 가능
③ 6:1
 - 제6류와 제1류는 혼재 가능

	1류	2류	3류	4류	5류	6류
1류		×	×	×	×	○
2류	×		×	○	○	×
3류	×	×		○	×	×
4류	×	○	○		○	×
5류	×	○	×	○		×
6류	○	×	×	×	×	

휘발유는 제4류 위험물이다.

02
A급, B급, C급 화재에 모두 소화 적응성이 있는 분말 소화약제의 주성분의 화학식을 쓰시오.

$NH_4H_2PO_4$

분말소화기의 종류

종별	소화약제	착색	화재종류
제1종 소화분말	$NaHCO_3$ (탄산수소나트륨)	백색	BC 화재
제2종 소화분말	$KHCO_3$ (탄산수소칼륨)	담회색	BC 화재
제3종 소화분말	$NH_4H_2PO_4$ (인산암모늄)	담홍색	ABC 화재
제4종 소화분말	$KHCO_3 + (NH_2)_2CO$ (탄산수소칼륨 + 요소)	회색	BC 화재

03
다음 보기의 제4류 위험물 중 동식물유류를 아이오딘값에 따라 건성유, 반건성유, 불건성유로 분류하시오.

[보기]
쌀겨유, 목화씨유, 피마자유, 아마인유, 야자유, 들기름

① 건성유 : 아마인유, 들기름
② 반건성유 : 쌀겨유, 목화씨유
③ 불건성유 : 피마자유, 야자유

동식물 유류	건성유	아이오딘값 130 이상	아마인유, 들기름, 동유, 정어리유, 해바라기유 등
	반건성유	아이오딘값 100~130	참기름, 옥수수유, 채종유, 쌀겨유, 청어유, 콩기름 등
	불건성유	아이오딘값 100 이하	야자유, 땅콩유, 피마자유, 올리브유, 돼지기름 등

05

다음은 위험물의 운반기준일 때 빈칸을 채우시오.

(1) 고체위험물은 운반용기 내용적의 (①)% 이하의 수납율로 수납할 것
(2) 액체위험물은 운반용기 내용적의 (②)% 이하의 수납율로 수납하되, (③)℃의 온도에서 누설되지 않도록 충분한 공간용적을 유지하도록 할 것

① 95
② 98
③ 55

04

은거울반응을 하고, 환원력이 매우 크며, 물, 에터 그리고 알코올에 녹으며, 산화하면 아세트산이 되는 위험물에 대한 각 물음에 답하시오.

(1) 명칭
(2) 화학식

(1) 아세트알데하이드
(2) CH_3CHO

아세트알데하이드(CH_3CHO)의 특징
① 제4류 위험물 중 특수인화물(지정수량 50L)
② 무색의 액체, 인화성이 강하다.
③ 증기비중은 약 1.5이다.
④ 환원력이 크고, 은거울 반응을 한다.
⑤ 아세트알데하이드 산화식 :
$2CH_3CHO$ + O_2 → $2CH_3COOH$
(아세트알데히드) (산소)   (아세트산)

06

질산암모늄의 구성성분 중 질소와 수소의 함량을 각각 $wt\%$로 구하시오.

질산암모늄(NH_4NO_3)의 분자량
: $14 + 1 \times 4 + 14 + 16 \times 3 = 80$

∴ 질소(N)의 함량 $= \dfrac{질소\ 분자량}{전체\ 분자량} \times 100$
$= \dfrac{14 \times 2}{80} \times 100 = 35wt\%$

∴ 수소(H)의 함량 $= \dfrac{수소\ 분자량}{전체\ 분자량} \times 100$
$= \dfrac{1 \times 4}{80} \times 100 = 5wt\%$

07

다음 보기의 위험물 중 인화점이 21℃ 이상 70℃ 미만인 수용성 물질을 모두 고르시오.

[보기]
아세트산, 글리세린, 나이트로벤젠, 메틸알코올, 폼산, 아세톤

아세트산, 폼산

물질	품명
아세트산	제2석유류 (수용성)
글리세린	제3석유류 (수용성)
나이트로벤젠	제3석유류 (비수용성)
메틸알코올	알코올류
폼산	제2석유류 (수용성)
아세톤	제1석유류 (수용성)

08

보기의 위험물들을 인화점이 낮은 순서대로 배치하시오.

[보기]
이황화탄소, 초산에틸, 글리세린, 클로로벤젠

이황화탄소 < 초산에틸 < 클로로벤젠 < 글리세린

물질	인화점
이황화탄소	$-30℃$
초산에틸	$-4℃$
글리세린	$160℃$
클로로벤젠	$27℃$

09

연한 경금속이며, 2차 전지로 이용되며, 비중 0.53, 융점 180℃인 위험물의 명칭을 쓰시오.

리튬(Li)

10

인화칼슘과 물의 반응식을 쓰시오.

$$Ca_3P_2 + 6H_2O \rightarrow 3Ca(OH)_2 + 2PH_3$$
(인화칼슘) (물)   (수산화칼슘) (포스핀)

11

다음 보기 중 지정수량이 같은 위험물의 품명 3가지를 쓰시오.

[보기]
철분, 황, 적린, 알칼리토금속, 하이드록실아민, 하이드라진유도체, 질산에스터류

황, 적린, 하이드록실아민

물질	지정수량
철분	$500kg$
황	$100kg$
적린	$100kg$
알칼리토금속	$50kg$
하이드록실아민	$100kg$
하이드라진유도체	$200kg$
질산에스터류	$10kg$

12

제2류 위험물인 마그네슘에 대한 각 물음에 답하시오.

(1) 황산과의 반응식
(2) 완전연소 반응식

(1) $\underset{(마그네슘)}{Mg} + \underset{(황산)}{H_2SO_4} \rightarrow \underset{(황산마그네슘)}{MgSO_4} + \underset{(수소)}{H_2}$

(2) $\underset{(마그네슘)}{2Mg} + \underset{(산소)}{O_2} \rightarrow \underset{(산화마그네슘)}{2MgO}$

13

표준상태에서 톨루엔의 증기밀도 $[g/L]$을 구하시오.

톨루엔($C_6H_5CH_3$)의 분자량
: $12 \times 6 + 1 \times 5 + 12 + 1 \times 3 = 92$

표준상태($1atm$, $0℃$)에서 $1mol$은 $22.4L$이니,

∴ 증기밀도 $= \dfrac{질량}{부피} = \dfrac{92}{22.4} = 4.11 g/L$

14

위험물 제조소에 $200m^3$ 및 $100m^3$의 탱크가 각각 1개씩 있으며, 탱크 주위로 방유제를 만들 때 방유제의 용량$[m^3]$을 구하시오.

방유제의 용량 $= 200 \times 0.5 + 100 \times 0.1 = 110m^3$ 이상

*위험물 제조소에 있는 위험물 취급탱크

① 하나의 취급 탱크 주위에 설치하는 방유제의 용량
: 당해 탱크용량의 50% 이상

② 2 이상의 취급 탱크 주위에 하나의 방유제를 설치하는 경우, 방유제의 용량
: 당해 탱크 중 용량이 최대인 것의 50%에 나머지 탱크용량의 합계를 10%를 가산한 양 이상이 되게 할 것

2017 1회차 위험물산업기사 실기 기출문제

01
제5류 위험물 중 나이트로화합물에 속하는 트리나이트로페놀에 대한 각 물음에 답하시오.

(1) 구조식
(2) 지정수량

(1)
OH기를 가진 벤젠 고리에 NO$_2$ 3개(2,4,6 위치)가 결합된 구조식

(2) 200kg

02
다음 보기 위험물의 지정수량의 배수의 합을 계산하시오.

[보기]
클로로벤젠 1500L, 메틸알코올 1000L,
메틸에틸케톤 1000L

지정수량의 배수 = $\dfrac{\text{저장수량}}{\text{지정수량}}$

= $\dfrac{1500}{1000} + \dfrac{1000}{400} + \dfrac{1000}{200}$ = 9배

물질	품명	지정수량
클로로벤젠	제2석유류 (비수용성)	1000L
메틸알코올	알코올류	400L
메틸에틸케톤	제1석유류 (비수용성)	200L

03
다음 그림을 참고하여 탱크의 내용적 $[m^3]$을 구하시오.

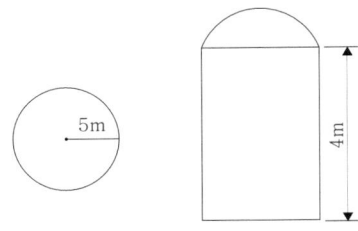

$V = \pi r^2 \ell = \pi \times 5^2 \times 4 = 314.16 m^3$

04
제1류 위험물인 과산화나트륨에 대한 각 물음에 답하시오.

(1) 분해될 때 생성되는 물질 2가지
(2) 이산화탄소와 반응식

(1) $2Na_2O_2 \rightarrow 2Na_2O + O_2$
(과산화나트륨) (산화나트륨) (산소)

∴ 산화나트륨, 산소

(2) $2Na_2O_2 + 2CO_2 \rightarrow 2Na_2CO_3 + O_2$
(과산화나트륨) (이산화탄소) (탄산나트륨) (산소)

05

오황화인에 대한 각 물음에 답하시오.

(1) 연소 반응식을 쓰시오.
(2) 연소하여 생성되는 물질 중 산성비의 원인이 되는 물질은?

(1) $2P_2S_5 + 15O_2 \rightarrow 2P_2O_5 + 10SO_2$
　　(오황화린)　(산소)　　(오산화인)　(이산화황)
(2) 이산화황

06

다음 보기는 이동저장탱크의 구조에 대한 내용일 때 빈칸을 채우시오.

[보기]
- 탱크는 두께 (①)mm 이상의 강철판으로 할 것.
- 압력탱크 외의 탱크는 (②)kPa의 압력으로, 압력탱크는 최대상용압력의 (③)배의 압력으로 각각 (④)분간 수압시험을 실시하여 새거나 변형되지 아니할 것.

① 3.2　② 70　③ 1.5　④ 10

07

옥외저장소에 저장할 수 있는 제4류 위험물의 품명 4가지를 쓰시오.

① 제1석유류(인화점이 0℃ 이상인 것에 한한다.)
② 알코올류
③ 제2석유류
④ 제3석유류
⑤ 제4석유류
⑥ 동식물유류

08

제2종 분말소화약제의 1차 분해반응식을 쓰시오.

$2KHCO_3 \rightarrow K_2CO_3 + CO_2 + H_2O$
(탄산수소칼륨)　(탄산칼륨)　(이산화탄소)　(물)

09

탄화칼슘에 대한 각 물음에 답하시오.

(1) 물과의 반응식
(2) 생성 기체의 명칭
(3) 생성 기체의 연소범위
(4) 생성기체의 연소반응식

(1) $CaC_2 + 2H_2O \rightarrow Ca(OH)_2 + C_2H_2$
　　(탄화칼슘)　(물)　　(수산화칼슘)　(아세틸렌)
(2) 아세틸렌
(3) 2.5 ~ 81%
(4) $2C_2H_2 + 5O_2 \rightarrow 4CO_2 + 2H_2O$
　　(아세틸렌)　(산소)　(이산화탄소)　(물)

10

다음 보기 중 인화점이 낮은 순대로 배치하시오.

[보기]
① 초산에틸　② 메틸알코올
③ 나이트로벤젠　④ 에틸렌글리콜

① - ② - ③ - ④

물질	인화점
초산에틸	-4℃
메틸알코올	11℃
나이트로벤젠	88℃
에틸렌글리콜	111℃

11

다음 보기 중 제2류 위험물에 속하는 물질의 품명 4가지와 각각 지정수량을 쓰시오.

[보기]
아세톤, 황화인, 적린, 황, 칼슘, 황린, 마그네슘

① 황화인 : $100kg$
② 적린 : $100kg$
③ 황 : $100kg$
④ 마그네슘 : $500kg$

12

다음 보기 중 위험물 운반용기 외부에 표시하는 주의사항을 각각 쓰시오.

[보기]
① 제2류 위험물 중 인화성고체
② 제3류 위험물 중 금수성 물질
③ 제4류 위험물
④ 제6류 위험물

① 화기엄금
② 물기엄금
③ 화기엄금
④ 가연물접촉주의

*위험물의 운반용기 외부에 수납하는 위험물에 따른 주의사항

유별	성질	표시
제1류 위험물	산화성고체	알칼리금속의 과산화물 또는 이를 함유한 것 : 화기주의, 충격주의, 물기엄금, 가연물접촉주의 그 외 : 화기주의, 충격주의, 가연물접촉주의
제2류 위험물	가연성고체	철분, 금속분, 마그네슘 : 화기주의, 물기엄금 인화성고체 : 화기엄금 그 외 : 화기주의
제3류 위험물	자연발화성 및 금수성물질	자연발화성물질 : 화기엄금, 공기접촉엄금 금수성물질 : 물기엄금
제4류 위험물	인화성액체	화기엄금
제5류 위험물	자기반응성 물질	화기엄금, 충격주의
제6류 위험물	산화성액체	가연물접촉주의

13

위험물제조소등에 설치하는 옥내소화전설비의 각 물음에 답하시오.

(1) 각 노즐선단의 방수압력
(2) 분당 방수량

(1) $350kPa$ 이상
(2) $260L/min$ 이상

*옥내 및 옥외소화전설비의 비교

비교	옥내소화전설비	옥외소화전설비
방수압력	$350KPa$ 이상	
방수량	$260L/min$ 이상	$450L/min$ 이상
수평거리	$25m$ 이하	$40m$ 이하
비상전원의 용량	45분 이상	

2017 2회차 위험물산업기사 실기 기출문제

01
다음 보기는 아세트알데하이드 등의 옥외탱크저장소에 대한 내용일 때 빈칸을 채우시오.

[보기]
아세트알데하이드 등을 취급하는 탱크에는 (①) 또는 (②) 및 연소성 혼합기체의 생성에 의한 폭발을 방지하기 위한 불활성기체를 봉입하는 장치를 갖추어야 할 것.
탱크의 재질은 구리, 은, (③), (④) 또는 이를 함유한 합금을 사용해서는 안된다.

① 냉각장치
② 보냉장치
③ 수은
④ 마그네슘

02
다음 보기에 대한 빈칸을 채우시오.

[보기]
"특수인화물"이라 함은 이황화탄소, 다이에틸에터, 그 밖에 $1atm$에서 발화점이 섭씨 (①)℃ 이하인 것 또는 인화점이 섭씨 영하 (②)℃ 이하이고 비점이 섭씨 (③)℃ 이하인 것을 말한다.

① 100   ② 20   ③ 40

03
옥내저장소에 옥내소화전설비를 1층에 3개 설치를 할 경우 필요한 수원의 수량 $[m^3]$을 구하시오.

수원의 수량 $= 7.8 \times 3 = 23.4 m^3$ 이상

*수원의 수량
① 옥외 : $13.5 \times n$ [개]
   (단, n=4개 이상인 경우는 n=4)

② 옥내 : $7.8 \times n$ [개]
   (단, n=5개 이상인 경우는 n=5)

04
불활성가스 소화설비에 적응성이 있는 위험물 2가지를 쓰시오.

① 제2류 위험물 중 인화성고체
② 제4류 위험물

05

압력 $800mmHg$, 온도 $30℃$에서, 이황화탄소 $100kg$이 연소할 때 발생하는 이산화황의 부피$[m^3]$를 구하시오.

*이황화탄소 연소반응식
$$CS_2 + 3O_2 \rightarrow CO_2 + 2SO_2$$
(이황화탄소) (산소) (이산화탄소) (이산화황)

이황화탄소(CS_2)의 분자량 : $12 + 32 \times 2 = 76$

$PV = nRT = \dfrac{W}{M}RT$에서,

$\therefore V = \dfrac{WRT}{PM} \times \dfrac{생성물의 몰수}{반응물의 몰수}$

$= \dfrac{100 \times 0.082 \times (30+273)}{\dfrac{800}{760} \times 76} \times \dfrac{2}{1} = 62.12 m^3$

06

제5류 위험물 중 휘황색의 침상결정이며, 착화점 $300℃$, 융점 $122.5℃$, 비점 $255℃$, 비중 1.8인 위험물에 대한 각 물음에 답하시오.

(1) 명칭
(2) 지정수량

(1) 트리나이트로페놀($C_6H_2OH(NO_2)_3$)
(2) $200kg$

07

다음 보기에서 제4류 위험물 중 제2석유류에 대한 설명으로 옳은 것을 모두 고르시오.

[보기]
① 등유, 경유
② 대부분 수용성 물질이다.
③ 비중이 1보다 크다.
④ 산화제이다.
⑤ 도료류 그 밖의 물품에 있어서는 가연성 액체량이 $40wt\%$ 이하이면서 인화점이 $40℃$ 이상인 동시에 연소점이 $60℃$ 이상인 것은 제외한다.

①, ⑤

*제2석유류
등유, 경유 그 밖에 $1atm$에서 인화점이 $21℃$ 이상 $70℃$ 미만인 것을 말한다. 다만 도료류, 그 밖의 물품에 있어서는 가연성 액체량이 $40wt\%$ 이하이면서 인화점이 $40℃$ 이상인 동시에 연소점이 $60℃$ 이상인 것은 제외한다.

08

옥외저장소에 제2류 위험물인 황(S)을 지정수량 150배 이상의 지정수량을 저장할 때의 보유공지는 얼마나 확보해야 하는가?

$12m$ 이상

*옥외저장소의 보유공지 너비의 기준

저장 또는 취급하는 위험물의 최대수량	공지의 너비
지정수량의 10배 이하	3m 이상
지정수량의 10배 초과 20배 이하	5m 이상
지정수량의 20배 초과 50배 이하	9m 이상
지정수량의 50배 초과 200배 이하	12m 이상
지정수량의 200배 초과	15m 이상

제4류 위험물 중 제4석유류와 제6류 위험물을 저장 또는 취급하는 옥외저장소의 보유공지는 위의 표에 의한 공지의 너비의 $\frac{1}{3}$ 이상의 너비로 할 수 있다.

09

다음 보기는 지정과산화물 옥내저장소의 저장창고 격벽에 설치 기준일 때 빈칸을 채우시오.

[보기]
저장창고는 (①)m^2 이내마다 격벽으로 완전하게 구획할 것. 이 경우 당해 격벽은 두께 (②)cm 이상의 철근콘크리트조 또는 철골철근콘크리트조로 하거나 두께 (③)cm 이상의 보강콘크리트블록조로 하고, 당해 저장창고의 양측의 외벽으로부터 (④)m 이상, 상부의 지붕으로부터 (⑤)cm 이상 돌출하게 하여야 한다.

① 150　② 30　③ 40
④ 1　⑤ 50

10

제3류 위험물인 칼륨에 대한 각 물음에 답하시오.

(1) 이산화탄소와의 반응식
(2) 에탄올과의 반응식

(1) $4K + 3CO_2 \rightarrow 2K_2CO_3 + C$
　(칼륨)　(이산화탄소)　(탄산칼륨)　(탄소)
(2) $2K + 2C_2H_5OH \rightarrow 2C_2H_5OK + H_2$
　(칼륨)　(에탄올)　(칼륨에틸레이트)　(수소)

11

소화난이도등급 I에 해당하는 제조소에 관한 내용일 때 빈칸을 채우시오.

[보기]
(1) 연면적 (①)m^2 이상인 것
(2) 지반면으로부터 (②)m 이상의 높이에 위험물 취급설비가 있는 것
(3) 지정수량의 (③)배 이상인 것

① 1000
② 6
③ 100

12

제6류 위험물에 대하여 위험물로 성립되는 조건을 쓰시오.
(단, 없으면 "없음"이라고 쓰시오.)

(1) 과산화수소
(2) 과염소산
(3) 질산

(1) 농도가 $36wt\%$ 이상인 것
(2) 없음
(3) 비중이 1.49 이상인 것

13

제1류 위험물인 과염소산칼륨의 610℃의 분해 반응식을 쓰시오.

$KClO_4 \rightarrow KCl + 2O_2$
(과염소산칼륨)　(염화칼륨)　(산소)

2017 4회차 위험물산업기사 실기 기출문제

01

제조소 등에서의 위험물 저장 및 취급에 관한 기준에 대한 설명일 때 빈칸을 채우시오.

[보기]
- 제4류 위험물은 불티·불꽃·고온체와의 접근 또는 과열을 피하고 함부로 (①)를 발생시키지 아니할 것
- 제6류 위험물은 가연물과의 접촉·혼합이나 분해를 촉진하는 물품과의 접근 또는 (②)을 피할 것

① 증기 ② 과열

*제조소 등에서의 위험물의 저장 및 취급에 관한 기준
① 제1류 위험물은 가연물과의 접촉·혼합이나 분해를 촉진하는 물품과의 접근 또는 과열·충격·마찰 등을 피하는 한편, 알칼리금속의 과산화물 및 이를 함유한 것에 있어서는 물과의 접촉을 피하여야 한다.
② 제2류 위험물은 산화제와의 접촉·혼합이나 불티·불꽃·고온체와의 접근 또는 과열을 피하는 한편, 철분·금속분·마그네슘 및 이를 함유한 것에 있어서는 물이나 산과의 접촉을 피하고 인화성 고체에 있어서는 함부로 증기를 발생시키지 아니하여야 한다.
③ 제3류 위험물 중 자연발화성물질에 있어서는 불티·불꽃 또는 고온체와의 접근·과열 또는 공기와의 접촉을 피하고, 금수성물질에 있어서는 물과의 접촉을 피하여야 한다.
④ 제4류 위험물은 불티·불꽃·고온체와의 접근 또는 과열을 피하고, 함부로 증기를 발생시키지 아니하여야 한다.
⑤ 제5류 위험물은 불티·불꽃·고온체와의 접근이나 과열·충격 또는 마찰을 피하여야 한다.
⑥ 제6류 위험물은 가연물과의 접촉·혼합이나 분해를 촉진하는 물품과의 접근 또는 과열을 피하여야 한다.

02

다음 보기는 제1석유류에 대한 설명일 때 빈칸을 채우시오.

[보기]
제1석유류는 아세톤, 휘발유, 그 밖에 $1atm$에서 인화점이 (   )℃ 미만인 것을 말한다.

21

03

외벽이 내화구조인 위험물 취급소의 건축물 면적이 $450m^2$인 경우 소요단위를 구하시오.

소요단위 = $\dfrac{450}{100}$ = 4.5 ≒ 5소요단위

04

제1종 판매취급소의 시설기준에 관한 내용일 때 빈칸을 채우시오.

(1) 위험물을 배합하는 실은 바닥면적 (①)m^2 이상 (②)m^2 이하로 한다.
(2) (③) 또는 (④)의 벽으로 한다.
(3) 바닥은 위험물이 침투하지 아니하는 구조로 하여 적당한 경사를 두고 (⑤)을(를) 설치하여야 한다.
(4) 출입구 문턱의 높이는 바닥면으로부터 (⑥)m 이상으로 하여야 한다.

① 6
② 15
③ 내화구조
④ 불연재료
⑤ 집유설비
⑥ 0.1

05

트리에틸알루미늄에 대한 각 물음에 답하시오.

(1) 완전연소 반응식
(2) 물과의 반응식

(1)
$$2(C_2H_5)_3Al + 21O_2 \rightarrow Al_2O_3 + 12CO_2 + 15H_2O$$
(트리에틸알루미늄) (산소) (산화알루미늄) (이산화탄소) (물)

(2)
$$(C_2H_5)_3Al + 3H_2O \rightarrow Al(OH)_3 + 3C_2H_6$$
(트리에틸알루미늄) (물) (수산화알루미늄) (에탄)

06

다음 보기를 참고하여 제2류 위험물(가연성고체)에 대한 설명 중 알맞은 답을 모두 고르시오.

[보기]
① 수용성이다.
② 비중이 1보다 작다.
③ 산화제이다.
④ 황화인, 적린, 황의 위험등급은 II이다.
⑤ 고형알코올은 지정수량이 $1000kg$이다.

④, ⑤

① 제2류 위험물은 비수용성이다.
② 제2류 위험물은 일반적으로 비중이 1보다 크다.
③ 제2류 위험물은 환원제이다.

07

다음 보기의 위험물들이 완전분해하여 생성되는 산소의 부피가 큰 값인 순서대로 나열하시오.

[보기]
① 과염소산암모늄
② 염소산칼륨
③ 염소산암모늄
④ 과염소산나트륨

① $2NH_4ClO_4 \rightarrow 4H_2O + 2O_2 + N_2 + Cl_2$
 (과염소산암모늄)   (물)   (산소)   (질소)   (염소)

  $NH_4ClO_4 \rightarrow 2H_2O + O_2 + \frac{1}{2}N_2 + \frac{1}{2}Cl_2$
 (과염소산암모늄)   (물)   (산소)   (질소)   (염소)

  ∴ $O_2 : 1\,mol$

② $2KClO_3 \rightarrow 2KCl + 3O_2$
 (염소산칼륨)   (염화칼륨) (산소)

  $KClO_3 \rightarrow KCl + \frac{3}{2}O_2$
 (염소산칼륨) (염화칼륨) (산소)

  ∴ $O_2 : \frac{3}{2}\,mol$

③ $2NH_4ClO_3 \rightarrow 4H_2O + O_2 + N_2 + Cl_2$
 (염소산암모늄)   (물) (산소) (질소) (염소)

  $NH_4ClO_3 \rightarrow 2H_2O + \frac{1}{2}O_2 + \frac{1}{2}N_2 + \frac{1}{2}Cl_2$
 (염소산암모늄)   (물) (산소)   (질소)   (염소)

  ∴ $O_2 : \frac{1}{2}\,mol$

④ $NaClO_4 \rightarrow NaCl + 2O_2$
 (과염소산나트륨)   (염화나트륨) (산소)

  ∴ $O_2 : 2\,mol$

∴ ④ - ② - ① - ③

08

위험물을 운반할 때 차광성이 있는 것으로 피복해야 하는 위험물 4가지를 쓰시오.

① 제1류 위험물
② 제3류 위험물 중 자연발화성물질
③ 제4류 위험물 중 특수인화물
④ 제5류 위험물
⑤ 제6류 위험물

*위험물의 운반 기준
① 제1류 위험물, 제3류 위험물 중 자연발화성물질, 제4류 위험물 중 특수인화물, 제5류 위험물 또는 제6류 위험물은 차광성이 있는 피복으로 가릴 것

② 제1류 위험물 중 알칼리금속의 과산화물 또는 이를 함유한 것, 제2류 위험물 중 철분·금속분·마그네슘 또는 이들 중 어느 하나 이상을 함유한 것 또는 제3류 위험물 중 금수성물질은 방수성이 있는 피복으로 덮을 것

09

제3류 위험물 중 위험등급 I인 위험물의 품명을 모두 쓰시오.

① 칼륨
② 나트륨
③ 알킬알루미늄
④ 알킬리튬
⑤ 황린

10

다음 표에 혼재가 가능한 위험물 O, 불가능한 위험물 X로 표시하시오.

	1류	2류	3류	4류	5류	6류
1류						
2류						
3류						
4류						
5류						
6류						

	1류	2류	3류	4류	5류	6류
1류		×	×	×	×	○
2류	×		×	○	○	×
3류	×	×		○	×	×
4류	×	○	○		○	×
5류	×	○	×	○		×
6류	○	×	×	×	×	

*혼재 가능한 위험물
① 4:23
 - 제4류와 제2류, 제4류와 제3류는 혼재 가능
② 5:24
 - 제5류와 제2류, 제5류와 제4류는 혼재 가능
③ 6:1
 - 제6류와 제1류는 혼재 가능

11

제4류 위험물 중 특수인화물에 속하며 인화점 $-37℃$, 분자량 58이며, 용기는 구리(동), 은, 수은, 마그네슘 및 이를 함유하는 합금을 사용하지 아니하는 위험물의 각 물음에 답하시오.

(1) 화학식
(2) 지정수량

(1) CH_3CH_2CHO(산화프로필렌)
(2) $50L$

12

제1류 위험물 중 염소산염류에 속하는 염소산칼륨에 관한 내용일 때 다음을 구하시오.

(1) 완전분해 반응식
(2) 표준상태에서 염소산칼륨 $24.5kg$이 완전분해할 때 생성되는 산소의 부피$[m^3]$

(1) $\underset{(염소산칼륨)}{2KClO_3} \rightarrow \underset{(염화칼륨)}{2KCl} + \underset{(산소)}{3O_2}$

(2) 염소산칼륨의 분자량 : $39 + 35.5 + 16 \times 3 = 122.5g$
표준상태는 1기압 0℃를 나타내고,
$PV = nRT = \dfrac{W}{M}RT$에서,

$\therefore V = \dfrac{WRT}{PM} \times \dfrac{생성물의\ 몰수}{반응물의\ 몰수}$

$= \dfrac{24.5 \times 0.082 \times (0+273)}{1 \times 122.5} \times \dfrac{3}{2} = 6.72 m^3$

13

과산화나트륨과 초산의 반응식을 쓰시오.

$\underset{(과산화나트륨)}{Na_2O_2} + \underset{(아세트산)}{2CH_3COOH} \rightarrow \underset{(아세트산나트륨)}{2CH_3COONa} + \underset{(과산화수소)}{H_2O_2}$

2018 1회차

위험물산업기사
실기 기출문제

01

에틸렌과 산소를 염화구리의 촉매하에 생성되며, 인화점 $-38℃$, 비점 $21℃$, 분자량 44, 연소범위 4.1~57%인 특수인화물이 있을 때 다음을 구하시오.

(1) 시성식
(2) 증기비중
(3) 산화할 때 생성되는 위험물의 명칭

(1) CH_3CHO(아세트알데히드)
(2) 분자량 : $12+1×3+12+1+16=44$
∴ 증기비중 $= \dfrac{분자량}{28.84} = \dfrac{44}{28.84} = 1.53$
(3) $2CH_3CHO + O_2 \rightarrow 2CH_3COOH$
     (아세트알데히드) (산소)   (아세트산)
∴ 아세트산(초산)

02

다음 보기 중 위험물에서 제외되는 물질을 모두 고르시오.

[보기]
황산, 질산구아니딘, 금속의 아지화합물, 구리분, 과아이오딘산

황산, 구리분

질산구아니딘, 금속의 아지화합물 - 제5류 위험물
과아이오딘산 - 제1류 위험물

03

마그네슘의 운반용기에 부착해야 하는 주의사항을 모두 쓰시오.

화기주의, 물기엄금

*위험물의 운반용기 외부에 수납하는 위험물에 따른 주의사항

유별	성질	표시
제1류 위험물	산화성고체	알칼리금속의 과산화물 또는 이를 함유한 것 : 화기주의, 충격주의, 물기엄금, 가연물접촉주의
		그 외 : 화기주의, 충격주의, 가연물접촉주의
제2류 위험물	가연성고체	철분, 금속분, 마그네슘 : 화기주의, 물기엄금
		인화성고체 : 화기엄금
		그 외 : 화기주의
제3류 위험물	자연발화성 및 금수성물질	자연발화성물질 : 화기엄금, 공기접촉엄금
		금수성물질 : 물기엄금
제4류 위험물	인화성액체	화기엄금
제5류 위험물	자기반응성 물질	화기엄금, 충격주의
제6류 위험물	산화성액체	가연물접촉주의

04
다음 위험물의 물과의 화학 반응식을 쓰시오.

(1) K_2O_2
(2) Mg
(3) Na

(1) $2K_2O_2$ + $2H_2O$ → $4KOH$ + O_2
   (과산화칼륨) (물)   (수산화칼륨) (산소)
(2) Mg + $2H_2O$ → $Mg(OH)_2$ + H_2
   (마그네슘) (물)   (수산화마그네슘) (수소)
(3) $2Na$ + $2H_2O$ → $2NaOH$ + H_2
   (나트륨) (물)   (수산화나트륨) (수소)

05
다음 각 물음에 답하시오.

(1) 탄화칼슘과 물의 반응식
(2) 위의 반응식에서 생성되는 기체의 명칭

(1) CaC_2 + $2H_2O$ → $Ca(OH)_2$ + C_2H_2
   (탄화칼슘) (물)   (수산화칼슘) (아세틸렌)
(2) 아세틸렌

06
다음 위험물의 지정수량을 각각 쓰시오.

(1) 수소화나트륨
(2) 다이크로뮴산나트륨
(3) 나이트로글리세린

(1) $300kg$
(2) $1000kg$
(3) $10kg$

명칭	품명	지정수량
수소화나트륨	금속수소화합물	$300kg$
다이크로뮴산나트륨	다이크로뮴산염류	$1000kg$
나이트로글리세린	질산에스터류	$10kg$

07
제3류 위험물과 혼재 가능한 위험물을 쓰시오.
(단, 지정수량 $\frac{1}{10}$ 초과 한다.)

제4류 위험물

*혼재 가능한 위험물
① 4:23
 - 제4류와 제2류, 제4류와 제3류는 혼재 가능
② 5:24
 - 제5류와 제2류, 제5류와 제4류는 혼재 가능
③ 6:1
 - 제6류와 제1류는 혼재 가능

	1류	2류	3류	4류	5류	6류
1류		×	×	×	×	○
2류	×		×	○	○	×
3류	×	×		○	×	×
4류	×	○	○		○	×
5류	×	○	×	○		×
6류	○	×	×	×	×	

08

경유 $15000L$, 휘발유 $8000L$를 지하탱크저장소에 인접하게 설치하는 경우 그 상호간에 몇 m 이상의 간격을 유지해야 하는가?

지정수량의 배수 = $\dfrac{저장수량}{지정수량}$ = $\dfrac{15000}{1000} + \dfrac{8000}{200}$ = 55배

∴ 간격 : $0.5m$ 이상

*각 물질의 지정수량

물질	품명	지정수량
경유	제2석유류 (비수용성)	1000L
휘발유	제1석유류 (비수용성)	200L

*지하탱크저장소의 위치, 구조 및 설비의 기준

지정수량의 배수	간격
100배 초과	$1m$ 이상
100배 이하	$0.5m$ 이상

09

종으로 설치한 원통형 탱크의 내용적$[m^3]$을 구하시오.

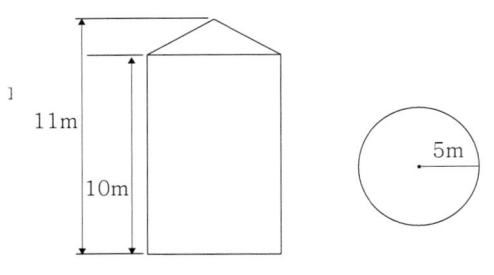

$V = \pi r^2 \ell = \pi \times 5^2 \times 10 = 785.4 m^3$

10

제4류 위험물 중 알코올류에 속하는 에틸알코올의 연소식을 쓰시오.

$$\underset{(에틸알코올)}{C_2H_5OH} + \underset{(산소)}{3O_2} \rightarrow \underset{(이산화탄소)}{2CO_2} + \underset{(물)}{3H_2O}$$

11

다음 보기의 이동저장탱크의 구조에 대하여 빈칸을 채우시오.

[보기]
이동저장탱크는 각 내부에 (①) L 이하마다 (②) mm 이상의 강철판 또는 이와 동등 이상의 강도·내열성 및 내식성이 있는 금속성의 것으로 칸막이를 설치할 것.

① 4000 ② 3.2

12

제2종 분말 소화약제의 화학식과 명칭을 쓰시오.

$KHCO_3$ (탄산수소칼륨)

*분말소화기의 종류

종별	소화약제	착색	화재 종류
제1종 소화분말	$NaHCO_3$ (탄산수소나트륨)	백색	BC 화재
제2종 소화분말	$KHCO_3$ (탄산수소칼륨)	담회색	BC 화재
제3종 소화분말	$NH_4H_2PO_4$ (인산암모늄)	담홍색	ABC 화재
제4종 소화분말	$KHCO_3 + (NH_2)_2CO$ (탄산수소칼륨 + 요소)	회색	BC 화재

13

제1종 분말 소화약제에 대한 각 물음에 답하시오.

(1) 270℃에서의 열분해식
(2) 850℃에서의 열분해식

(1)
$$2NaHCO_3 \rightarrow Na_2CO_3 + CO_2 + H_2O$$
(탄산수소나트륨) (탄산나트륨) (이산화탄소) (물)

(2)
$$2NaHCO_3 \rightarrow Na_2O + 2CO_2 + H_2O$$
(탄산수소나트륨) (산화나트륨) (이산화탄소) (물)

2018 2회차 위험물산업기사 실기 기출문제

01
표준상태에서 $580g$의 인화알루미늄과 물이 반응하여 생성되는 기체의 부피$[L]$을 구하시오.

인화알루미늄(AlP)의 분자량 : $27 + 31 = 58$

$$AlP_{(인화알루미늄)} + 3H_2O_{(물)} \rightarrow Al(OH)_{3\,(수산화알루미늄)} + PH_{3\,(포스핀)}$$

표준상태(1기압, 0℃)에서 기체 $1mol$의 부피는 $22.4L$이고, 인화알루미늄 $1mol(58g)$이 반응할 때 $1mol$의 포스핀이 발생하니, $10mol(580g)$이 반응할 때 $10mol$의 포스핀이 발생하므로,

$\therefore V = 10 \times 22.4 = 224L$

02
주유취급소에 설치하는 탱크의 용량을 몇 L 이하로 해야하는지 쓰시오.

[보기]
- 고속도로의 도로변에 설치하지 않은 고정급유설비에 직접 접속하는 전용탱크로서 (①)L 이하인 것
- 고속도로의 도로변에 설치된 주유취급소에 있어서 탱크의 용량을 (②)L까지 할 수 있다.

① 50000
② 60000

*주유취급소 탱크의 용량
① 자동차 등에 주유학 위한 고정주유설비에 직접 접속하는 전용태크로서 $50000L$ 이하의 것
② 고정급유설비에 직접 접속하는 전용탱크로서 $50000L$ 이하의 것
③ 보일러 등에 직접 접속하는 전용탱크로서 $10000L$ 이하의 것
④ 자동차 등을 점검·정비하는 작업장 등에서 사용하는 폐유·윤활유 등의 위험물을 저장하는 탱크로서 용량이 $2000L$ 이하인 탱크

*고속국도주유취급소의 특례
고속국도의 도로변에 설치된 주유취급소에 있어서는 탱크의 용량을 $60000L$까지 할 수 있다.

03

다음 위험물과 혼재 가능한 위험물을 각각 모두 쓰시오. (단, 지정수량 $\frac{1}{10}$ 초과 한다.)

(1) 제2류 위험물
(2) 제3류 위험물
(3) 제4류 위험물

(1) 제4류 위험물, 제5류 위험물
(2) 제4류 위험물
(3) 제2류 위험물, 제3류 위험물, 제5류 위험물

*혼재 가능한 위험물
① 4:23
  - 제4류와 제2류, 제4류와 제3류는 혼재 가능
② 5:24
  - 제5류와 제2류, 제5류와 제4류는 혼재 가능
③ 6:1
  - 제6류와 제1류는 혼재 가능

	1류	2류	3류	4류	5류	6류
1류		×	×	×	×	○
2류	×		×	○	○	×
3류	×	×		○	×	×
4류	×	○	○		○	×
5류	×	○	×	○		×
6류	○	×	×	×	×	

04

"주유 중 엔진정지" 주의사항 게시판에 대한 각 물음에 답하시오.

(1) 바탕색 및 글자색
(2) 규격

(1) 바탕색 : 황색, 글자색 : 흑색
(2) 규격 : 한 변의 길이가 $0.3m$ 이상, 다른 한 변의 길이가 $0.6m$ 이상인 직사각형

05

나트륨에 대한 각 물음에 답하시오.

(1) 물과의 반응식
(2) 지정수량
(3) 나트륨의 보호용액

(1) $\underset{(나트륨)}{2Na} + \underset{(물)}{2H_2O} \rightarrow \underset{(수산화나트륨)}{2NaOH} + \underset{(수소)}{H_2}$
(2) $10kg$
(3) 등유, 경유, 유동파라핀유, 벤젠 등

06

다음 제1류 위험물의 분해온도가 높은 것부터 나열하시오.

[보기]
염소산칼륨, 과염소산암모늄, 과산화바륨

과산화바륨 - 염소산칼륨 - 과염소산암모늄

명칭	화학식	분해온도
염소산칼륨	$KClO_3$	400℃
과염소산암모늄	NH_4ClO_4	130℃
과산화바륨	BaO_2	840℃

07

위험물안전관리법령상 동식물유류에 대한 다음 물음에 답하시오.

(1) 아이오딘가의 정의를 쓰시오.
(2) 동식물유류의 아이오딘값에 따른 분류와 범위를 쓰시오.

---

(1) 유지 $100g$에 첨가되는 아이오딘의 g수
(2) 건성유 : 아이오딘값이 130 이상인 것
   반건성유 : 아이오딘값이 100 초과 130 미만인 것
   불건성유 : 아이오딘값이 100 이하인 것

동식물유류	건성유	아이오딘값 130 이상	아마인유, 들기름, 동유, 정어리유, 해바라기유 등
	반건성유	아이오딘값 100~130	참기름, 옥수수유, 채종유, 쌀겨유, 청어유, 콩기름 등
	불건성유	아이오딘값 100 이하	야자유, 땅콩유, 피마자유, 올리브유, 돼지기름 등

08

제1류 위험물 중 알칼리금속의 과산화물의 운반용기 외부에 부착해야 하는 주의사항을 모두 쓰시오.

화기주의, 충격주의, 물기엄금, 가연물접촉주의

09

불활성가스 소화약제에 대한 구성성분 및 구성비를 쓰시오.

(1) $IG-100$
(2) $IG-55$
(3) $IG-541$

---

(1) $N_2(100\%)$
(2) $N_2(50\%) + Ar(50\%)$
(3) $N_2(52\%) + Ar(40\%) + CO_2(8\%)$

*불연성, 불활성기체혼합가스의 종류

종류	구성
IG-100	$N_2(100\%)$
IG-55	$N_2(50\%) + Ar(50\%)$
IG-541	$N_2(52\%) + Ar(40\%) + CO_2(8\%)$

10

다음 탱크의 용량을 구하시오.
(단, 탱크의 공간용적은 5%이다.)

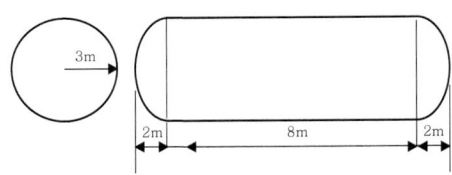

(1) 탱크의 내용적 $[m^3]$
(2) 탱크의 용량 $[m^3]$

---

(1) $V = \pi r^2 \left(\ell + \dfrac{\ell_1 + \ell_2}{3} \right)$
$= \pi \times 3^2 \times \left(8 + \dfrac{2+2}{3} \right) = 263.89 m^3$

(2) $\therefore V_{용량} = V(1 - 공간용적)$
$= 263.89 \times (1 - 0.05) = 250.7 m^3$

11

제4류 위험물 중 특수인화물에 속하는 이황화탄소에 대한 각 물음에 답하시오.

(1) 연소반응식을 쓰시오.
(2) 연소 시 생성되는 물질을 모두 쓰시오.
(3) 연소 시 불꽃의 색상을 쓰시오.

(1) $\underset{(\text{이황화탄소})}{CS_2} + \underset{(\text{산소})}{3O_2} \rightarrow \underset{(\text{이산화탄소})}{CO_2} + \underset{(\text{이산화황})}{2SO_2}$

(2) 이산화탄소, 이산화황
(3) 푸른색

12

다음 아래의 위험물에 대한 수납률을 각각 쓰시오.

(1) 염소산칼륨
(2) 톨루엔
(3) 트리메틸알루미늄

(1) 95% 이하
(2) 98% 이하
(3) 90% 이하

*적재방법
수납률

① 고체 위험물 : 운반용기 내용적의 95% 이하의 수납률로 수납할 것

② 액체 위험물 : 운반용기 내용적의 98% 이하의 수납률로 수납할 것

③ 자연발화성 물질 중 알킬알루미늄 등은 운반용기 내용적의 90% 이하의 수납률로 수납하되, 50℃의 온도에서 5% 이상의 공간용적을 유지하도록 할 것

명칭	종류	수납률
염소산칼륨	고체 위험물	95% 이하
톨루엔	액체 위험물	98% 이하
트리메틸알루미늄	알킬알루미늄	90% 이하

13

다음 보기는 위험물안전관리법령에 따른 위험물의 저장 및 취급기준일 때 빈칸을 채우시오.

[보기]
- 제1류 위험물은 (①)과의 접촉·혼합이나 분해를 촉진하는 물품과의 접근 또는 과열·충격·마찰 등을 피하는 한편, 알칼리금속의 과산화물 및 이를 함유한 것에 있어서는 (②)과의 접촉을 피해야 한다.

- 제3류 위험물 중 자연발화성물질에 있어서는 불티·불꽃 또는 고온체와의 접근·과열 또는 (③)와의 접촉을 피하고, 금수성물질에 있어서는 (④)과의 접촉을 피해야 한다.

- 제6류 위험물은 (⑤)과의 접촉·혼합이나 (⑥)를 촉진하는 물품과의 접근 또는 과열을 피하여야 한다.

① 가연물
② 물
③ 공기
④ 물
⑤ 가연물
⑥ 분해

*제조소 등에서의 위험물의 저장 및 취급에 관한 기준
① 제1류 위험물은 가연물과의 접촉·혼합이나 분해를 촉진하는 물품과의 접근 또는 과열·충격·마찰 등을 피하는 한편, 알칼리금속의 과산화물 및 이를 함유한 것에 있어서는 물과의 접촉을 피하여야 한다.

② 제2류 위험물은 산화제와의 접촉·혼합이나 불티·불꽃·고온체와의 접근 또는 과열을 피하는 한편, 철분·금속분·마그네슘 및 이를 함유한 것에 있어서는 물이나 산과의 접촉을 피하고 인화성 고체에 있어서는 함부로 증기를 발생시키지 아니하여야 한다.

③ 제3류 위험물 중 자연발화성물질에 있어서는 불티·불꽃 또는 고온체와의 접근·과열 또는 공기와의 접촉을 피하고, 금수성물질에 있어서는 물과의 접촉을 피하여야 한다.

④ 제4류 위험물은 불티·불꽃·고온체와의 접근 또는 과열을 피하고, 함부로 증기를 발생시키지 아니하여야 한다.
⑤ 제5류 위험물은 불티·불꽃·고온체와의 접근이나 과열·충격 또는 마찰을 피하여야 한다.
⑥ 제6류 위험물은 가연물과의 접촉·혼합이나 분해를 촉진하는 물품과의 접근 또는 과열을 피하여야 한다.

2018년 4회차 위험물산업기사 실기 기출문제

01
제5류 위험물인 피크린산의 구조식과 지정수량을 각각 쓰시오.

① 구조식

(구조식: 벤젠고리에 OH 1개, NO_2 3개)

② 지정수량 : 200kg

02
다음 보기에서 소화난이도등급 I에 해당되는 것을 모두 고르시오.
(단, 없으면 "없음"으로 표기하시오.)

[보기]
① 지하탱크저장소
② 연면적 $1000m^2$인 제조소
③ 처마높이 $6m$인 옥내저장소
④ 제2종 판매취급소
⑤ 간이탱크저장소
⑥ 이송취급소
⑦ 이동탱크저장소

②, ③, ⑥

명칭	소화난이도등급
지하탱크저장소	III
제2종 판매취급소	II
간이탱크저장소	III
이동탱크저장소	III

03
트리에틸알루미늄과 메틸알코올의 반응식을 쓰시오.

$(C_2H_5)_3Al + 3CH_3OH \rightarrow Al(CH_3O)_3 + 3C_2H_6$
(트리에틸알루미늄) (메틸알코올) (트리메톡시알루미늄) (에탄)

04
삼황화린과 오황화린이 연소 시 공통으로 발생하는 물질을 화학식으로 모두 쓰시오.

$P_4S_3 + 8O_2 \rightarrow 2P_2O_5 + 3SO_2$
(삼황화린) (산소) (오산화린) (이산화황)

$2P_2S_5 + 15O_2 \rightarrow 2P_2O_5 + 10SO_2$
(오황화린) (산소) (오산화린) (이산화황)

$\therefore P_2O_5, SO_2$

05

다음 보기를 참고하여 제1류 위험물의 성질로 옳은 것을 모두 고르시오.

```
              [보기]
① 무기화합물
② 유기화합물
③ 산화제
④ 인화점이 0℃ 이하
⑤ 인화점이 0℃ 이상
⑥ 고체
```

①, ③, ⑥

06

산화프로필렌 2000L의 소요단위를 쓰시오.

산화프로필렌의 지정수량 : 50L

지정수량의 배수 = $\dfrac{저장수량}{지정수량}$ = $\dfrac{2000}{50}$ = 40배

∴ 소요단위 = $\dfrac{지정수량의\ 배수}{10}$ = $\dfrac{40}{10}$ = 4소요단위

07

위험물 저장량이 지정수량의 $\dfrac{1}{10}$ 을 초과하는 경우 혼재할 수 없는 위험물을 모두 쓰시오.

(1) 제1류 위험물
(2) 제2류 위험물
(3) 제3류 위험물
(4) 제4류 위험물
(5) 제5류 위험물

(1) 제2류, 제3류, 제4류, 제5류 위험물
(2) 제1류, 제3류, 제6류 위험물
(3) 제1류, 제2류, 제5류, 제6류 위험물
(4) 제1류, 제6류 위험물
(5) 제1류, 제3류, 제6류 위험물

*혼재 가능한 위험물
① 4:23
  - 제4류와 제2류, 제4류와 제3류는 혼재 가능
② 5:24
  - 제5류와 제2류, 제5류와 제4류는 혼재 가능
③ 6:1
  - 제6류와 제1류는 혼재 가능

	1류	2류	3류	4류	5류	6류
1류		×	×	×	×	○
2류	×		×	○	○	×
3류	×	×		○	×	×
4류	×	○	○		○	×
5류	×	○	×	○		×
6류	○	×	×	×	×	

08

옥외소화전설비를 1층에 6개, 2층에 3개를 설치를 할 경우 필요한 수원의 수량[m^3]을 구하시오.

가장 많이 설치하는 층을 기준으로 계산해야 하니, 1층을 기준으로 한다.

∴ 수원의 수량 = $13.5 \times 4 = 54m^3$ 이상

*수원의 수량
① 옥외 : $13.5 \times n$[개]
  (단, n=4개 이상인 경우는 n=4)

② 옥내 : $7.8 \times n$[개]
  (단, n=5개 이상인 경우는 n=5)

09

다음 보기의 위험물 등급을 분류하시오.

[보기]
칼륨, 나트륨, 알킬알루미늄, 알킬리튬, 황린, 알칼리금속, 알칼리토금속

I 등급 : 칼륨, 나트륨, 알킬알루미늄, 알킬리튬, 황린
II 등급 : 알칼리금속, 알칼리토금속

등급	품명	지정수량
I	칼륨	10kg
	나트륨	
	알킬리튬	
	알킬알루미늄	
	황린	20kg
II	알칼리금속 (칼륨, 나트륨 제외)	50kg
	알칼리토금속	
	유기금속화합물 (알킬알루미늄, 알킬리튬 제외)	
III	금속인화합물	300kg
	금속수소화합물	
	칼슘 탄화물	
	알루미늄 탄화물	

10

다음 보기의 불활성가스 소화약제에 대한 구성비의 빈칸을 채우시오.

[보기]
① IG-55 : (　　) 50%, (　　) 50%
② IG-541 : (　　) 52%, (　　) 40%, (　　) 8%

① 질소, 아르곤
② 질소, 아르곤, 이산화탄소

*불연성, 불활성기체혼합가스의 종류

종류	구성
IG-100	$N_2(100\%)$
IG-55	$N_2(50\%) + Ar(50\%)$
IG-541	$N_2(52\%) + Ar(40\%) + CO_2(8\%)$

11

제4류 위험물인 아세톤에 대한 각 물음에 답하시오.

(1) 품명
(2) 시성식
(3) 지정수량
(4) 증기비중

(1) 제1석유류(수용성)
(2) CH_3COCH_3
(3) $400L$
(4) 분자량 : $12 + 1 \times 3 + 12 + 16 + 12 + 1 \times 3 = 58$
　　∴ 증기비중 $= \dfrac{분자량}{28.84} = \dfrac{58}{28.84} = 2.01$

12
아세트산의 완전연소 반응식을 쓰시오.

$$CH_3COOH + 2O_2 \rightarrow 2CO_2 + 2H_2O$$
(아세트산) (산소) (이산화탄소) (물)

13
제조소등에 위험물을 저장 또는 취급할 때의 기준에 대한 설명일 때 빈칸을 채우시오.

[보기]
옥내저장소에서 동일 품명의 위험물이라도 자연발화 할 우려가 있는 위험물을 다량 저장하는 경우에는 지정수량의 (①)배 이하마다 구분하여 (②)m 이상의 간격을 두어 저장할 것

① 10   ② 0.3

2019 1회차 위험물산업기사 실기 기출문제

01
다음 할로젠화합물 소화설비의 분사헤드 방사압력을 쓰시오.

(1) 할론 2402
(2) 할론 1211
(3) 할론 1301

---

(1) $0.1 MPa$ 이상
(2) $0.2 MPa$ 이상
(3) $0.9 MPa$ 이상

*Halon 분사헤드의 방사압력 기준

Halon의 종류	방사압력
Halon 2402	$0.1 MPa$ 이상
Halon 1211	$0.2 MPa$ 이상
Halon 1301	$0.9 MPa$ 이상

02
인화알루미늄과 물의 반응식을 쓰시오.

$$AlP_{\text{(인화알루미늄)}} + 3H_2O_{\text{(물)}} \rightarrow Al(OH)_3{}_{\text{(수산화알루미늄)}} + PH_3{}_{\text{(포스핀)}}$$

03
트리나이트로톨루엔에 대한 각 물음에 답하시오.

(1) 구조식을 쓰시오.
(2) 제조과정을 서술하시오.

---

(1)
구조식: 톨루엔 고리에 CH_3, NO_2 (2,4,6 위치) 치환

(2) 톨루엔과 진한질산을 황산 촉매 하에 나이트로화 반응하여 트리나이트로톨루엔이 생성된다.

*트리나이트로톨루엔(TNT) 제조식

$$C_6H_5CH_3_{\text{(톨루엔)}} + 3HNO_3{}_{\text{(질산)}} \xrightarrow[\text{나이트로화}]{C-H_2SO_4} C_6H_2CH_3(NO_2)_3{}_{\text{(트리나이트로톨루엔)}} + 3H_2O_{\text{(물)}}$$

04
다음 옥외저장소의 보유공지에 대한 빈칸을 채우시오.

저장 또는 취급하는 위험물의 최대수량	공지의 너비
지정수량의 10배 이하	(①)m 이상
지정수량의 10배 초과 20배 이하	(②)m 이상
지정수량의 20배 초과 50배 이하	(③)m 이상
지정수량의 50배 초과 200배 이하	(④)m 이상
지정수량의 200배 초과	(⑤)m 이상

① 3 ② 5 ③ 9 ④ 12 ⑤ 15

05

황린의 연소반응식을 쓰시오.

$$\underset{(황린)}{P_4} + \underset{(산소)}{5O_2} \rightarrow \underset{(오산화린)}{2P_2O_5}$$

06

에틸렌과 산소를 염화구리의 촉매하에 생성되며, 인화점 $-38℃$, 비점 $21℃$, 분자량 44, 연소범위 $4.1~57\%$인 특수인화물이 있을 때 다음을 구하시오.

(1) 시성식
(2) 증기비중

(1) CH_3CHO(아세트알데히드)
(2) 분자량 : $12 + 1 \times 3 + 12 + 1 + 16 = 44$

$$\therefore 증기비중 = \frac{분자량}{28.84} = \frac{44}{28.84} = 1.53$$

07

표준상태에서 질산암모늄 $800g$이 열분해 되는 경우 발생하는 모든 기체의 부피$[L]$를 구하시오.

$$\underset{(질산암모늄)}{2NH_4NO_3} \rightarrow \underset{(물)}{4H_2O} + \underset{(질소)}{2N_2} + \underset{(산소)}{O_2}$$

질산암모늄의 분자량 : $14 + 1 \times 4 + 14 + 16 \times 3 = 80$
표준상태는 1기압 0℃을 나타내고,

$PV = nRT = \frac{W}{M}RT$에서,

$$\therefore V = \frac{WRT}{PM} \times \frac{생성물의 몰수}{반응물의 몰수}$$

$$= \frac{800 \times 0.082 \times (0+273)}{1 \times 80} \times \frac{7}{2} = 783.51L$$

08

황 $100kg$, 알루미늄분 $500kg$, 인화칼슘 $600kg$의 지정수량 배수의 합을 구하시오.

황의 지정수량 : $100kg$
알루미늄분의 지정수량 : $500kg$
인화칼슘의 지정수량 : $300kg$

$$\therefore 지정수량의 배수 = \frac{저장수량}{지정수량}$$

$$= \frac{100}{100} + \frac{500}{500} + \frac{600}{300} = 4배$$

09

인화점 $11℃$, 발화점 $464℃$인 제4류 위험물 중 흡입 시 시신경을 마비시키는 물질에 대하여 각 물음에 답하시오.

(1) 명칭
(2) 지정수량

(1) 메틸알코올(CH_3OH)
(2) $400L$

10

옥외저장탱크·옥내저장탱크 또는 지하저장탱크 중 압력탱크 외의 탱크에 아래의 위험물을 저장할 경우에 유지하여야 하는 온도를 쓰시오.

물질	온도
다이에틸에터	(①)
산화프로필렌	(②)
아세트알데하이드	(③)

① 30℃ 이하
② 30℃ 이하
③ 15℃ 이하

11
제6류 위험물과 혼재할 수 있는 위험물은 무엇인지 쓰시오.

제1류 위험물

*혼재 가능한 위험물
① 4:23
　- 제4류와 제2류, 제4류와 제3류는 혼재 가능
② 5:24
　- 제5류와 제2류, 제5류와 제4류는 혼재 가능
③ 6:1
　- 제6류와 제1류는 혼재 가능

	1류	2류	3류	4류	5류	6류
1류		×	×	×	×	○
2류	×		×	○	○	×
3류	×	×		○	×	×
4류	×	○	○		○	×
5류	×	○	×	○		×
6류	○	×	×	×	×	

12
황화인 종류 3가지의 화학식을 쓰시오.

P_4S_3, P_2S_5, P_4S_7

13
탄화칼슘에 대한 각 물음에 답하시오.

(1) 물과의 반응식
(2) 생성 기체의 명칭
(3) 생성 기체의 연소범위
(4) 생성기체의 연소반응식

(1) $CaC_2 + 2H_2O \rightarrow Ca(OH)_2 + C_2H_2$
　　(탄화칼슘)　(물)　　(수산화칼슘)　(아세틸렌)
(2) 아세틸렌
(3) 2.5 ~ 81%
(4) $2C_2H_2 + 5O_2 \rightarrow 4CO_2 + 2H_2O$
　　(아세틸렌)　(산소)　(이산화탄소)　(물)

Memo

2019년 2회차 위험물산업기사 실기 기출문제

01
다음 각 위험물의 지정수량을 쓰시오.

(1) 중유
(2) 경유
(3) 다이에틸에터
(4) 아세톤

(1) 2000L
(2) 1000L
(3) 50L
(4) 400L

명칭	품명	지정수량
중유	제3석유류 (비수용성)	2000L
경유	제2석유류 (비수용성)	1000L
다이에틸에터	특수인화물	50L
아세톤	제1석유류 (수용성)	400L

02
표준상태에서 $20kg$의 황린을 완전연소할 때 필요한 공기의 부피 $[m^3]$을 구하시오.
(단, 공기 중 산소의 양은 $21vol\%$, 황린의 분자량은 124이다.)

$$P_4 + 5O_2 \rightarrow 2P_2O_5$$
(황린) (산소) (오산화린)

표준상태는 1기압 0℃를 나타내고,

$PV = nRT = \dfrac{W}{M}RT$ 에서,

$\therefore V = \dfrac{WRT}{PM} \times \dfrac{\text{산소의 몰수}}{\text{반응물의 몰수}} \times \dfrac{100}{\text{산소의 부피}}$

$= \dfrac{20 \times 0.082 \times (0+273)}{1 \times 124} \times \dfrac{5}{1} \times \dfrac{100}{21} = 85.97m^3$

03
위험물안전관리법에 따른 고인화점 위험물의 정의를 쓰시오.

인화점이 100℃ 이상인 제4류 위험물

04
트리에틸알루미늄(TEA)의 완전 연소반응식을 쓰시오.

$2(C_2H_5)_3Al + 21O_2 \rightarrow Al_2O_3 + 12CO_2 + 15H_2O$
(트리에틸알루미늄) (산소) (산화알루미늄) (이산화탄소) (물)

05

제4류 위험물과 혼재 불가능한 위험물을 모두 쓰시오.

제1류 위험물, 제6류 위험물

*혼재 가능한 위험물
① 4:23
 - 제4류와 제2류, 제4류와 제3류는 혼재 가능
② 5:24
 - 제5류와 제2류, 제5류와 제4류는 혼재 가능
③ 6:1
 - 제6류와 제1류는 혼재 가능

	1류	2류	3류	4류	5류	6류
1류		×	×	×	×	○
2류	×		×	○	○	×
3류	×	×		○	×	×
4류	×	○	○		○	×
5류	×	○	×	○		×
6류	○	×	×	×	×	

06

옥내 저장소에 저장 시 높이에 대한 각 물음에 답하시오.

[보기]
(1) 기계에 의하여 하역하는 구조로 된 용기만을 겹쳐 쌓는 경우 저장 높이는 (①)m를 초과해서는 안된다.
(2) 옥외저장소에서 위험물을 수납한 용기를 선반에 저장하는 경우 저장 높이는 (②)m를 초과해서는 안된다.
(3) 중유만을 저장하는 경우 저장 높이는 (③)m를 초과해서는 안된다.

① 6   ② 6   ③ 4

07

제4류 위험물 중 위험등급 II에 해당하는 품명 2가지를 쓰시오.

제1석유류, 알코올류

08

다음 질산암모늄에 대한 각 물음에 답하시오.

(1) 열분해 반응식을 쓰시오.
(2) $0.9atm$, $300℃$에서 $1mol$이 분해될 때 생성되는 H_2O의 부피$[L]$를 구하시오.

(1) $2NH_4NO_3 \rightarrow 4H_2O + 2N_2 + O_2$
(질산암모늄) (물)   (질소) (산소)

(2)
NH_4NO_3 $2mol$이 반응할 때 H_2O은 $4mol$ 생성된다. 그러므로, $1mol$이 반응하면 $2mol$이 생성된다.

질산암모늄(NH_4NO_3)의 분자량
: $14 + 1 \times 4 + 14 + 16 \times 3 = 80$

$PV = nRT$에서,
$$\therefore V = \frac{nRT}{P} = \frac{2 \times 0.082 \times (300+273)}{0.9} = 104.41L$$

09

다음 보기의 설명에 대한 각 물음에 답하시오.

[보기]
- 휘발성이 있는 무색투명한 액체이다.
- 아이오도폼 반응을 한다.
- 주로 화장품과 소독약의 원료로 사용된다.
- 산화하면 아세트알데하이드가 된다.
- 증기는 마취성이 있다.
- 물에 잘 녹는다.

(1) 위의 물질의 화학식
(2) 위의 물질의 지정수량
(3) 위의 물질과 진한 황산의 축합반응 후에 생성되는 제4류 위험물의 화학식을 쓰시오.

(1) C_2H_5OH (에틸알코올)
(2) $400L$
(3) $2C_2H_5OH \xrightarrow[\text{축합반응}]{C-H_2SO_4} C_2H_5OC_2H_5 + H_2O$
(에틸알코올) (다이에틸에터) (물)

∴ $C_2H_5OC_2H_5$

10

불활성가스 소화설비에 적응성이 있는 위험물을 모두 고르시오.

[보기]
① 제1류 위험물 중 알칼리금속의 과산화물
② 제2류 위험물 중 인화성고체
③ 제3류 위험물
④ 제4류 위험물
⑤ 제5류 위험물
⑥ 제6류 위험물

②, ④

*불활성가스 소화설비에 적응성이 있는 위험물
① 제2류 위험물 중 인화성고체
② 제4류 위험물
③ 전기설비

11

유별을 달리하는 위험물은 동일한 저장소에 저장하지 아니하여야 한다. 다만, 옥내 또는 옥외저장소에 위험물을 저장하는 경우로서 유별로 서로 $1m$ 이상의 간격을 두는 경우에는 그러지 아니하다. 다음 중 옥내저장소에서 동일한 실에 저장할 수 있는 유별을 바르게 연결한 것을 모두 고르시오.

[보기]
① 과산화나트륨 – 과산화벤조일
② 질산염류 – 과염소산
③ 황린 – 제1류 위험물
④ 인화성고체 – 제1석유류
⑤ 황 – 제4류 위험물

① 과산화나트륨(제1류 중 알칼리금속의 과산화물)
 - 과산화벤조일(제5류) : 혼재 X

② 질산염류(제1류) - 과염소산(제6류) : 혼재 O

③ 황린(제3류 중 자연발화성물질) - 제1류 위험물
 (제1류) : 혼재 O

④ 인화성고체(제2류) - 제1석유류(제4류) : 혼재 O

⑤ 황(제2류) - 제4류 위험물(제4류) : 혼재 X

*제조소등에서의 위험물의 저장 및 취급에 관한 기준
- 유별을 달리하는 위험물은 동일한 저장소(내화구조의 격벽으로 완전히 구획된 실이 2 이상 있는 저장소에 있어서는 동일한 실)에 저장하지 아니하여야 한다. 다만, 옥내저장소 또는 옥외저장소에 있어서 다음의 각목의 규정에 의한 위험물을 저장하는 경우로서 위험물을 유별로 정리하여 저장하는 한편, 서로 1m 이상의 간격을 두는 경우에는 그러지 아니하다.
① 제1류 위험물(알칼리금속의 과산화물 또는 이를 함유한 것을 제외)과 제5류 위험물을 저장하는 경우
② 제1류 위험물과 제6류 위험물을 저장하는 경우
③ 제1류 위험물과 제3류 위험물 중 자연발화성물질(황린 또는 이를 함유한 것)을 저장하는 경우
④ 제2류 위험물 중 인화성고체와 제4류 위험물을 저장하는 경우
⑤ 제3류 위험물 중 알킬알루미늄등과 제4류 위험물(알킬알루미늄 또는 알칼리튬을 함유한 것)을 저장하는 경우
⑥ 제4류 위험물 중 유기과산화물 또는 이를 함유한 것과 제5류 위험물 중 유기과산화물 또는 이름 함유한 것을 저장하는 경우

12

다음 보기의 이동탱크저장소의 주입설비 설치기준에 대하여 빈칸을 채우시오.

[보기]
- 위험물이 (①) 우려가 없고 화재 예방상 안전한 구조로 할 것
- 주입설비의 길이는 (②) 이내로 하고, 그 선단에 축적되는 (③)를 유효하게 제거할 수 있는 장치를 할 것
- 분당 토출량은 (④) 이하로 할 것

① 샐
② 50m
③ 정전기
④ 200L

13

다음 표를 채우시오.

품명	유별	지정수량
칼륨	(①)	(②)
질산염류	(③)	(④)
나이트로화합물	(⑤)	(⑥)
황린	(⑦)	(⑧)

① 제3류 위험물 ② 10kg
③ 제1류 위험물 ④ 300kg
⑤ 제5류 위험물 ⑥ 200kg
⑦ 제3류 위험물 ⑧ 20kg

2019 4회차 위험물산업기사 실기 기출문제

01

다음 위험물을 옥내저장소에 저장할 때 하나의 저장창고의 바닥면적은 각각 몇 m^2 이하로 하여야 하는가?

(1) 염소산염류
(2) 제2석유류
(3) 유기과산화물

(1) $1000m^2$
(2) $2000m^2$
(3) $1000m^2$

*옥내저장소의 위치, 구조 및 설비의 기준
하나의 저장창고의 바닥면적(2 이상의 구획된 실이 있는 경우에는 각 실의 바닥면적의 합계)은 다음 각목의 구분에 의한 면적 이하로 하여야 한다.

1. 다음의 위험물을 저장하는 창고 : $1,000m^2$
① 제1류 위험물 중 아염소산염류, 염소산염류, 과염소산염류, 무기과산화물 그 밖에 지정수량이 $50kg$인 위험물
② 제3류 위험물 중 칼륨, 나트륨, 알킬알루미늄, 알킬리튬 그 밖에 지정수량이 $10kg$인 위험물 및 황린
③ 제4류 위험물 중 특수인화물, 제1석유류 및 알코올류
④ 제5류 위험물 중 유기과산화물, 질산에스터류 그 밖에 지정수량이 $10kg$인 위험물
⑤ 제6류 위험물

2. 1.의 위험물 외의 위험물을 저장하는 창고 : $2,000m^2$

3. 1.의 위험물과 2.목의 위험물을 내화구조의 격벽으로 완전히 구획된 실에 각각 저장하는 창고 : $1,500m^2$ (1.의 위험물을 저장하는 실의 면적은 $500m^2$를 초과 할 수 없다.)

02

옥외저장탱크・옥내저장탱크 또는 지하저장탱크 중 압력탱크 외의 탱크에 아래의 위험물을 저장할 경우에 유지하여야 하는 온도를 쓰시오.

물질	온도
다이에틸에터	(①)
산화프로필렌	(②)
아세트알데하이드	(③)

① 30℃ 이하
② 30℃ 이하
③ 15℃ 이하

03

톨루엔의 증기비중을 구하시오.

톨루엔($C_6H_5CH_3$)의 분자량
: $12 \times 6 + 1 \times 5 + 12 + 1 \times 3 = 92$

$\therefore 증기비중 = \dfrac{분자량}{28.84} = \dfrac{92}{28.84} = 3.19$

04

산화성액체에 산화력의 잠재력인 위험성을 판단하기 위한 시험인 연소시간 측정 시험에 사용되는 물질 2가지를 쓰시오.

① 질산 ② 목분

05

"주유 중 엔진정지" 주의사항 게시판의 바탕색과 글자색을 쓰시오.

① 바탕색 : 황색
② 글자색 : 흑색

06

표준상태에서 트리에틸알루미늄 $228g$과 물의 반응식에서 발생된 기체의 부피$[L]$를 구하시오.

트리에틸알루미늄$[(C_2H_5)_3Al]$의 분자량
: $(12 \times 2 + 1 \times 5) \times 3 + 27 = 114$

$(C_2H_5)_3Al + 3H_2O \rightarrow Al(OH)_3 + 3C_2H_6$
(트리에틸알루미늄) (물) (수산화알루미늄) (에탄)

표준상태(1기압, 0℃)에서 기체 $1mol$의 부피는 $22.4L$이고, 트리에틸알루미늄 $1mol(114g)$이 반응할 때 $3mol$의 에탄가스가 발생하니, $2mol(228g)$이 반응할 때 $6mol$의 에탄가스가 발생하므로,

∴ $V = 6 \times 22.4 = 134.4L$

07

과산화나트륨과 이산화탄소의 화학반응식을 쓰시오.

$2Na_2O_2 + 2CO_2 \rightarrow 2Na_2CO_3 + O_2$
(과산화나트륨) (이산화탄소) (탄산나트륨) (산소)

08

운반 시 방수성 및 차광성이 들어간 덮개로 덮어야 하는 위험물을 고르시오.

[보기]
① 유기과산화물
② 알칼리금속의 과산화물
③ 질산
④ 염소산염류
⑤ 트리나이트로톨루엔
⑥ 트리나이트로페놀

②

*위험물의 운반 기준
① 제1류 위험물, 제3류 위험물 중 자연발화성물질, 제4류 위험물 중 특수인화물, 제5류 위험물 또는 제6류 위험물은 차광성이 있는 피복으로 가릴 것

② 제1류 위험물 중 알칼리금속의 과산화물 또는 이를 함유한 것, 제2류 위험물 중 철분·금속분·마그네슘 또는 이들 중 어느 하나 이상을 함유한 것 또는 제3류 위험물 중 금수성물질은 방수성이 있는 피복으로 덮을 것

09

다음 물질들의 연소방식에 따라 분류하시오.

[보기]
나트륨, TNT, 에탄올, 금속분,
다이에틸에터, 피크린산

① 표면연소 : 나트륨, 금속분
② 증발연소 : 에탄올, 다이에틸에터
③ 자기연소 : TNT, 피크린산

*고체연소의 종류
① 표면연소 : 숯(목탄), 코크스, 금속분 등
② 증발연소 : 제4류 위험물(에테르, 휘발유, 아세톤, 등유, 경유 등), 황, 나프탈렌, 파라핀(양초) 등
③ 자기연소 : 제5류 위험물(TNT, 나이트로글리세린 등) 등
④ 분해연소 : 종이, 나무, 목재, 석탄, 중유, 플라스틱

10

다음 보기 중 인화점이 낮은 순대로 배치하시오.

[보기]
① 초산에틸   ② 메틸알코올
③ 나이트로벤젠   ④ 에틸렌글리콜

① - ② - ③ - ④

물질	인화점
초산에틸	-4℃
메틸알코올	11℃
나이트로벤젠	88℃
에틸렌글리콜	111℃

11

제5류 위험물로서 담황색의 주상결정이며 분자량이 227, 융점이 81℃, 물에 녹지 않고 벤젠, 아세톤, 알코올에 녹는 이 물질에 대한 다음 각 물음에 답하시오.

(1) 화학식
(2) 지정수량
(3) 제조방법을 서술하시오.

(1) $C_6H_2CH_3(NO_2)_3$ (트리나이트로톨루엔)
(2) $200kg$
(3) 톨루엔과 진한질산을 황산 촉매 하에 나이트로화 반응하여 트리나이트로톨루엔이 생성된다.

12

제3류 위험물 중 지정수량이 $50kg$인 위험물의 품명을 모두 쓰시오.

① 알칼리금속(칼륨 및 나트륨 제외)
② 알칼리토금속
③ 유기금속화합물(알킬알루미늄 및 알킬리튬 제외)

*제3류 위험물의 지정수량

품명	지정수량
칼륨	$10kg$
나트륨	$10kg$
알킬알루미늄	$10kg$
알킬리튬	$10kg$
황린	$20kg$
알칼리금속	$50kg$
알칼리토금속	$50kg$
유기금속화합물	$50kg$

13

오르소인산을 생성하는 ABC 분말 소화기의 1차 열분해 반응식을 쓰시오.

$NH_4H_2PO_4$ → NH_3 + H_3PO_4
(인산암모늄)   (암모니아)   (인산)

*제3종 분말 소화약제
① 166℃ 열분해식(1차 열분해식)
$NH_4H_2PO_4$ → NH_3 + H_3PO_4
(인산암모늄)   (암모니아)   (인산)

② 완전 열분해식
$NH_4H_2PO_4$ → NH_3 + HPO_3 + H_2O
(인산암모늄)   (암모니아)   (메타인산)   (물)

Memo

2020 1회차 위험물산업기사 실기 기출문제

01

압력 $800mmHg$, 온도 $30℃$에서, 이황화탄소 $100 kg$이 연소할 때 발생하는 이산화황의 부피$[m^3]$를 구하시오.

$$CS_2 + 3O_2 \rightarrow CO_2 + 2SO_2$$
(이황화탄소) (산소) (이산화탄소) (이황화황)

이황화탄소(CS_2)의 분자량 : $12 + 32 \times 2 = 76$

$PV = nRT = \dfrac{W}{M}RT$에서,

$\therefore V = \dfrac{WRT}{PM} \times \dfrac{생성물의\ 몰수}{반응물의\ 몰수}$

$= \dfrac{100 \times 0.082 \times (30+273)}{\dfrac{800}{760} \times 76} \times \dfrac{2}{1} = 62.12 m^3$

02

다음은 염소산칼륨에 대한 내용일 때 각 물음에 답을 쓰시오.

(1) 완전분해 반응식을 쓰시오.
(2) 염소산칼륨 $1kg$이 표준상태에서 완전분해시 생성되는 산소의 부피$[m^3]$를 구하시오.

(1) $2KClO_3 \rightarrow 2KCl + 3O_2$
(염소산칼륨) (염화칼륨) (산소)

(2) 염소산칼륨의 분자량 : $39 + 35.5 + 16 \times 3 = 122.5 g$

표준상태는 1기압 0℃을 나타내고,

$PV = nRT = \dfrac{W}{M}RT$에서,

$\therefore V = \dfrac{WRT}{PM} \times \dfrac{생성물의\ 몰수}{반응물의\ 몰수}$

$= \dfrac{1 \times 0.082 \times (0+273)}{1 \times 122.5} \times \dfrac{3}{2} = 0.27 m^3$

03

표준상태에서 과산화나트륨 $1kg$의 완전분해할 때 산소의 부피$[L]$를 구하시오.

과산화나트륨(Na_2O_2)의 분자량 $= 23 \times 2 + 16 \times 2 = 78$

$2Na_2O_2 \rightarrow 2Na_2O + O_2$
(과산화나트륨) (산화나트륨) (산소)

표준상태는 $1atm$, $0℃$를 나타내고,

$PV = nRT = \dfrac{W}{M}RT$에서,

$\therefore V = \dfrac{WRT}{PM} \times \dfrac{생성물의\ 몰수}{반응물의\ 몰수}$

$= \dfrac{1000 \times 0.082 \times (0+273)}{1 \times 78} \times \dfrac{1}{2} = 143.5 L$

04

알루미늄에 대한 각 물음에 답하시오.

(1) 연소반응식
(2) 물과의 반응식
(3) 염산과의 반응식

(1) $4Al + 3O_2 \rightarrow 2Al_2O_3$
 (알루미늄) (산소) (산화알루미늄)

(2) $2Al + 6H_2O \rightarrow 2Al(OH)_3 + 3H_2$
 (알루미늄) (물) (수산화알루미늄) (수소)

(3) $2Al + 6HCl \rightarrow 2AlCl_3 + 3H_2$
 (알루미늄) (염산) (염화알루미늄) (수소)

05

다음 위험물들을 저장할 때 각각 사용되는 보호액을 한가지씩 쓰시오.

(1) 황린
(2) 칼륨
(3) 이황화탄소

(1) pH9 정도의 약알칼리성 물
(2) 등유, 경유, 유동파라핀유, 벤젠 등
(3) 물

06

위험물안전관리법령상 동식물유류에 대한 다음 물음에 답하시오.

(1) 아이오딘가의 정의를 쓰시오.
(2) 동식물유류의 아이오딘값에 따른 분류와 범위를 쓰시오.

(1) 유지 $100g$에 첨가되는 아이오도폼의 g수
(2) 건성유 : 아이오딘값이 130 이상인 것
반건성유 : 아이오딘값이 100 초과 130 미만인 것
불건성유 : 아이오딘값이 100 이하인 것

07

제2류 위험물인 오황화인에 대한 각 물음에 답하시오.

(1) 물과의 반응식
(2) (1)에서 생성되는 기체의 완전연소식

(1) $\underset{(오황화린)}{P_2S_5} + \underset{(물)}{8H_2O} \rightarrow \underset{(황화수소)}{5H_2S} + \underset{(인산)}{2H_3PO_4}$
(2) $\underset{(황화수소)}{2H_2S} + \underset{(산소)}{3O_2} \rightarrow \underset{(이산화황)}{2SO_2} + \underset{(물)}{2H_2O}$

08

제3류 위험물 중 다음 물질들이 물과의 반응식을 쓰시오.

(1) 수소화리튬알루미늄
(2) 수소화칼륨
(3) 수소화칼슘

(1) $\underset{(수소화알루미늄리튬)}{LiAlH_4} + \underset{(물)}{4H_2O}$
$\rightarrow \underset{(수산화리튬)}{LiOH} + \underset{(수산화알루미늄)}{Al(OH)_3} + \underset{(수소)}{4H_2}$
(2) $\underset{(수소화칼륨)}{KH} + \underset{(물)}{H_2O} \rightarrow \underset{(수산화칼륨)}{KOH} + \underset{(수소)}{H_2}$
(3) $\underset{(수소화칼슘)}{CaH_2} + \underset{(물)}{2H_2O} \rightarrow \underset{(수산화칼슘)}{Ca(OH)_2} + \underset{(수소)}{2H_2}$

09

금속나트륨에 대한 각 물음에 답하시오.

(1) 물과의 반응식
(2) 연소반응식
(3) 연소할 때 불꽃색상

(1) $\underset{(나트륨)}{2Na} + \underset{(물)}{2H_2O} \rightarrow \underset{(수산화나트륨)}{2NaOH} + \underset{(수소)}{H_2}$
(2) $\underset{(나트륨)}{4Na} + \underset{(산소)}{O_2} \rightarrow \underset{(산화나트륨)}{2Na_2O}$
(3) 노란색

*불꽃색상

명칭	색깔
리튬	빨간색
칼슘	주황색
나트륨	노란색
칼륨	보라색

10

제4류 위험물 중 특수인화물에 속하며 인화점 −37℃, 분자량 58이며, 용기는 구리(동), 은, 수은, 마그네슘과 반응하여 폭발성 아세틸리드를 생성하는 물질에 대해 각 물음에 답하시오.

(1) 화학식
(2) 지정수량
(3) 저장하는 탱크에 공기가 차 있을 때 조치방법

---

(1) CH_3CH_2CHO(산화프로필렌)
(2) 50L
(3) 질소 등 불연성 가스를 채워 둔다.

11

인화점 측정방법 3가지를 쓰시오.

---

① 신속평형법
② 태그밀폐식
③ 클리브랜드 개방컵

12

다음 위험물 운반용기 외부의 주의사항을 쓰시오.

유별	주의사항
제1류 위험물 중 알칼리금속의 과산화물	(①)
제3류 위험물 중 자연발화성 물질	(②)
제5류 위험물	(③)

① 화기주의, 충격주의, 물기엄금, 가연물접촉주의
② 화기엄금, 공기접촉엄금
③ 화기엄금, 충격주의

*위험물의 운반용기 외부에 수납하는 위험물에 따른 주의사항

유별	성질	표시
제1류 위험물	산화성고체	알칼리금속의 과산화물 또는 이를 함유한 것 : 화기주의, 충격주의, 물기엄금, 가연물접촉주의 그 외 : 화기주의, 충격주의, 가연물접촉주의
제2류 위험물	가연성고체	철분, 금속분, 마그네슘 : 화기주의, 물기엄금 인화성고체 : 화기엄금 그 외 : 화기주의
제3류 위험물	자연발화성 및 금수성물질	자연발화성물질 : 화기엄금, 공기접촉엄금 금수성물질 : 물기엄금
제4류 위험물	인화성액체	화기엄금
제5류 위험물	자기반응성 물질	화기엄금, 충격주의
제6류 위험물	산화성액체	가연물접촉주의

13

제4류 위험물의 인화점 기준을 쓰시오.

[보기]
① 특수인화물 : 발화점이 ( )℃ 이하인 것 또는 인화점이 −20℃, 비점이 40℃ 이하인 것
② 제1석유류 : 인화점이 ( )℃ 미만
③ 제2석유류 : 인화점이 ( )℃ 이상 ( )℃ 미만
④ 제3석유류 : 인화점이 ( )℃ 이상 ( )℃ 미만
⑤ 제4석유류 : 인화점이 ( )℃ 이상 ( )℃ 미만
⑥ 동식물유류 : 인화점이 ( )℃ 미만

---

① 100   ② 21
③ 21, 70   ④ 70, 200
⑤ 200, 250 ⑥ 250

14

크실렌의 이성질체 3가지에 대한 명칭과 구조식을 쓰시오.

명칭	구조식
o-크실렌	CH_3 그룹 2개가 인접한 벤젠 고리 (1,2위치)
m-크실렌	CH_3 그룹 2개가 1,3위치에 있는 벤젠 고리
p-크실렌	CH_3 그룹 2개가 1,4위치(마주보는)에 있는 벤젠 고리

15

다음 위험물 안전관리자 내용에 대한 각 물음에 답하시오.

(1) 안전관리자를 선임해야 하는 대상을 아래의 보기에서 1가지 고르시오.
  (단, 없으면 "없음"으로 표기)

  [보기]
  ① 제조소 등의 관계인
  ② 제조소 등의 설치자
  ③ 소방서장
  ④ 소방청장
  ⑤ 시·도지사

(2) 안전관리자 해임 후 재선임 기간을 쓰시오.
  (단, 제한 없으면 "제한 없음"으로 표기)

(3) 안전관리자 퇴직 후 재선임 기간을 쓰시오.
  (단, 제한 없으면 "제한 없음"으로 표기)

(4) 안전관리자 선임 후 신고 기간을 쓰시오.
  (단, 제한 없으면 "제한 없음"으로 표기)

(5) 안전관리자가 여행, 질병 그 밖의 사유로 일시적으로 직무를 수행할 수 없을 때 직무를 대행하는 기간을 쓰시오.
  (단, 제한 없으면 "제한 없음"으로 표기)

(1) ①
(2) 30일 이내
(3) 30일 이내
(4) 14일 이내
(5) 30일을 초과할 수 없다

*위험물 안전관리자에 관한 법령
- 제조소 등의 관계인은 위험물의 안전관리에 관한 직무를 수행하게 하기 위하여 제조소 등마다 대통령령이 정하는 위험물의 취급에 관한 자격이 있는 자를 위험물안전관리자로 선임하여야 한다.
- 규정에 따라 안전관리자를 선임한 제조소등의 관계인은 그 안전관리자를 해임하거나 안전관리자가 퇴직한 때에는 해임하거나 퇴직한 날부터 30일 이내에 다시 안전관리자를 선임하여야 한다.
- 제조소 등의 관계인은 안전관리자를 선임한 경우에는 선임한 날부터 14일 이내에 총리령으로 정하는 바에 따라 소방본부장 또는 소방서장에게 신고하여야 한다.
- 안전관리자를 선임한 제조소 등의 관계인은 안전관리자가 여행, 질병 그 밖의 사유로 인하여 일시적으로 직무를 수행할 수 없거나 안전관리자의 해임 또는 퇴직과 동시에 다른 안전관리자를 선임하지 못하는 경우에는 국가기술자격법에 따른 위험물 취급에 관한 자격취득자 또는 위험물안전에 관한 기본 지식과 경험이 있는 자로서 총리령이 정하는 자를 대리자로 지정하여 그 직무를 대행하게 하여야 한다. 이 경우 대리자가 안전관리의 직무를 대행하는 기간은 30일을 초과할 수 없다.

16

다음 옥내소화전 수원의 수량$[m^3]$을 구하시오.

(1) 옥내소화전이 1층에 1개, 2층에 3개 설치된 경우
(2) 옥내소화전이 1층에 1개, 2층에 6개 설치된 경우

(1) 가장 많이 설치하는 층을 기준으로 계산해야 하니, 2층을 기준으로 한다.
∴ 수원의 수량 = $7.8 \times 3 = 23.4m^3$ 이상

(2) 가장 많이 설치하는 층을 기준으로 계산해야 하니, 2층을 기준으로 한다.
∴ 수원의 수량 = $7.8 \times 5 = 39m^3$ 이상

*수원의 수량
① 옥외 : $13.5 \times n$[개]
 (단, n=4개 이상인 경우는 n=4)
② 옥내 : $7.8 \times n$[개]
 (단, n=5개 이상인 경우는 n=5)

17

제6류 위험물(산화성액체) 중 어떠한 물질이 하이드라진과 격렬히 반응하고 폭발할 때 각 물음에 답하시오.

(1) 이 물질이 위험물일 조건
(2) 이 물질과 하이드라진의 폭발 반응식

(1) 농도가 $36wt\%$ 이상일 것
(2) $2H_2O_2$ + N_2H_4 → $4H_2O$ + N_2
 (과산화수소) (히드라진) (물) (질소)

18

제조소 등에서 위험물의 저장 또는 취급에 관한 기준일 때 빈칸을 채우시오.

[보기]
- 위험물을 저장 또는 취급하는 건축물, 그 밖의 공작물 또는 설비는 당해 위험물의 성질에 따라 차광 또는 (①)를 실시할 것
- 위험물은 온도계, 습도계, 압력계 그 밖의 계기를 감시하여 당해 위험물의 성질에 맞는 적정한 온도, 습도 또는 (②)을 유지하도록 저장 또는 취급할 것
- 위험물을 용기에 수납하여 저장 또는 취급할 때에는 그 용기는 당해 위험물의 성질에 적응하고 파손, (③), 균열 등이 없는 것으로 할 것
- (④)의 액체, 증기 또는 가스가 새거나 체류할 우려가 있는 장소 또는 가연성의 미분이 현저하게 부유할 우려가 있는 장소에서는 전선과 전기기구를 완전히 접속하고 불꽃을 발하는 기계, 기구, 공구, 신발 등을 사용하지 아니할 것
- 위험물을 (⑤) 중에 보존하는 경우에는 당해 위험물이 보호액으로부터 노출되지 않도록 할 것

① 환기
② 압력
③ 부식
④ 가연성
⑤ 보호액

19

위험물안전관리법령에서 정한 완공검사 내용에 대한 각 물음에 답하시오.

(1) 위험물을 저장 또는 취급하는 탱크로서 대통령령이 정하는 탱크가 있는 제조소 등의 설치, 변경에 관하여 완공검사를 받기 전에 받아야 하는 검사는 무엇인가?
(2) 아래의 시설의 완공검사 신청시기를 쓰시오.
  - 이동탱크저장소
  - 지하탱크가 있는 제조소등
(3) 완공검사를 실시한 결과 제조소등이 규정에 의한 기술 기준에 적합하다고 인정할 때에 시·도지사는 어떤 서류를 교부해야 하는가?

(1) 탱크안전성능검사
(2) 이동탱크저장소 : 이동저장탱크를 완공하고 상치장소를 확보한 후
  지하탱크가 있는 제조소등 : 당해 지하탱크를 매설하기 전
(3) 완공검사합격확인증

＊탱크안전성능검사
위험물을 저장 또는 취급하는 탱크로서 대통령령이 정하는 탱크가 있는 제조소 등의 설치, 변경에 관하여 완공검사를 받기 전에 탱크안전성능검사를 받아야 한다.

＊완공검사의 신청시기
- 이동탱크저장소 : 이동저장탱크를 완공하고 상치장소를 확보한 후
- 지하탱크가 있는 제조소등 : 당해 지하탱크를 매설하기 전

＊완공검사합격확인증
완공검사를 실시한 결과 제조소등이 규정에 의한 기술기준에 적합하다고 인정할 때에 시·도지사는 완공검사합격확인증을 교부할 것

20

다음 보기는 제5류 위험물일 때 각 물음에 답하시오.

[보기]
나이트로글리세린, 트리나이트로톨루엔, 트리나이트로페놀, 과산화벤조일, 디나이트로벤젠

(1) 질산에스터류에 속하는 물질을 모두 고르시오.
(2) 상온에서 액체이고 겨울에 동결하는 위험물의 분해 반응식을 쓰시오.

(1) 나이트로글리세린
(2) $4C_3H_5(ONO_2)_3 \rightarrow 12CO_2 + 10H_2O + 6N_2 + O_2$
  (나이트로글리세린)   (이산화탄소) (물)   (질소) (산소)

트리나이트로톨루엔, 트리나이트로페놀, 디나이트로벤젠은 나이트로화합물이고, 과산화벤조일은 유기과산화물이다.

2020 2회차 위험물산업기사 실기 기출문제

01

표준상태에서 탄화칼슘 $32g$과 물이 반응하여 생성되는 기체를 완전연소 하기 위해 필요한 산소의 부피$[L]$를 구하시오.

탄화칼슘(CaC_2)의 분자량 : $40 + 12 \times 2 = 64g/mol$

$$CaC_2 + 2H_2O \rightarrow Ca(OH)_2 + C_2H_2$$
(탄화칼슘) (물) (수산화칼슘) (아세틸렌)

탄화칼슘이 $32g$있고, 분자량은 $64g/mol$이니 $0.5mol$의 탄화칼슘이 반응하였고, 탄화칼슘과 아세틸렌기체는 몰수 1:1 반응을 하니 아세틸렌도 $0.5mol$이 생성되었다.

$$2C_2H_2 + 5O_2 \rightarrow 4CO_2 + 2H_2O$$
(아세틸렌) (산소) (이산화탄소) (물)

아세틸렌 $2mol$이 반응할 때 필요한 산소의 몰수는 $5mol$이고, 비례식으로 아세틸렌 $0.5mol$이 반응하면 $\frac{5}{4}mol$의 산소가 필요하다.

표준상태($1atm$, $0°C$)에서 $1mol$의 부피는 $22.4L$이다.

$\therefore V = 22.4 \times mol수 = 22.4 \times \frac{5}{4} = 28L$

02

농도가 $36wt\%$ 미만일 경우 위험물에서 제외되는 제6류 위험물에 대한 각 물음에 답하시오.

(1) 이 물질의 분해식
(2) 운반용기 외부에 표시해야 할 주의사항
(3) 위험등급

(1) $2H_2O_2 \rightarrow 2H_2O + O_2$
    (과산화수소) (물) (산소)
(2) 가연물접촉주의
(3) 위험등급 Ⅰ

*위험물의 운반용기 외부에 수납하는 위험물에 따른 주의사항

유별	성질	표시
제1류 위험물	산화성고체	알칼리금속의 과산화물 또는 이를 함유한 것 : 화기주의, 충격주의, 물기엄금, 가연물접촉주의 그 외 : 화기주의, 충격주의, 가연물접촉주의
제2류 위험물	가연성고체	철분, 금속분, 마그네슘 : 화기주의, 물기엄금 인화성고체 : 화기엄금 그 외 : 화기주의
제3류 위험물	자연발화성 및 금수성물질	자연발화성물질 : 화기엄금, 공기접촉엄금 금수성물질 : 물기엄금
제4류 위험물	인화성액체	화기엄금
제5류 위험물	자기반응성 물질	화기엄금, 충격주의
제6류 위험물	산화성액체	가연물접촉주의

03

$1atm$, 90℃ 의 벤젠 $16g$이 증발할 때의 부피$[L]$를 구하시오.

벤젠(C_6H_6)의 분자량 $= 12 \times 6 + 1 \times 6 = 78$

$PV = nRT = \dfrac{W}{M}RT$ 에서,

$\therefore V = \dfrac{WRT}{PM} = \dfrac{16 \times 0.082 \times (90 + 273)}{1 \times 78} = 6.11L$

04

제4류 위험물 중 분자량이 27, 끓는점이 26℃ 이며 맹독성인 위험물이 있다. 이 위험물의 안정제로 무기산을 사용할 때 다음 각 물음에 답하시오.

(1) 화학식을 쓰시오.
(2) 증기비중을 구하시오.

(1) HCN(시안화수소)
(2) 시안화수소의 분자량 : $1 + 12 + 14 = 27$

$\therefore$ 증기비중 $= \dfrac{분자량}{28.84} = \dfrac{27}{28.84} = 0.94$

05

적린과 염소산칼륨이 접촉할 시 폭발의 위험이 있을 때 각 물음에 답하시오.

(1) 폭발 반응식
(2) (1)에서 생성되는 기체와 물의 반응식

(1) $\underset{(적린)}{6P} + \underset{(염소산칼륨)}{5KClO_3} \rightarrow \underset{(오산화인)}{3P_2O_5} + \underset{(염화칼륨)}{5KCl}$
(2) $\underset{(오산화인)}{P_2O_5} + \underset{(물)}{3H_2O} \rightarrow \underset{(오르토인산)}{2H_3PO_4}$

06

제3류 위험물인 물질과 물의 반응식을 각각 쓰시오.

(1) 트리메틸알루미늄
(2) 트리에틸알루미늄

(1) $\underset{(트리메틸알루미늄)}{(CH_3)_3Al} + \underset{(물)}{3H_2O} \rightarrow \underset{(수산화알루미늄)}{Al(OH)_3} + \underset{(메탄)}{3CH_4}$
(2) $\underset{(트리에틸알루미늄)}{(C_2H_5)_3Al} + \underset{(물)}{3H_2O} \rightarrow \underset{(수산화알루미늄)}{Al(OH)_3} + \underset{(에탄)}{3C_2H_6}$

07

제5류 위험물 중 트리나이트로페놀의 각 물음에 답하시오.

(1) 구조식
(2) 품명
(3) 지정수량

(1)

$$\begin{array}{c} OH \\ NO_2 \underset{}{\bigcirc} NO_2 \\ NO_2 \end{array}$$

(2) 나이트로화합물
(3) $200kg$

08

아래의 물질이 열분해하여 산소를 발생하는 반응식을 각각 쓰시오.

(1) 아염소산나트륨
(2) 염소산나트륨
(3) 과염소산나트륨

(1) $\underset{(아염소산나트륨)}{NaClO_2} \rightarrow \underset{(염화나트륨)}{NaCl} + \underset{(산소)}{O_2}$
(2) $\underset{(염소산나트륨)}{2NaClO_3} \rightarrow \underset{(염화나트륨)}{2NaCl} + \underset{(산소)}{3O_2}$
(3) $\underset{(과염소산나트륨)}{NaClO_4} \rightarrow \underset{(염화나트륨)}{NaCl} + \underset{(산소)}{2O_2}$

09

다음 보기의 제5류 위험물의 물질을 보며, 해당 위험등급별로 구분하시오.
(단, 없으면 "없음"이라 표기하시오.)

[보기]
하이드라진유도체, 질산에스터류, 나이트로화합물, 아조화합물, 유기과산화물, 하이드록실아민

(1) I 등급
(2) II 등급
(3) III 등급

(1) I 등급 : 유기과산화물, 질산에스터류
(2) II 등급 : 하이드라진유도체, 나이트로화합물, 아조화합물, 하이드록실아민
(3) III 등급 : 없음

10

다음 표에 혼재가 가능한 위험물 O, 불가능한 위험물 X로 표시하시오.

	1류	2류	3류	4류	5류	6류
1류						
2류						
3류						
4류						
5류						
6류						

	1류	2류	3류	4류	5류	6류
1류		×	×	×	×	○
2류	×		×	○	○	×
3류	×	×		○	×	×
4류	×	○	○		○	×
5류	×	○	×	○		×
6류	○	×	×	×	×	

*혼재 가능한 위험물
① 4:23
 - 제4류와 제2류, 제4류와 제3류는 혼재 가능
② 5:24
 - 제5류와 제2류, 제5류와 제4류는 혼재 가능
③ 6:1
 - 제6류와 제1류는 혼재 가능

11

제4류 위험물인 아세트알데하이드에 대해 각 물음에 답하시오.

(1) 옥외저장탱크 중 압력탱크 외의 탱크에 저장하는 경우 저장소의 온도를 쓰시오.
(2) 아세트알데하이드의 연소범위가 4.1~57%일 경우 위험도를 구하시오.
(3) 아세트알데하이드가 공기 중에서 산화 시 생성되는 물질의 명칭을 쓰시오.

(1) 15℃ 이하
(2) $H = \dfrac{U-L}{L} = \dfrac{57-4.1}{4.1} = 12.9$
(3) $2CH_3CHO + O_2 \rightarrow 2CH_3COOH$
　　(아세트알데히드)　(산소)　　(아세트산)

∴ 아세트산(초산)

옥외저장탱크, 옥내저장탱크 또는 지하저장탱크 중 압력탱크 외의 탱크에 저장
① 산화프로필렌, 다이에틸에터 : 30℃ 이하
② 아세트알데하이드 : 15℃ 이하

위험도

$H = \dfrac{U-L}{L}$ $\begin{cases} H : 위험도 \\ U : 연소상한계[\%] \\ L : 연소하한계[\%] \end{cases}$

12

다음 보기는 위험물안전관리법령에 따른 위험물의 저장 및 취급기준일 때 빈칸을 채우시오.

[보기]
- (①) 위험물은 불티・불꽃・고온체와의 접근이나 과열・충격 또는 마찰을 피하여야 한다.
- (②) 위험물은 가연물과의 접촉・혼합이나 분해를 촉진하는 물품과의 접근 또는 과열을 피하여야 한다.
- (③) 위험물은 불티・불꽃・고온체와의 접근 또는 과열을 피하고, 함부로 증기를 발생시키지 아니하여야 한다.

① 제5류　② 제6류　③ 제4류

제조소 등에서의 위험물의 저장 및 취급에 관한 기준
① 제1류 위험물은 가연물과의 접촉・혼합이나 분해를 촉진하는 물품과의 접근 또는 과열・충격・마찰 등을 피하는 한편, 알칼리금속의 과산화물 및 이를 함유한 것에 있어서는 물과의 접촉을 피하여야 한다.
② 제2류 위험물은 산화제와의 접촉・혼합이나 불티・불꽃・고온체와의 접근 또는 과열을 피하는 한편, 철분・금속분・마그네슘 및 이를 함유한 것에 있어서는 물이나 산과의 접촉을 피하고 인화성 고체에 있어서는 함부로 증기를 발생시키지 아니하여야 한다.
③ 제3류 위험물 중 자연발화성물질에 있어서는 불티・불꽃 또는 고온체와의 접근・과열 또는 공기와의 접촉을 피하고, 금수성물질에 있어서는 물과의 접촉을 피하여야 한다.
④ 제4류 위험물은 불티・불꽃・고온체와의 접근 또는 과열을 피하고, 함부로 증기를 발생시키지 아니하여야 한다.
⑤ 제5류 위험물은 불티・불꽃・고온체와의 접근이나 과열・충격 또는 마찰을 피하여야 한다.
⑥ 제6류 위험물은 가연물과의 접촉・혼합이나 분해를 촉진하는 물품과의 접근 또는 과열을 피하여야 한다.

13

다음 위험물의 품명 및 지정수량을 각각 쓰시오.

(1) KIO_3
(2) $AgNO_3$
(3) $KMnO_4$

(1) 아이오딘산염류, 300kg
(2) 질산염류, 300kg
(3) 과망가니즈산염류, 1000kg

물질	품명	지정수량
아이오딘산칼륨 (KIO_3)	아이오딘산염류	$300kg$
질산은 ($AgNO_3$)	질산염류	$300kg$
과망가니즈산칼륨 ($KMnO_4$)	과망가니즈산염류	$1000kg$

14

보기는 소화설비의 소요단위에 관한 내용일 때 각 물음에 답하시오.

[보기]
① 옥내저장소
② 외벽이 내화구조
③ 연면적 $150m^2$
④ 에탄올 1000L, 등유 1500L, 동식물유류 20000L, 특수인화물 500L

(1) 옥내저장소의 소요단위
(2) 위의 위험물을 저장하는 경우의 소요단위

(1) 소요단위 $= \frac{150}{150} = 1$소요단위

(2) 지정수량의 배수 $= \frac{저장수량}{지정수량}$
$= \frac{1000}{400} + \frac{1500}{1000} + \frac{20000}{10000} + \frac{500}{50} = 16$

∴ 소요단위 $= \frac{지정수량의 배수}{10} = 1.6 ≒ 2$소요단위

*각 설비의 1소요단위의 기준

건축물	외벽이 내화구조인 것	외벽이 내화구조가 아닌 것
제조소 및 취급소	$100m^2$	$50m^2$
저장소	$150m^2$	$75m^2$

물질	품명	지정수량
에탄올	제1석유류 (알코올류)	$400L$
등유	제2석유류 (비수용성)	$1000L$
동식물유류	동식물유류	$10000L$
특수인화물	특수인화물	$50L$

15

다음 보기의 제4류 위험물 중 비수용성 위험물을 모두 고르시오.

[보기]
이황화탄소, 아세트알데하이드, 아세톤, 스티렌, 클로로벤젠

이황화탄소, 스티렌, 클로로벤젠

물질	품명	지정수량
이황화탄소	특수인화물 (비수용성)	$50L$
아세트알데하이드	특수인화물 (수용성)	$50L$
아세톤	제1석유류 (수용성)	$400L$
스티렌	제2석유류 (비수용성)	$1000L$
클로로벤젠	제2석유류 (비수용성)	$1000L$

16

다음 보기는 위험물안전관리법령에서 정한 인화점 측정 방법일 때 빈칸을 채우시오.

[보기]
- 가. (①) 인화점 측정기
  - 시험장소는 1기압, 무풍의 장소로 할 것
  - 시료컵을 설정온도까지 가열 또는 냉각하여 시험물품 (설정온도가 상온보다 낮은 온도인 경우에는 설정온도까지 냉각한 것) $2mL$를 시료컵에 넣고 즉시 뚜껑 및 개폐기를 닫을 것
  - 시험불꽃을 점화하고 화염의 크기를 직경 $4mm$가 되도록 조정할 것

- 나. (②) 인화점 측정기
  - 시험장소는 1기압, 무풍의 장소로 할 것
  - 시료컵에 시험물품 $50cm^3$를 넣고 시험물품의 표면의 기포를 제거한 후 뚜껑을 덮을 것
  - 시험불꽃을 점화하고 화염의 크기를 직경이 $4mm$가 되도록 조정할 것

- 다. (③) 인화점 측정기
  - 시험장소는 1기압, 무풍의 장소로 할 것
  - 시료컵의 표선까지 시험물품을 채우고 시험물품의 표면의 기포를 제거할 것
  - 시험불꽃을 점화하고 화염의 크기를 직경이 $4mm$가 되도록 조정할 것

① 신속평형법
② 태그밀폐식
③ 클리브랜드 개방컵

17

제1종 판매취급소의 시설기준에 관한 내용일 때 빈칸을 채우시오.

(1) 위험물을 배합하는 실은 바닥면적 (①) m^2 이상 (②) m^2 이하로 한다.
(2) (③) 또는 (④)의 벽으로 한다.
(3) 바닥은 위험물이 침투하지 아니하는 구조로 하여 적당한 경사를 두고 (⑤)을(를) 설치하여야 한다.
(4) 출입구 문턱의 높이는 바닥면으로부터 (⑥) m 이상으로 하여야 한다.

① 6
② 15
③ 내화구조
④ 불연재료
⑤ 집유설비
⑥ 0.1

18

위험물안전관리법령에 따른 자체소방대에 관한 내용일 때 각 물음에 답하시오.

(1) 보기를 참고하여 자체소방대를 두어야 하는 경우를 모두 고르시오.

[보기]
① 염소산염류 $250ton$ 제조소
② 염소산염류 $250ton$ 일반취급소
③ 특수인화물 $250kL$ 제조소
④ 특수인화물 $250kL$ 충전하는 일반취급소

(2) 자체소방대에 두는 화학소방자동차 1대당 필요한 소방대원 인원수는?

(3) 다음 보기 중 틀린 것을 고르시오.
(단, 없으면 "없음"으로 표기하시오.)

[보기]
① 다른 사업소 등과 상호협정을 체결한 경우 그 모든 사업소를 하나의 사업소로 본다.
② 포수용액 방사 차에는 소화약액탱크 및 소화약액혼합장치를 비치하여야 한다.
③ 포수용액 방사 차에는 자체 소방차 대수의 $\frac{2}{3}$ 이상이어야 하고 포수용액의 방사능력은 분당 $3000L$ 이상이어야 한다.
④ 10만L 이상의 포수용액을 방사할 수 있는 양의 소화약제를 비치하여야 한다.

(4) 자체소방대를 설치하지 않은 경우 어떤 처벌을 받는가?

(1)
①, ② : 염소산염류는 제1류 위험물이므로 자체소방대를 두지 않는다.
③ : 특수인화물의 지정수량은 $50L$이므로 계산하면,
지정수량의 배수 $= \frac{저장수량}{지정수량} = \frac{250000}{50} = 5000$배

이므로 자체소방대를 두어야 한다.
④ : 충전하는 일반취급소는 보일러로 위험물을 소비하기 때문에 제외된다.
∴ ③
(2) 5인
(3) ③ (분당 $2000L$ 이상이어야 한다.)
(4) 1년 이하의 징역 또는 1천만원 이하의 벌금

*자체소방대를 설치해야 하는 사업소
① "대통령령이 정하는 제조소등"이라 함은 제4류 위험물을 취급하는 제조소 또는 일반취급소를 말한다. 다만, 보일러로 위험물을 소비하는 일반취급소 등 총리령이 정하는 일반취급소를 제외한다.
② "대통령령이 정하는 수량"이라 함은 지정수량의 3천배를 말한다.

*자체소방대에 두어야 하는 소방자동차 및 소방대원 수

사업소의 구분	화학소방 자동차	자체소방대원 수
3000배 이상 12만배 미만	1대	5인
12만배 이상 24만배 미만	2대	10인
24만배 이상 48만배 미만	3대	15인
48만배 이상	4대	20인

*화학소방자동차 중 포수용액방사차의 소화능력 및 설비의 기준
① 포수용액의 방사능력이 분당 $2000L$ 이상일 것
② 소화약액탱크 및 소화약액혼합장치를 비치할 것
③ 10만L 이상의 포수용액을 방사할 수 있는 양의 소화약제를 비치할 것

*자체소방대를 설치하지 않을 경우의 처벌
1년 이하의 징역 또는 1천만원 이하의 벌금

19

다음 방유제 내의 옥외탱크저장소가 설치될 때 각 물음에 답하시오.

[보기]
① 내용적 5천만L에 휘발유를 3천만L 저장하는 옥외저장탱크
② 내용적 1억2천만에 경유를 8천만L 저장하는 옥외저장탱크

(1) ① 탱크의 최대용량[L]을 쓰시오.
(2) ①, ② 탱크 2기를 설치한 해당 방유제의 용량[L]을 쓰시오. (공간용적은 $\frac{10}{100}$ 이다.)
(3) 다음 그림의 (?)의 명칭을 쓰시오.

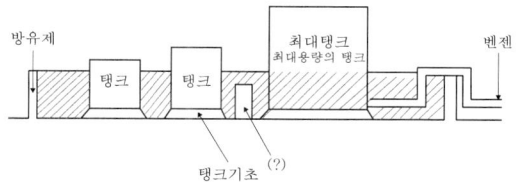

(1) 위험물 저장탱크의 공간용적은 탱크 내용적의 $\frac{5}{100}$ 이상, $\frac{10}{100}$ 이하로 한다.

최대용량을 구하라고 했으니 $\frac{5}{100}$ 을 고려한다면,
∴ 탱크의 용량 = $V(1-$공간용적$)$
   $= 50000000 \times (1-0.05) = 47500000 L$

(2) 옥외탱크저장소의 방유제 용량은 탱크 하나일 때 110% 이상, 탱크 2기 이상일 때 제일 큰 용량의 110% 이상으로 해야 한다.
탱크의 용량 = $V(1-$공간용적$)$
   $= 120000000 \times (1-0.1) = 108000000 L$
∴ 방유제의 용량 = 탱크의용량 $\times 1.1$
   $= 108000000 \times 1.1 = 118800000 L$ 이상

(3) 간막이둑

*간막이둑
용량 1000만L 이상인 옥외저장탱크 주위에 설치하는 방유제에 간막이둑을 설치를 하여야 한다.

20

다음 표는 소화설비 적응성에 관한 내용일 때 적응성이 있는 경우 빈칸에 O를 채우시오.

소화설비의 구분		대상물 구분							제4류 위험물	제5류 위험물	제6류 위험물
		제1류 위험물		제2류 위험물			제3류 위험물				
		알칼리금속과산화물	그밖의 것	철분금속분마그네슘	인화성고체	그 밖의 것	금수성물질	그밖의 것			
옥내 및 옥외 소화전											
물분무등 소화설비	물분무 소화설비										
	포 소화설비										
	불활성 가스 소화설비										
	할로젠 화합물 소화설비										

정답

소화설비의 구분		대상물 구분							제4류 위험물	제5류 위험물	제6류 위험물
		제1류 위험물		제2류 위험물			제3류 위험물				
		알칼리금속과산화물	그밖의 것	철분금속분마그네슘	인화성고체	그 밖의 것	금수성물질	그밖의 것			
옥내 및 옥외 소화전			O		O	O		O		O	O
물분무등 소화설비	물분무 소화설비		O		O	O		O	O	O	O
	포 소화설비		O		O	O		O	O	O	O
	불활성 가스 소화설비				O				O		
	할로젠 화합물 소화설비				O				O		

2020 3회차 위험물산업기사 실기 기출문제

01

제1종 분말소화약제의 열분해에 대해 각 물음에 답하시오.

(1) 270℃에서의 열분해 반응식
(2) 850℃에서의 열분해 반응식

(1) $2NaHCO_3 \rightarrow Na_2CO_3 + CO_2 + H_2O$
   (탄산수소나트륨) (탄산나트륨) (이산화탄소) (물)
(2) $2NaHCO_3 \rightarrow Na_2O + 2CO_2 + H_2O$
   (탄산수소나트륨) (산화나트륨) (이산화탄소) (물)

02

다음 보기의 제4류 위험물 중 동식물유류를 아이오딘값에 따라 건성유, 반건성유, 불건성유로 분류하시오.

[보기]
아마인유, 야자유, 들기름, 쌀겨유, 목화씨유, 피마자유

① 건성유 : 아마인유, 들기름
② 반건성유 : 쌀겨유, 목화씨유
③ 불건성유 : 야자유, 피마자유

동식물 유류	건성유	아이오딘값 130 이상	아마인유, 들기름, 동유, 정어리유, 해바라기유 등
	반건성유	아이오딘값 100~130	참기름, 옥수수유, 채종유, 쌀겨유, 청어유, 콩기름 등
	불건성유	아이오딘값 100 이하	야자유, 땅콩유, 피마자유, 올리브유, 돼지기름 등

03

다음 탱크에 대한 각 물음에 답하시오.
(단, 탱크의 공간용적은 10%이다.)

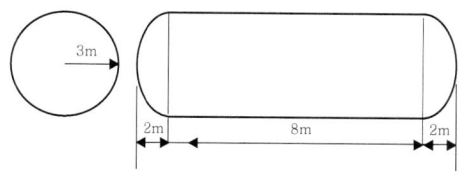

(1) 탱크의 내용적 $[m^3]$
(2) 탱크의 용량 $[m^3]$

(1) $V = \pi r^2 \left(\ell + \dfrac{\ell_1 + \ell_2}{3} \right)$
$= \pi \times 3^2 \times \left(8 + \dfrac{2+2}{3} \right) = 263.89 m^3$

(2) $V_{용량} = V(1 - 공간용적)$
$= 263.89 \times (1 - 0.1) = 237.5 m^3$

04

다음 위험물의 화학식과 지정수량을 각각 쓰시오.

(1) 벤조일퍼옥사이드
(2) 과망가니즈산암모늄
(3) 인화아연

(1) $(C_6H_5CO)_2O_2$, $10kg$
(2) NH_4MnO_4, $1000kg$
(3) Zn_3P_2, $300kg$

물질	유별	지정수량
과산화벤조일 (벤조일퍼옥사이드)	제5류 위험물	$10kg$
과망가니즈산암모늄	제1류 위험물	$1000kg$
인화아연	제3류 위험물	$300kg$

05

다음 위험물의 물과의 화학 반응식을 쓰시오.

(1) K_2O_2
(2) Mg
(3) Na

(1) $2K_2O_2 + 2H_2O \rightarrow 4KOH + O_2$
  (과산화칼륨) (물) (수산화칼륨) (산소)
(2) $Mg + 2H_2O \rightarrow Mg(OH)_2 + H_2$
  (마그네슘) (물) (수산화마그네슘) (수소)
(3) $2Na + 2H_2O \rightarrow 2NaOH + H_2$
  (나트륨) (물) (수산화나트륨) (수소)

06

아래의 화학반응식을 쓰시오.

(1) 트리메틸알루미늄과 물의 반응식
(2) 트리메틸알루미늄의 연소 반응식
(3) 트리에틸알루미늄과 물의 반응식
(4) 트리에틸알루미늄의 연소 반응식

(1) $(CH_3)_3Al + 3H_2O \rightarrow Al(OH)_3 + 3CH_4$
  (트리메틸알루미늄) (물) (수산화알루미늄) (메탄)
(2) $2(CH_3)_3Al + 12O_2 \rightarrow Al_2O_3 + 6CO_2 + 9H_2O$
  (트리메틸알루미늄) (산소) (산화알루미늄) (이산화탄소) (물)
(3) $(C_2H_5)_3Al + 3H_2O \rightarrow Al(OH)_3 + 3C_2H_6$
  (트리에틸알루미늄) (물) (수산화알루미늄) (에탄)
(4)
$2(C_2H_5)_3Al + 21O_2 \rightarrow Al_2O_3 + 12CO_2 + 15H_2O$
  (트리에틸알루미늄) (산소) (산화알루미늄) (이산화탄소) (물)

07

질산칼륨(KNO_3)에 대한 각 물음에 답하시오.

(1) 품명
(2) 지정수량
(3) 위험등급
(4) 제조소의 게시판에 표기해야 하는 주의사항
    (단, 없으면 "없음"으로 표기하시오.)
(5) 400℃에서의 열 분해반응식

(1) 질산염류
(2) 300kg
(3) 위험등급 II
(4) 없음
(5) $2KNO_3 \rightarrow 2KNO_2 + O_2$
    (질산칼륨)   (아질산칼륨) (산소)

*제조소의 게시판에 표기해야 하는 주의사항

종류	주의사항 표시
*제1류 위험물 중 알칼리금속의 과산화물 *제3류 위험물 중 금수성물질	물기엄금
*제2류 위험물 (인화성고체를 제외)	화기주의
*제2류 위험물 중 인화성고체 *제3류 위험물 중 자연발화성물질 *제4류 위험물 *제5류 위험물	화기엄금

08

탄화알루미늄과 물이 반응하여 생성되는 기체에 대한 각 물음에 답하시오.

(1) 생성되는 기체의 완전연소반응식
(2) 연소범위
(3) 위험도

(1) $\underset{(탄화알루미늄)}{Al_4C_3} + \underset{(물)}{12H_2O} \rightarrow \underset{(수산화알루미늄)}{4Al(OH)_3} + \underset{(메탄)}{3CH_4}$

∴ $\underset{(메탄)}{CH_4} + \underset{(산소)}{2O_2} \rightarrow \underset{(이산화탄소)}{CO_2} + \underset{(물)}{2H_2O}$

(2) 5~15%
(3) $H = \dfrac{U-L}{L} = \dfrac{15-5}{5} = 2$

*위험도
$H = \dfrac{U-L}{L}$ $\begin{cases} H : 위험도 \\ U : 연소상한계[\%] \\ L : 연소하한계[\%] \end{cases}$

*메탄의 연소범위 : 5~15%

09

다음 보기에서 소화 적응성이 있는 위험물을 각각 고르시오.

[보기]
① 제1류 위험물 중 알칼리금속의 과산화물
② 제2류 위험물 중 인화성고체
③ 제3류 위험물(금수성 물질 제외)
④ 제4류 위험물
⑤ 제5류 위험물
⑥ 제6류 위험물

(1) 불활성가스 소화설비
(2) 옥외소화전 설비
(3) 포 소화설비

(1) ②, ④
(2) ②, ③, ⑤, ⑥
(3) ②, ③, ④, ⑤, ⑥

10

다음 보기는 제4류 위험물을 나열한 것이다. 수용성인 위험물을 고르시오.

[보기]
① 아세톤
② 아세트알데하이드
③ 벤젠
④ 톨루엔
⑤ 휘발유
⑥ 클로로벤젠
⑦ 메틸알코올

①, ②, ⑦

명칭	품명
아세톤	제1석유류(수용성)
아세트알데하이드	특수인화물(수용성)
벤젠	제1석유류(비수용성)
톨루엔	제1석유류(비수용성)
휘발유	제1석유류(비수용성)
클로로벤젠	제2석유류(비수용성)
메틸알코올	알코올류

11

위험물안전관리법령상 이산화탄소를 저장하는 저압용기에 대한 내용일 때 빈칸을 채우시오.

[보기]
① 이산화탄소를 방사하는 분사헤드 중 고압식의 방사압력은 ( )MPa 이상, 저압식의 경우 ( )MPa 이상일 것

② 저압식 저장용기에는 액면계 및 압력계와 ( )MPa 이상, ( )MPa 이하의 압력에서 작동하는 압력경보장치를 설치할 것

③ 저압식 저장용기에는 용기 내부의 온도를 영하 ( )℃ 이상, 영하 ( )℃ 이하로 유지할 수 있는 자동냉동기를 설치할 것

① 2.1, 1.05
② 2.3, 1.9
③ 20, 18

12

제6류 위험물에 대하여 위험물로 성립되는 조건을 쓰시오.
(단, 없으면 "없음"이라고 쓰시오.)

(1) 과산화수소
(2) 과염소산
(3) 질산

(1) 농도가 $36wt\%$ 이상인 것
(2) 없음
(3) 비중이 1.49 이상인 것

13

1기압, 350℃에서 과산화나트륨 1kg이 물과 반응할 때 생성되는 기체의 부피[L]를 구하시오.

과산화나트륨(Na_2O_2)의 분자량 = $23 \times 2 + 16 \times 2 = 78$

$$2Na_2O_2 + 2H_2O \rightarrow 4NaOH + O_2$$
(과산화나트륨) (물) (수산화나트륨) (산소)

$PV = nRT = \dfrac{W}{M}RT$ 에서,

$\therefore V = \dfrac{WRT}{PM} \times \dfrac{\text{생성물의 몰수}}{\text{반응물의 몰수}}$

$= \dfrac{1000 \times 0.082 \times (350+273)}{1 \times 78} \times \dfrac{1}{2} = 327.47L$

14

인화점 −38℃, 비점 21℃, 분자량 44, 연소범위 4.1~57%인 특수인화물이 있을 때 다음을 구하시오.

(1) 시성식
(2) 증기비중
(3) 산화반응 시 생성되는 위험물

(1) CH_3CHO(아세트알데히드)
(2) 분자량 : $12 + 1 \times 3 + 12 + 1 + 16 = 44$

  $\therefore$ 증기비중 $= \dfrac{\text{분자량}}{28.84} = \dfrac{44}{28.84} = 1.53$

(3) $2CH_3CHO + O_2 \rightarrow 2CH_3COOH$
  (아세트알데히드) (산소) (아세트산)

  $\therefore$ 아세트산(초산)

15

위험물안전관리법령상 옥내저장소에 대한 각 물음에 답하시오.

[보기]

가. 옥내저장소에 동일 품명의 위험물이더라도 자연발화 할 우려가 있는 위험물 또는 재해가 현저하게 증대 할 우려가 있는 위험물을 다량 저장하는 경우에는 지정수량의 10배 이하마다 (①) 이상의 간격을 두어 저장하여야 한다.

나. 기계에 의하여 하역하는 구조로 된 용기만을 겹쳐 쌓는 경우 (②)의 높이를 초과하지 아니하여야 한다.

다. 제4류 위험물 중 제3석유류, 제4석유류 및 동식물유류를 수납하는 용기만을 겹쳐 쌓는 경우 (③)의 높이를 초과하지 아니하여야 한다.

라. 그 밖의 경우에 있어서는 (④)의 높이를 초과하지 아니하여야 한다.

마. 옥내저장소에서는 용기에 수납하여 저장하는 위험물의 온도가 (⑤)를 넘지 아니하도록 필요한 조치를 강구하여야 한다.

① 0.3m ② 6m ③ 4m ④ 3m ⑤ 55℃

16

제4류 위험물 중 제1석유류 ~ 동식물유류의 인화점의 기준을 쓰시오.

[보기]
① 제1석유류 : 인화점이 ( )℃ 미만
② 제2석유류 : 인화점이 ( )℃ 이상 ( )℃ 미만
③ 제3석유류 : 인화점이 ( )℃ 이상 ( )℃ 미만
④ 제4석유류 : 인화점이 ( )℃ 이상 ( )℃ 미만
⑤ 동식물유류 : 인화점이 ( )℃ 미만

① 21   ② 21, 70
③ 70, 200   ④ 200, 250
⑤ 250

17

위험물안전관리법령에 따른 지하탱크저장소에 대한 각 물음에 답하시오.

(1) 탱크 전용실의 두께는 몇 m 이상으로 하여야 하는가?
(2) 통기관은 지면으로부터 몇 m 이상의 높이에 설치하여야 하는가?
(3) 누유검사관을 몇 개소 이상을 설치하여야 하는가?
(4) 탱크와 탱크전용실 사이의 공간을 어떤 물질로 채워야 하는가?
(5) 지하저장탱크의 윗부분은 지면으로부터 몇 m 이상 아래에 있어야 하는가?

(1) $0.3m$
(2) $4m$
(3) 4개소
(4) 마른 모래 또는 습기 등에 의해 응고되지 않은 입자지름 $5mm$ 이하의 마른 자갈분
(5) $0.6m$

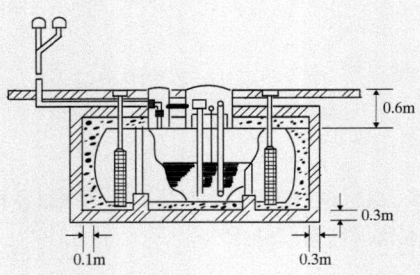

*지하탱크저장소의 위치, 구조 및 설비의 기준
① 콘크리트 구조의 벽은 두께 0.3m 이상으로 한다.
② 지하저장탱크와 탱크전용실의 안쪽과의 사이는 $0.1m$ 이상의 간격을 유지한다.
③ 콘크리트 구조의 바닥은 두께 0.3m 이상으로 한다.
④ 지하저장탱크의 윗부분은 지면으로부터 0.6m 이상 아래에 있어야 한다.
⑤ 벽, 바닥 등에 적당한 방수 조치를 강구한다.
⑥ 통기관은 지면으로부터 $4m$ 이상 높이에 설치해야 한다.
⑦ 탱크와 탱크전용실 사이의 공간에 마른 모래 또는 습기 등에 의해 응고되지 않은 입자지름 $5mm$ 이하의 마른 자갈분을 채운다.

18

황화인에 대한 다음 각 물음에 답하시오.

(1) 삼황화인, 오황화인, 칠황화인 중 조해성이 있는 물질과 없는 물질을 구분하시오.
(2) 위의 황화인들 중 발화점이 가장 낮은 물질의 명칭을 쓰시오.
(3) (2)의 물질에 대한 완전연소반응식을 쓰시오.

(1) 조해성이 없는 황화인 : 삼황화인(P_4S_3)
조해성이 있는 황화인 : 오황화인(P_2S_5), 칠황화인(P_4S_7)
(2) 삼황화인
(3) $P_4S_3 + 8O_2 \rightarrow 2P_2O_5 + 3SO_2$
(삼황화인) (산소) (오산화인) (이산화황)

19

제3류 위험물 중 물과 반응하지 않고 연소할 때 백색의 연기를 발생하는 물질에 대한 각 물음에 답하시오.

(1) 명칭
(2) 이 위험물을 저장하는 옥내저장소의 바닥면적
(3) 수산화칼륨과 같은 강알칼리성 용액과 반응하여 생성 되는 맹독성 기체의 화학식

(1) 황린
(2) $1000m^2$ 이하
(3) $P_4 + 3KOH + 3H_2O \rightarrow 3KH_2PO_2 + PH_3$
(황린) (수산화칼륨) (물) (차아인산칼륨) (포스핀)
∴ PH_3

*옥내저장소의 위치, 구조 및 설비의 기준
하나의 저장창고의 바닥면적(2 이상의 구획된 실이 있는 경우에는 각 실의 바닥면적의 합계)은 다음 각목의 구분에 의한 면적 이하로 하여야 한다.

1. 다음의 위험물을 저장하는 창고 : $1,000m^2$
① 제1류 위험물 중 아염소산염류, 염소산염류, 과염소산염류, 무기과산화물 그 밖에 지정수량이 $50kg$인 위험물
② 제3류 위험물 중 칼륨, 나트륨, 알킬알루미늄, 알킬리튬 그 밖에 지정수량이 $10kg$인 위험물 및 황린
③ 제4류 위험물 중 특수인화물, 제1석유류 및 알코올류
④ 제5류 위험물 중 유기과산화물, 질산에스터류 그 밖에 지정수량이 $10kg$인 위험물
⑤ 제6류 위험물

2. 1. 의 위험물 외의 위험물을 저장하는 창고 : $2,000m^2$

3. 1. 의 위험물과 2. 목의 위험물을 내화구조의 격벽으로 완전히 구획된 실에 각각 저장하는 창고 : $1,500m^2$ (1.의 위험물을 저장하는 실의 면적은 $500m^2$를 초과할 수 없다.)

*위험물의 운반용기 외부에 수납하는 위험물에 따른 주의사항

유별	성질	표시
제1류 위험물	산화성고체	알칼리금속의 과산화물 또는 이를 함유한 것 : 화기주의, 충격주의, 물기엄금, 가연물접촉주의
		그 외 : 화기주의, 충격주의, 가연물접촉주의
제2류 위험물	가연성고체	철분, 금속분, 마그네슘 : 화기주의, 물기엄금
		인화성고체 : 화기엄금
		그 외 : 화기주의
제3류 위험물	자연발화성 및 금수성물질	자연발화성물질 : 화기엄금, 공기접촉엄금
		금수성물질 : 물기엄금
제4류 위험물	인화성액체	화기엄금
제5류 위험물	자기반응성 물질	화기엄금, 충격주의
제6류 위험물	산화성액체	가연물접촉주의

20
다음 위험물 운반용기 외부의 주의사항을 쓰시오.

유별	주의사항
제2류 위험물 중 인화성고체	(①)
제3류 위험물 중 금수성물질	(②)
제4류 위험물	(③)
제5류 위험물	(④)
제6류 위험물	(⑤)

① 화기엄금
② 물기엄금
③ 화기엄금
④ 화기엄금, 충격주의
⑤ 가연물 접촉주의

2020년 4회차 위험물산업기사 실기 기출문제

01
다음 보기의 위험물들을 인화점이 낮은 순대로 배치하시오.

[보기]
다이에틸에터, 아세톤, 이황화탄소, 산화프로필렌

다이에틸에터 < 산화프로필렌 < 이황화탄소 < 아세톤

명칭	품명	인화점
다이에틸에터	특수인화물	-45℃
아세톤	제1석유류 (수용성)	-18℃
이황화탄소	특수인화물	-30℃
산화프로필렌	특수인화물	-37℃

02
보기의 위험물을 수납하는 운반용기 외부에 표시해야 하는 주의사항을 쓰시오.

[보기]
① 철분
② 아닐린
③ 황린
④ 질산칼륨
⑤ 질산

① 철분 : 화기주의, 물기엄금
② 아닐린 : 화기엄금
③ 황린 : 화기엄금, 공기접촉엄금
④ 질산칼륨 : 화기주의, 충격주의, 가연물접촉주의
⑤ 질산 : 가연물접촉주의

*위험물의 운반용기 외부에 수납하는 위험물에 따른 주의사항

유별	성질	표시
제1류 위험물	산화성고체	알칼리금속의 과산화물 또는 이를 함유한 것 : 화기주의, 충격주의, 물기엄금, 가연물접촉주의
		그 외 : 화기주의, 충격주의, 가연물접촉주의
제2류 위험물	가연성고체	철분, 금속분, 마그네슘 : 화기주의, 물기엄금
		인화성고체 : 화기엄금
		그 외 : 화기주의
제3류 위험물	자연발화성 및 금수성물질	자연발화성물질 : 화기엄금, 공기접촉엄금
		금수성물질 : 물기엄금
제4류 위험물	인화성액체	화기엄금
제5류 위험물	자기반응성 물질	화기엄금, 충격주의
제6류 위험물	산화성액체	가연물접촉주의

① 철분 : 제2류 위험물 중 철분
② 아닐린 : 제4류 위험물
③ 황린 : 제3류 위험물 중 자연발화성물질
④ 질산칼륨 : 제1류 위험물 중 그 외
⑤ 질산 : 제6류 위험물

03

제4류 위험물을 옥외저장탱크에 저장하고 주위에 방유제를 설치할 때 각 물음에 답하시오.

(1) 방유제 높이의 기준
(2) 방유제 면적의 기준
(3) 방유제 내에 설치하는 옥외저장탱크는 몇 기 이하인가?

(1) 0.5m 이상 3m 이하
(2) 80000m^2 이하
(3) 10기 이하

04

다음 보기의 위험물에 대한 수납률을 각각 쓰시오.

[보기]
① 질산칼륨
② 질산
③ 과염소산
④ 알킬리튬
⑤ 알킬알루미늄

① 질산칼륨 : 95% 이하
② 질산 : 98% 이하
③ 과염소산 : 98% 이하
④ 알킬리튬 : 90% 이하
⑤ 알킬알루미늄 : 90% 이하

*적재방법
수납률
① 고체 위험물 : 운반용기 내용적의 95% 이하의 수납률로 수납할 것
② 액체 위험물 : 운반용기 내용적의 98% 이하의 수납률로 수납할 것

③ 자연발화성 물질 중 알킬알루미늄 등은 운반용기 내용적의 90% 이하의 수납률로 수납하되, 50℃의 온도에서 5% 이상의 공간용적을 유지하도록 할 것

명칭	종류	수납률
질산칼륨	고체 위험물	95% 이하
질산	액체 위험물	98% 이하
과염소산	액체 위험물	98% 이하
알킬리튬	알킬리튬	90% 이하
알킬알루미늄	알킬알루미늄	90% 이하

05

다음 보기는 제2류 위험물의 위험물이 되는 기준에 대한 설명일 때 빈칸을 채우시오.

[보기]
- 황은 순도 (①)$wt\%$ 이상인 것을 말한다. 이 경우 순도측정에 있어서 불순물은 활석 등 불연성 물질과 수분에 한한다.
- 철분이라 함은 철의 분말로서 (②)μm의 표준체를 통과하는 것이 (③)$wt\%$ 이상인 것을 말한다.
- 금속분이라 함은 구리, 니켈을 제외한 금속의 분말로 (④)μm의 표준체를 통과하는 것이 (⑤)$wt\%$ 이상인 것을 말한다.

① 60
② 53
③ 50
④ 150
⑤ 50

06

다음은 옥내소화전설비의 압력수조를 이용한 가압수송장치의 설치기준에 관한 공식일 때 보기를 참고하여 빈칸에 알맞은 답을 쓰시오.

$P = (①) + (②) + (③) + 0.35 MPa$

[보기]
ⓐ 전양정[MPa]
ⓑ 필요한 압력[MPa]
ⓒ 소방용 호스의 마찰손실수두압[MPa]
ⓓ 배관의 마찰손실수두압[MPa]
ⓔ 낙차의 환산수두압[MPa]
ⓕ 방수압력 환산수두압[MPa]

① : ⓒ
② : ⓓ
③ : ⓔ

*필요한 압력
$P = p_1 + p_2 + p_3 + 0.35 MPa$
$\begin{cases} P : 필요한 압력[MPa] \\ p_1 : 소방용 호스의 마찰손실수두압[MPa] \\ p_2 : 배관의 마찰손실수두압[MPa] \\ p_3 : 낙차의 환산수두압[MPa] \end{cases}$

07

특수인화물 200L, **제1석유류** 400L, **제2석유류** 4000L, **제3석유류** 12000L, **제4석유류** 24000L에 대한 지정수량의 배수의 합을 쓰시오.
(단, 전부 수용성이다.)

지정수량의 배수 = 저장수량 / 지정수량

$= \dfrac{200}{50} + \dfrac{400}{400} + \dfrac{4000}{2000} + \dfrac{12000}{4000} + \dfrac{24000}{6000}$

$= 14$배

*제4류 위험물의 각 지정수량

품명	지정수량
특수인화물	50L
제1석유류(비수용성)	200L
제1석유류(수용성)	400L
알코올류	400L
제2석유류(비수용성)	1000L
제2석유류(수용성)	2000L
제3석유류(비수용성)	2000L
제3석유류(수용성)	4000L
제4석유류	6000L
동식물유류	10000L

08

다음 보기에서 제3류 위험물인 나트륨의 화재 시 사용하는 소화방법으로 맞는 것을 모두 고르시오.

[보기]
팽창질석, 건조사, 포소화설비,
이산화탄소소화설비, 인산염류분말소화설비

팽창질석, 건조사

나트륨은 제3류 위험물 중 금수성물질로 화재 시 건조사(마른모래), 팽창질석, 팽창진주암, 탄산수소염류분말 소화설비 등으로 질식소화를 하여야 한다.

09

각 위험물의 위험등급 II에 해당되는 품명을 2가지씩 쓰시오.

(1) 제1류 위험물
(2) 제2류 위험물
(3) 제4류 위험물

(1) 제1류 위험물 : 브로민산염류, 아이오딘산염류, 질산염류
(2) 제2류 위험물 : 황화인, 적린, 황
(3) 제4류 위험물 : 제1석유류, 알코올류

10

제4류 위험물 중 알코올류에 속하는 에틸알코올에 대한 각 물음에 답하시오.

(1) 연소반응식을 쓰시오.
(2) 칼륨과의 반응에서 발생하는 기체의 화학식을 쓰시오.
(3) 에틸알코올의 구조이성질체로서 디메틸에테르의 시성식을 쓰시오.

(1) $\underset{(\text{에틸알코올})}{C_2H_5OH} + \underset{(\text{산소})}{3O_2} \rightarrow \underset{(\text{이산화탄소})}{2CO_2} + \underset{(\text{물})}{3H_2O}$

(2) $\underset{(\text{칼륨})}{2K} + \underset{(\text{에틸알코올})}{2C_2H_5OH} \rightarrow \underset{(\text{칼륨에틸레이트})}{2C_2H_5OK} + \underset{(\text{수소})}{H_2}$

∴ H_2

(3) CH_3OCH_3 (디메틸에테르)

11

다음 위험물이 $1atm$, $30°C$에서 물과 반응할 때 생성되는 기체의 몰수를 각각 구하시오.

(1) 과산화나트륨 $78g$
(2) 수소화칼슘 $42g$

(1) $\underset{(\text{과산화나트륨})}{2Na_2O_2} + \underset{(\text{물})}{2H_2O} \rightarrow \underset{(\text{수산화나트륨})}{4NaOH} + \underset{(\text{산소})}{O_2}$

과산화나트륨의 분자량 : $23 \times 2 + 16 \times 2 = 78$

$n = \dfrac{W}{M} = \dfrac{78}{78} = 1mol$

$2mol$의 과산화나트륨이 반응하여 $1mol$의 산소를 생성하였으니, $1mol$의 과산화나트륨이 반응하면 $0.5mol$의 산소가 생성된다.

∴ $0.5mol$

(2) $\underset{(\text{수소화칼슘})}{CaH_2} + \underset{(\text{물})}{2H_2O} \rightarrow \underset{(\text{수산화칼슘})}{Ca(OH)_2} + \underset{(\text{수소})}{2H_2}$

수소화칼슘의 분자량 : $40 + 1 \times 2 = 42$

$n = \dfrac{W}{M} = \dfrac{42}{42} = 1mol$

$1mol$의 수소화칼슘이 반응하여 $2mol$의 수소가 생성된다.

∴ $2mol$

12

다음 보기의 위험물의 품명과 지정수량을 각각 쓰시오.

[보기]
① HCN
② $C_2H_4(OH)_2$
③ CH_3COOH
④ $C_3H_5(OH)_3$
⑤ N_2H_4

① 제1석유류, 400L
② 제3석유류, 4000L
③ 제2석유류, 2000L
④ 제3석유류, 4000L
⑤ 제2석유류, 2000L

명칭	품명	지정수량
시안화수소 (HCN)	제1석유류 (수용성)	400L
에틸렌글리콜 ($C_2H_4(OH)_2$)	제3석유류 (수용성)	4000L
아세트산 (CH_3COOH)	제2석유류 (수용성)	2000L
글리세린 ($C_3H_5(OH)_3$)	제3석유류 (수용성)	4000L
하이드라진 (N_2H_4)	제2석유류 (수용성)	2000L

13

다음 표는 주유취급소의 위치·구조 및 설비의 기준에 대한 내용일 때 알맞은 답을 쓰시오.

기준	고정주유설비	고정급유설비
도로경계선	(①) 이상	(②) 이상
부지경계선 및 담	(③) 이상	(④) 이상
건축물의 벽	(⑤) 이상	(⑥) 이상
개구부가 없는 벽	(⑦) 이상	(⑧) 이상

※ 고정주유설비와 고정급유설비 사이에는 4m 이상.

① 4m ② 4m
③ 2m ④ 1m
⑤ 2m ⑥ 2m
⑦ 1m ⑧ 1m

14

인화칼슘에 대한 각 물음에 답하시오.

(1) 몇 류 위험물인가?
(2) 지정수량은 얼마인가?
(3) 물과의 반응식을 쓰시오.
(4) 물과의 반응 후 생성되는 기체의 명칭을 쓰시오.

(1) 제3류 위험물
(2) 300kg
(3) $Ca_3P_2 + 6H_2O \rightarrow 3Ca(OH)_2 + 2PH_3$
   (인화칼슘) (물)   (수산화칼슘) (포스핀)
(4) 포스핀(인화수소)

15

제4류 위험물인 이황화탄소에 대하여 다음 물음에 답하시오.

(1) 연소반응식
(2) 품명
(3) 지정수량
(4) 이황화탄소를 저장하는 철근콘크리트 수조의 최소 두께의 기준

(1) $CS_2 + 3O_2 \rightarrow CO_2 + 2SO_2$
   (이황화탄소) (산소) (이산화탄소) (이산화황)
(2) 특수인화물
(3) 50L
(4) 0.2m 이상

이황화탄소를 저장하는 옥외저장탱크는 벽 및 바닥의 두께가 0.2m 이상이고 누수가 되지 않는 철근콘크리트의 수조에 넣어 보관해야 한다.

16

다음 보기를 참고하여 제2류 위험물(가연성고체)에 대한 설명 중 알맞은 답을 모두 고르시오.

[보기]
① 황화인, 황, 적린은 위험등급 II이다.
② 고형알코올의 지정수량은 $1000kg$이고, 품명은 알코올류이다.
③ 물에 대부분 잘 녹는다.
④ 비중은 1보다 작다.
⑤ 산화성 물질이다.
⑥ 지정수량은 $100kg$, $500kg$, $1000kg$이다.
⑦ 제2류 위험물을 취급하는 제조소 게시판의 주의사항은 화기엄금과 화기주의 중 경우에 따라 한 개를 표기하여야 한다.

①, ⑥, ⑦

② 고형알코올의 지정수량은 $1000kg$이고, 품명은 인화성고체이다.
③ 제2류 위험물은 물에 녹지 않는다.
④ 제2류 위험물은 일반적으로 비중이 1보다 크다.
⑤ 제2류 위험물은 환원성 물질이다.

17

ANFO 폭약의 원료를 제조하는 위험물이 있을 때 각 물음에 답하시오.

(1) 화학식
(2) 이 위험물이 분해하여 물, 질소, 산소가 발생하는 분해 반응식을 쓰시오.

(1) NH_4NO_3
(2) $2NH_4NO_3 \rightarrow 4H_2O + 2N_2 + O_2$
   (질산암모늄)   (물)   (질소) (산소)

18

다음 표는 제3류 위험물에 대한 내용일 때 빈칸을 채우시오.

품명	지정수량
칼륨	(①)
나트륨	(②)
알킬알루미늄	(③)
(④)	$10kg$
(⑤)	$20kg$
알칼리금속	(⑥)
유기금속화합물	(⑦)

① $10kg$ ② $10kg$
③ $10kg$ ④ 알킬리튬
⑤ 황린   ⑥ $50kg$
⑦ $50kg$

19

유별을 달리하는 위험물은 동일한 저장소에 저장하지 아니하여야 한다. 다만, 옥내 또는 옥외저장소에 위험물을 저장하는 경우로서 유별로 서로 $1m$ 이상의 간격을 두는 경우에는 그러지 아니하다. 다음 위험물과 옥내저장소에서 동일한 실에 저장할 수 있는 위험물을 보기에서 모두 고르시오.
(단, 없으면 "없음"으로 표기하시오.)

[보기]
과염소산칼륨, 염소산칼륨, 과산화나트륨, 아세톤, 과염소산, 질산, 아세트산

(1) 질산메틸
(2) 인화성고체
(3) 황린

(1) 질산메틸 : 과염소산칼륨, 염소산칼륨
(2) 인화성고체 : 아세톤, 아세트산
(3) 황린 : 과염소산칼륨, 염소산칼륨, 과산화나트륨

*제조소등에서의 위험물의 저장 및 취급에 관한 기준
- 유별을 달리하는 위험물은 동일한 저장소(내화구조의 격벽으로 완전히 구획된 실이 2 이상 있는 저장소에 있어서는 동일한 실)에 저장하지 아니하여야 한다. 다만, 옥내저장소 또는 옥외저장소에 있어서 다음의 각목의 규정에 의한 위험물을 저장하는 경우로서 위험물을 유별로 정리하여 저장하는 한편, 서로 1m 이상의 간격을 두는 경우에는 그러지 아니하다.
① 제1류 위험물(알칼리금속의 과산화물 또는 이를 함유한 것을 제외)과 제5류 위험물을 저장하는 경우
② 제1류 위험물과 제6류 위험물을 저장하는 경우
③ 제1류 위험물과 제3류 위험물 중 자연발화성물질(황린 또는 이를 함유한 것)을 저장하는 경우
④ 제2류 위험물 중 인화성고체와 제4류 위험물을 저장하는 경우
⑤ 제3류 위험물 중 알킬알루미늄등과 제4류 위험물(알킬알루미늄 또는 알칼리튬을 함유한 것)을 저장하는 경우
넵
⑥ 제4류 위험물 중 유기과산화물 또는 이를 함유한 것과 제5류 위험물 중 유기과산화물 또는 이를 함유한 것을 저장하는 경우

명칭	유별	품명
과염소산칼륨	제1류 위험물	과염소산염류
염소산칼륨	제1류 위험물	염소산염류
과산화나트륨	제1류 위험물	무기과산화물
아세톤	제4류 위험물	제1석유류
과염소산	제6류 위험물	과염소산
질산	제6류 위험물	질산
아세트산	제4류 위험물	제2석유류
질산메틸	제5류 위험물	질산에스터류
인화성고체	제2류 위험물	인화성고체
황린	제3류 위험물	자연발화성물질

20

다음 그림과 같이 옥내저장탱크에 에틸알코올을 저장하는 탱크 2기가 있을 때 다음을 구하시오.

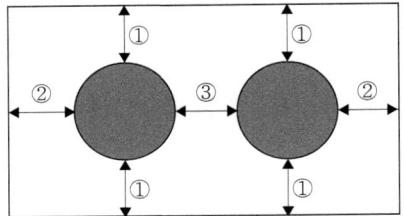

(1) ①의 거리는 몇 m 이상으로 해야 하는가?
(2) ②의 거리는 몇 m 이상으로 해야 하는가?
(3) ③의 거리는 몇 m 이상으로 해야 하는가?
(4) 옥내저장탱크의 전체 용량은 몇 L 이하로 해야 하는가?

(1) 0.5m 이상
(2) 0.5m 이상
(3) 0.5m 이상
(4) $V = 400 \times 40 = 16000L$ 이하

*탱크와 전용실 등과의 간격
옥내저장탱크와 탱크 전용실 벽과의 사이 및 탱크 간에는 $0.5m$ 이상 간격을 유지할 것.

*옥내저장탱크의 용량
지정수량의 40배(제4석유류 및 동식물유류 외의 제4류 위험물에 있어서 당해 수량이 20000L를 초과할 때에는 20000L) 이하일 것

물질	품명	지정수량
에틸알코올	알코올류	400L

Memo

2020년 5회차 위험물산업기사 실기 기출문제

01
제3류 위험물 중 지정수량이 $10kg$인 위험물의 품명을 모두 쓰시오.

칼륨, 나트륨, 알킬알루미늄, 알킬리튬

*제3류 위험물의 지정수량

품명	지정수량
칼륨	$10kg$
나트륨	$10kg$
알킬알루미늄	$10kg$
알킬리튬	$10kg$
황린	$20kg$
알칼리금속	$50kg$
알칼리토금속	$50kg$
유기금속화합물	$50kg$

사업소의 구분	화학소방 자동차	자체소방대원 수
3000배 이상 12만배 미만	1대	5인
12만배 이상 24만배 미만	2대	10인
24만배 이상 48만배 미만	3대	15인
48만배 이상	4대	20인

02
자체소방대에 대한 각 물음에 답하시오.

(1) 제조소 또는 일반취급소에서 취급하는 제4류 위험물의 최대수량의 합이 지정수량의 12만배 미만일 때의 자체소방대원 수 및 소방자동차의 대수
(2) 제조소 또는 일반취급소에서 취급하는 제4류 위험물의 최대수량의 합이 지정수량의 48만배 이상일 때의 자체소방대원 수 및 소방자동차의 대수

(1) 5인, 1대
(2) 20인, 4대

03
다음 보기 중 인화점이 낮은 순서대로 배치하시오.

[보기]
아세톤, 아닐린, 메틸알코올, 이황화탄소

이황화탄소 < 아세톤 < 메틸알코올 < 아닐린

물질	인화점
아세톤	$-18℃$
아닐린	$70℃$
메틸알코올	$11℃$
이황화탄소	$-30℃$

04

표준상태에서 $580g$의 인화알루미늄과 물이 반응하여 생성되는 기체의 부피[L]을 구하시오.

인화알루미늄(AlP)의 분자량 : $27 + 31 = 58$

$$\underset{(\text{인화알루미늄})}{AlP} + \underset{(\text{물})}{3H_2O} \rightarrow \underset{(\text{수산화알루미늄})}{Al(OH)_3} + \underset{(\text{포스핀})}{PH_3}$$

표준상태(1기압, 0℃)에서 기체 1mol의 부피는 22.4L이고, 인화알루미늄 1mol(58g)이 반응할 때 1mol의 포스핀이 발생하니, 10mol(580g)이 반응할 때 10mol의 포스핀이 발생하므로,

∴ $V = 10 \times 22.4 = 224L$

05

다음 위험물들의 지정수량 배수의 합을 구하시오.

> 아세톤 $20L$ - 100개, 경유 $200L$ - 5드럼

지정수량의 배수 $= \dfrac{\text{저장수량}}{\text{지정수량}} = \dfrac{20 \times 100}{400} + \dfrac{200 \times 5}{1000}$

$= 6$배

명칭	품명	지정수량
아세톤	제1석유류 (수용성)	$400L$
경유	제2석유류 (비수용성)	$1000L$

06

제2류 위험물 알루미늄에 대하여 각 물음에 답하시오.

(1) 완전연소반응식
(2) 염산과의 반응식
(3) 위험등급

(1) $\underset{(\text{알루미늄})}{4Al} + \underset{(\text{산소})}{3O_2} \rightarrow \underset{(\text{산화알루미늄})}{2Al_2O_3}$

(2) $\underset{(\text{알루미늄})}{2Al} + \underset{(\text{염산})}{6HCl} \rightarrow \underset{(\text{염화알루미늄})}{2AlCl_3} + \underset{(\text{수소})}{3H_2}$

(3) 위험등급 III

07

위험물 제조소에 $200m^3$ 및 $100m^3$의 탱크가 각각 1개씩 있으며, 탱크 주위로 방유제를 만들 때 방유제의 용량[m^3]을 구하시오.

방유제의 용량 $= 200 \times 0.5 + 100 \times 0.1 = 110m^3$ 이상

*위험물 제조소에 있는 위험물 취급탱크

① 하나의 취급 탱크 주위에 설치하는 방유제의 용량
: 당해 탱크용량의 50% 이상

② 2 이상의 취급 탱크 주위에 하나의 방유제를 설치하는 경우, 방유제의 용량
: 당해 탱크 중 용량이 최대인 것의 50%에 나머지 탱크용량의 합계를 10%를 가산한 양 이상이 되게 할 것

08

제5류 위험물 중 규조토에 흡수시키면 다이너마이트를 제조하는 위험물에 대한 각 물음에 답하시오.

(1) 구조식
(2) 품명
(3) 지정수량
(4) 이산화탄소, 수증기, 질소, 산소를 발생하는 완전분해 반응식

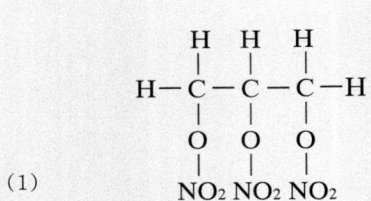

(1)
(2) 질산에스터류
(3) $10kg$
(4) $4C_3H_5(ONO_2)_3 \rightarrow 12CO_2 + 10H_2O + 6N_2 + O_2$
　　(나이트로글리세린)　　(이산화탄소)　(수증기)　(질소)　(산소)

09

다음 간이탱크저장소에 대해 빈칸을 채우시오.

[보기]
- 하나의 간이탱크저장소에 설치하는 간이저장탱크는 그 수를 (①) 이하로 한다.
- 간이저장탱크는 움직이거나 넘어지지 않도록 지면 또는 가설대에 고정시키되, 옥외에 설치하는 경우에는 그 탱크의 주위에 너비 (②)m 이상의 공지를 두고, 전용실 안에 설치하는 경우에는 탱크와 전용실의 벽과의 사이에 (③)m 이상의 간격을 유지하여야 한다.
- 간이저장탱크의 용량은 (④)L 이하여야 한다.
- 간이저장탱크는 두께 (⑤)mm 이상의 강판으로 흠이 없도록 제작하여야 하며, (⑥)kPa의 압력으로 10분간 수압시험을 실시하여 새거나 변형되지 않도록 한다.

① 3
② 1
③ 0.5
④ 600
⑤ 3.2
⑥ 70

10

다음 아세트알데하이드에 대한 각 물음에 답하시오.

(1) 시성식
(2) 에틸렌을 산화시켜 제조할 때의 반응식을 쓰시오.
(3) 아세트알데하이드를 압력탱크 외의 탱크에 저장하는 경우의 저장온도
(4) 아세트알데하이드를 압력탱크에 저장하는 경우의 저장온도

(1) CH_3CHO
(2)
$C_2H_4 + PdCl_2 + H_2O \rightarrow CH_3CHO + Pd + 2HCl$
(에틸렌)　(염화팔라듐)　(물)　　(아세트알데하이드)　(팔라듐)　(염산)
(3) $15℃$ 이하
(4) $40℃$ 이하

11

위험물안전관리법의 기준에 따른 흑색화약의 원료 중 위험물에 해당하는 물질이 있을 때 다음을 구하시오.

(1) 해당하는 위험물 2가지를 쓰시오.
(2) 해당하는 위험물의 지정수량을 쓰시오.

(1) 질산칼륨(KNO_3), 황(S)
(2) 질산칼륨 : $300kg$, 황 : $100kg$

흑색화약의 원료 : 질산칼륨, 황, 숯
(여기서 숯은 위험물이 아니다.)

12

아세트산에 대한 각 물음에 답하시오.

(1) 과산화나트륨과의 반응식
(2) 연소반응식

(1) Na_2O_2 (과산화나트륨) $+ 2CH_3COOH$ (아세트산) $\rightarrow 2CH_3COONa$ (아세트산나트륨) $+ H_2O_2$ (과산화수소)
(2) CH_3COOH (아세트산) $+ 2O_2$ (산소) $\rightarrow 2CO_2$ (이산화탄소) $+ 2H_2O$ (물)

13

다음 보기의 제4류 위험물 중 수용성인 위험물을 모두 고르시오.

[보기]
시안화수소, 아세톤, 클로로벤젠, 하이드라진, 글리세린

시안화수소, 아세톤, 하이드라진, 글리세린

물질	품명
시안화수소	제1석유류(수용성)
아세톤	제1석유류(수용성)
클로로벤젠	제2석유류(비수용성)
하이드라진	제2석유류(수용성)
글리세린	제3석유류(수용성)

14

탄화칼슘에 대한 각 물음에 답하시오.

(1) 물과의 반응식
(2) 생성 기체의 명칭
(3) 생성 기체의 연소범위
(4) 생성기체의 연소반응식

(1) CaC_2 (탄화칼슘) $+ 2H_2O$ (물) $\rightarrow Ca(OH)_2$ (수산화칼슘) $+ C_2H_2$ (아세틸렌)
(2) 아세틸렌
(3) $2.5 \sim 81\%$
(4) $2C_2H_2$ (아세틸렌) $+ 5O_2$ (산소) $\rightarrow 4CO_2$ (이산화탄소) $+ 2H_2O$ (물)

15

위험물 제조소등과의 안전거리 기준에 따라 각 물음에 답하시오.

(1) 위험물 제조소등과 가연성 도시가스시설의 안전거리
(2) 위험물 제조소등과 주거용 주택과의 안전거리
(3) 위험물 제조소등과 $50000V$가 작용하는 특고압 가공 전선과의 안전거리

(1) $20m$ 이상
(2) $10m$ 이상
(3) $5m$ 이상

*제조소의 위치 · 구조 및 설비의 기준

안전거리	해당 대상물
$50m$ 이상	지정, 유형문화재
$30m$ 이상	병원, 학교, 극장, 보호시설, 아동복지시설, 양로원 등
$20m$ 이상	고압가스, 액화석유가스, 도시가스시설
$10m$ 이상	주거용도 주택
$5m$ 이상	35,000V 초과 특고압 가공전선
$3m$ 이상	7,000V 초과 35,000V 이하 특고압 가공전선

16

다음 위험물과 혼재 가능한 위험물을 각각 모두 쓰시오.

(단, 지정수량 $\frac{1}{10}$ 초과 한다.)

(1) 제2류 위험물
(2) 제3류 위험물
(3) 제4류 위험물

(1) 제4류 위험물, 제5류 위험물
(2) 제4류 위험물
(3) 제2류 위험물, 제3류 위험물, 제5류 위험물

*혼재 가능한 위험물
① 4:23
 - 제4류와 제2류, 제4류와 제3류는 혼재 가능
② 5:24
 - 제5류와 제2류, 제5류와 제4류는 혼재 가능
③ 6:1
 - 제6류와 제1류는 혼재 가능

	1류	2류	3류	4류	5류	6류
1류		×	×	×	×	○
2류	×		×	○	○	×
3류	×	×		○	×	×
4류	×	○	○		○	×
5류	×	○	×	○		×
6류	○	×	×	×	×	

17

제조소의 보유공지를 단축을 위한 격벽의 설치 기준일 때 빈칸을 채우시오.

[보기]
- 방화벽은 (①)로 할 것. 다만, 취급하는 위험물이 제6류 위험물인 경우 불연재료로 할 수 있다.
- 방화벽에 설치하는 출입구 및 창 등의 개구부는 가능한 최소로 하고, 출입구 및 창에는 자동폐쇄식의 (②)을 설치할 것.
- 방화벽의 양단 및 상단이 외벽 또는 지붕으로부터 (③) cm 이상 돌출하도록 할 것.

① 내화구조
② 60분 방화문
③ 50

18

다음 보기의 위험물 중 물과 반응하여 가연성가스를 발생하는 물질 2가지를 고르고, 물과의 반응식을 쓰시오.

[보기]
칼슘, 과염소산, 황린, 나트륨, 인화칼슘

① $\underset{(칼슘)}{Ca} + \underset{(물)}{2H_2O} \rightarrow \underset{(수산화칼슘)}{Ca(OH)_2} + \underset{(수소)}{H_2}$

② $\underset{(나트륨)}{2Na} + \underset{(물)}{2H_2O} \rightarrow \underset{(수산화나트륨)}{2NaOH} + \underset{(수소)}{H_2}$

③ $\underset{(인화칼슘)}{Ca_3P_2} + \underset{(물)}{6H_2O} \rightarrow \underset{(수산화칼슘)}{3Ca(OH)_2} + \underset{(포스핀)}{2PH_3}$

황린은 물과 반응하지 않고 녹지도 않아 물속에 저장하고, 과염소산은 물에 녹는다.

19

다음 소화약제의 화학식을 각각 쓰시오.

(1) Halon 1301
(2) IG-100
(3) 제2종 분말 소화약제

(1) CF_3Br
(2) N_2
(3) $KHCO_3$

Halon 소화약제의 Halon번호는 C, F, Cl, Br, I의 개수를 나타낸다.

*Halon 소화약제의 종류

명칭	분자식
Halon 1001	CH_3Br
Halon 10001	CH_3I
Halon 1011	CH_2ClBr
Halon 1211	CF_2ClBr
Halon 1301	CF_3Br
Halon 104	CCl_4
Halon 2402	$C_2F_4Br_2$

*불연성, 불활성기체혼합가스의 종류

종류	구성
IG-100	$N_2(100\%)$
IG-55	$N_2(50\%) + Ar(50\%)$
IG-541	$N_2(52\%) + Ar(40\%) + CO_2(8\%)$

*분말소화기의 종류

종별	소화약제	착색	화재 종류
제1종 소화분말	$NaHCO_3$ (탄산수소나트륨)	백색	BC 화재
제2종 소화분말	$KHCO_3$ (탄산수소칼륨)	담회색	BC 화재
제3종 소화분말	$NH_4H_2PO_4$ (인산암모늄)	담홍색	ABC 화재
제4종 소화분말	$KHCO_3 + (NH_2)_2CO$ (탄산수소칼륨 + 요소)	회색	BC 화재

20

각 위험물에 따른 소화설비의 적응성을 나타낸 표일 때 빈칸을 채우시오.

소화설비의 구분			대상물의 구분							제4류 위험물	제5류 위험물	제6류 위험물
			제1류 위험물		제2류 위험물			제3류 위험물				
			알칼리금속과산화물	그 외	철분, 금속분, 마그네슘	인화성 고체	그 외	금수성 물질	그 외			
(①)소화전설비 또는 (②)소화전설비				O		O	O		O	O	O	O
(③) 등 소화설비	(③)			O		O	O		O	O	O	O
	(④)			O		O	O		O	O	O	O
	불활성 가스					O				O		
	할로젠 화합물					O				O		
	(⑤) 소화설비	인산염류		O		O	O			O		O
		탄산수소염류	O		O	O		O		O		
		그 외	O		O			O				

① 옥내
② 옥외
③ 물분무
④ 포
⑤ 분말

2021 1회차 위험물산업기사 실기 기출문제

01
질산암모늄의 구성성분 중 질소와 수소의 함량 [$wt\%$]을 구하시오.

질산암모늄(NH_4NO_3)의 분자량
: $14+1\times4+14+16\times3 = 80$

$\therefore$ 질소(N)의 함량 $= \dfrac{\text{질소 분자량}}{\text{전체 분자량}} \times 100$
$= \dfrac{14\times2}{80} \times 100 = 35wt\%$

$\therefore$ 수소(H)의 함량 $= \dfrac{\text{수소 분자량}}{\text{전체 분자량}} \times 100$
$= \dfrac{1\times4}{80} \times 100 = 5wt\%$

02
다음 보기는 제4류 위험물과 지정수량을 나타낼 때 옳은 것을 모두 고르시오.

[보기]
① 테라핀유 : $2000L$
② 실린더유 : $6000L$
③ 아닐린 : $2000L$
④ 피리딘 : $400L$
⑤ 산화프로필렌 : $200L$

②, ③, ④

물질	품명	지정수량
테라핀유	제2석유류 (비수용성)	$1000L$
실린더유	제4석유류	$6000L$
아닐린	제3석유류 (비수용성)	$2000L$
피리딘	제1석유류 (수용성)	$400L$
산화프로필렌	특수인화물	$50L$

03
다음 분말소화약제의 1차 열분해 반응식을 쓰시오.

(1) 제1종 분말소화약제
(2) 제2종 분말소화약제

(1) $\underset{\text{(탄산수소나트륨)}}{2NaHCO_3} \rightarrow \underset{\text{(탄산나트륨)}}{Na_2CO_3} + \underset{\text{(이산화탄소)}}{CO_2} + \underset{\text{(물)}}{H_2O}$

(2) $\underset{\text{(탄산수소칼륨)}}{2KHCO_3} \rightarrow \underset{\text{(탄산칼륨)}}{K_2CO_3} + \underset{\text{(이산화탄소)}}{CO_2} + \underset{\text{(물)}}{H_2O}$

04

다음 정의를 각각 쓰시오.

(1) 인화성고체
(2) 철분

(1) 고형알코올, 그 밖에 1기압에서 인화점이 40℃ 미만인 고체를 말한다.
(2) 철의 분말로서 53μm의 표준체를 통과하는 것이 50$wt\%$ 이상인 것을 말한다.

05

지정수량 200kg인 제5류 위험물의 품명 3가지를 쓰시오.

① 나이트로화합물
② 나이트로소화합물
③ 아조화합물
④ 다이아조화합물
⑤ 하이드라진유도체

06

제2류 위험물인 마그네슘에 대한 각 물음에 답하시오.

(1) 이산화탄소와의 반응식
(2) 이산화탄소 소화약제로 소화하면 안되는 이유

(1) $2Mg + CO_2 \rightarrow 2MgO + C$
(마그네슘) (이산화탄소) (산화마그네슘) (탄소)
(2) 폭발적으로 반응하여 탄소를 발생하기 때문이다.

07

제4류 위험물 중 알코올류에 속한 메탄올에 대한 각 물음에 답하시오.

(1) 완전연소 반응식
(2) 메탄올 1mol에 대한 생성물질의 몰 수의 총합을 구하시오.

(1) $2CH_3OH + 3O_2 \rightarrow 2CO_2 + 4H_2O$
(메틸알코올) (산소) (이산화탄소) (물)
(2) $CH_3OH + 1.5O_2 \rightarrow CO_2 + 2H_2O$
(메틸알코올) (산소) (이산화탄소) (물)

∴ 3mol

08

탄화칼슘에 대한 각 물음에 답하시오.

(1) 물과의 반응식
(2) 생성기체의 연소반응식

(1) $CaC_2 + 2H_2O \rightarrow Ca(OH)_2 + C_2H_2$
(탄화칼슘) (물) (수산화칼슘) (아세틸렌)
(2) $2C_2H_2 + 5O_2 \rightarrow 4CO_2 + 2H_2O$
(아세틸렌) (산소) (이산화탄소) (물)

09

다음 그림의 종형 원통형 탱크의 내용적[m^3]을 구하시오.

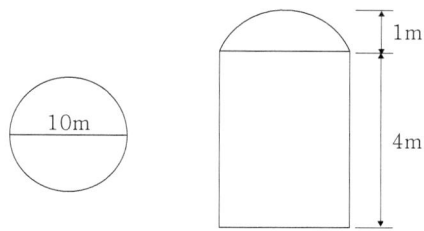

$V = \pi r^2 \ell = \pi \times 5^2 \times 4 = 314.16 m^3$

10
다음 위험물의 운반용기 외부 주의사항을 각각 쓰시오.

(1) 황린
(2) 인화성고체
(3) 과산화나트륨

---

(1) 화기엄금, 공기접촉엄금
(2) 화기엄금
(3) 화기주의, 충격주의, 물기엄금, 가연물접촉주의

*위험물의 운반용기 외부에 수납하는 위험물에 따른 주의사항

유별	성질	표시
제1류 위험물	산화성고체	알칼리금속의 과산화물 또는 이를 함유한 것 : 화기주의, 충격주의, 물기엄금, 가연물접촉주의
		그 외 : 화기주의, 충격주의, 가연물접촉주의
제2류 위험물	가연성고체	철분, 금속분, 마그네슘 : 화기주의, 물기엄금
		인화성고체 : 화기엄금
		그 외 : 화기주의
제3류 위험물	자연발화성 및 금수성물질	자연발화성물질 : 화기엄금, 공기접촉엄금
		금수성물질 : 물기엄금
제4류 위험물	인화성액체	화기엄금
제5류 위험물	자기반응성 물질	화기엄금, 충격주의
제6류 위험물	산화성액체	가연물접촉주의

11
다음 보기는 지정과산화물 옥내저장소의 저장창고격벽에 설치 기준일 때 빈칸을 채우시오.

[보기]
저장창고는 (①)m^2 이내마다 격벽으로 완전하게 구획할 것. 이 경우 당해 격벽은 두께 (②)cm 이상의 철근콘크리트조 또는 철골철근콘크리트조로 하거나 두께 (③)cm 이상의 보강콘크리트블록조로 하고, 당해 저장창고의 양측의 외벽으로부터 (④)m 이상, 상부의 지붕으로부터 (⑤)cm 이상 돌출하게 하여야 한다.

---

① 150
② 30
③ 40
④ 1
⑤ 50

12
다음 배출설비에 대해 빈칸을 채우시오.

[보기]
- 국소방식은 시간당 배출장소 용적의 (①)배 이상으로 하고 전역방식은 바닥면적 $1m^2$ 당 (②)m^3 이상으로 한다.
- 배출구는 지상 (③)m 이상으로서 연소의 우려가 없는 장소에 설치하고, (④)가 관통하는 벽부분의 바로 가까이에 화재시 자동으로 폐쇄되는 (⑤)를 설치할 것.

---

① 20
② 18
③ 2
④ 배출덕트
⑤ 방화댐퍼

13

아이소프로필알코올을 산화시켜 만든 것으로 아이오도폼 반응을 하는 제1석유류에 대한 각 물음에 답하시오.

(1) 제1석유류 중 아이오도폼반응을 하는 것의 명칭을 쓰시오.
(2) 아이오도폼의 화학식을 쓰시오.
(3) 아이오도폼의 색깔을 쓰시오.

(1) 아세톤
(2) CHI_3
(3) 노란색

아세톤, 아세트알데하이드, 에틸알코올에 수산화칼륨과 아이오딘을 반응시키면 노란색의 아이오도폼(CHI_3)의 침전물이 생긴다.

14

과산화수소와 이산화망가니즈의 반응식을 쓰시오.

$$2H_2O_2 + MnO_2 \rightarrow 2H_2O + O_2 + MnO_2$$
(과산화수소) (이산화망가니즈) (물) (산소) (이산화망가니즈)

이산화망가니즈는 촉매 역할만 하고 반응하고난 후 바닥에 그대로 남아있다.

15

다음 보기는 제조소 중 옥외탱크저장소에 소화난이도 등급I에 해당하는 항목을 모두 고르시오.
(단, 답이 없으면 "없음"이라고 쓰시오.)

[보기]
① 질산 $60000kg$을 저장하는 옥외탱크저장소
② 과산화수소 액표면적이 $40m^2$ 이상인 옥외탱크저장소
③ 이황화탄소 $500L$를 저장하는 옥외탱크저장소
④ 황 $14000kg$을 저장하는 지중탱크
⑤ 휘발유 $100000L$를 저장하는 해상탱크

① (질산), ②(과산화수소)는 제6류 위험물이라 해당되지 않는다.

③ (이황화탄소)는 액체이므로 해당되지 않는다.

④ 황의 지정수량 : $100kg$

지정수량의 배수 = $\frac{저장수량}{지정수량} = \frac{14000}{100} = 140$배
(100배 이상이므로 해당한다.)

⑤ 휘발유의 지정수량 : $200L$

지정수량의 배수 = $\frac{저장수량}{지정수량} = \frac{100000}{200} = 500$배
(100배 이상이므로 해당한다.)

∴ ④, ⑤

*소화난이도 등급I

옥외탱크저장소	액표면적이 $40m^2$ 이상인 것 (제6류 위험물을 저장하는 것 및 고인화점 위험물만을 100℃ 미만의 온도에서 저장하는 것은 제외)
	지반면으로부터 탱크 옆판의 상단까지 높이가 $6m$ 이상인 것 (제6류 위험물을 저장하는 것 및 고인화점 위험물만을 100℃ 미만의 온도에서 저장하는 것은 제외)
	지중탱크 또는 해상탱크로서 지정수량의 100배 이상인 것 (제6류 위험물을 저장하는 것 및 고인화점 위험물만을 100℃ 미만의 온도에서 저장하는 것은 제외)
	고체위험물을 저장하는 것으로서 지정수량의 100배 이상인 것

16

제조소 또는 일반취급소에서 취급하는 제4류 위험물의 최대수량에 대한 자체소방대원 및 소방차의 수에 대한 다음 표를 완성하시오.

사업소의 구분	화학소방 자동차	자체소방대원 수
3000배 이상 12만배 미만	(①)	(②)
12만배 이상 24만배 미만	(③)	(④)
24만배 이상 48만배 미만	(⑤)	(⑥)
48만배 이상	(⑦)	(⑧)

① 1대 ② 5인
③ 2대 ④ 10인
⑤ 3대 ⑥ 15인
⑦ 4대 ⑧ 20인

17

다음 보기는 알코올류에 관한 내용일 때 빈칸을 채우시오.

[보기]
(1) 1분자를 구성하는 탄소원자의 수가 1개 내지 (①)개의 포화1가 알코올의 함유량이 (②)$wt\%$ 미만인 수용액

(2) 가연성액체량이 $60wt\%$ 미만이고 인화점 및 연소점이 에틸알코올 (③)$wt\%$ 수용액의 인화점 및 연소점을 초과하는 것

① 3
② 60
③ 60

18

$1atm$, $50℃$에서 이황화탄소 $5kg$이 모두 증발할 때의 부피$[m^3]$를 구하시오.

이황화탄소(CS_2)의 분자량 : $12+32 \times 2 = 76$

$PV = nRT = \dfrac{W}{M}RT$에서,

$\therefore V = \dfrac{WRT}{PM} = \dfrac{5 \times 0.082 \times (50+273)}{1 \times 76} = 1.74 m^3$

19

다음 보기를 참고하여 빈칸을 채우시오.

[보기]
(1) (①) 등을 취급하는 제조소의 설비
- 불활성기체 봉입장치를 갖추어야 한다.
- 누설된 (①)등을 안전한 장소에 설치된 저장실에 유입시킬 수 있는 설비를 갖추어야 한다.

(2) (②) 등을 취급하는 제조소의 설비
- 구리, 은, 수은, 마그네슘을 성분으로 하는 합금으로 만들지 아니한다.
- 연소성 혼합기체의 폭발을 방지하기 위한 불활성기체 또는 수증기 봉입장치를 갖추어야 한다.
- 저장하는 탱크에는 냉각장치 또는 보냉장치 및 불활성기체 봉입장치를 갖추어야 한다.

(3) (③) 등을 취급하는 제조소의 설비
- 철, 이온 등의 혼입에 따른 위험한 반응을 방지하기 위한 조치를 강구한다.
- (③) 등의 온도 및 농도의 상승에 따른 위험한 반응을 방지하기 위한 조치를 강구한다.

① 알킬알루미늄
② 아세트알데하이드
③ 하이드록실아민

20

다음 표를 보고 각 물음에 답하시오.

(①)	제조소	제조소
	저장소	옥내저장소
		옥내탱크저장소
		옥외탱크저장소
		지하탱크저장소
		(②)
		이동탱크저장소
		옥외저장소
		암반탱크저장소
	취급소	주유취급소
		판매취급소
		(③)
		일반취급소

(1) 제조소, 저장소, 취급소 등을 모두 포함하는 ①의 명칭을 쓰시오.
(2) ②의 명칭을 쓰시오.
(3) ③의 명칭을 쓰시오.
(4) 위험물안전관리자를 선임하지 않아도 되는 저장소의 종류를 모두 쓰시오.
(단, 없으면 "없음"으로 표기하시오.)
(5) 일반취급소 중 이동저장탱크에 액체위험물을 주입하는 일반취급소의 명칭을 쓰시오.

(1) 제조소등
(2) 간이탱크저장소
(3) 이송취급소
(4) 이동탱크저장소
(5) 충전하는 일반취급소

*제조소등의 종류

제조소등	제조소	제조소
	저장소	옥내저장소
		옥내탱크저장소
		옥외탱크저장소
		지하탱크저장소
		간이탱크저장소
		이동탱크저장소
		옥외저장소
		암반탱크저장소
	취급소	주유취급소
		판매취급소
		이송취급소
		일반취급소

2021 2회차 위험물산업기사 실기 기출문제

01
다음 물질의 완전 연소반응식을 쓰시오.

(1) P_2S_5
(2) Al
(3) Mg

(1) $2P_2S_5 + 15O_2 \rightarrow 2P_2O_5 + 10SO_2$
   (오황화린) (산소) (오산화인) (이산화황)
(2) $4Al + 3O_2 \rightarrow 2Al_2O_3$
   (알루미늄) (산소) (산화알루미늄)
(3) $2Mg + O_2 \rightarrow 2MgO$
   (마그네슘) (산소) (산화마그네슘)

02
금속칼륨에 대한 각 물음에 답하시오.

(1) 물과의 반응식
(2) 이산화탄소와의 반응식
(3) 에틸알코올과의 반응식

(1) $2K + 2H_2O \rightarrow 2KOH + H_2$
   (칼륨) (물) (수산화칼륨) (수소)
(2) $4K + 3CO_2 \rightarrow 2K_2CO_3 + C$
   (칼륨) (이산화탄소) (탄산칼륨) (탄소)
(3) $2K + 2C_2H_5OH \rightarrow 2C_2H_5OK + H_2$
   (칼륨) (에틸알코올) (칼륨에틸레이트) (수소)

03
위험물 저장량이 지정수량의 $\frac{1}{10}$을 초과하는 경우 혼재할 수 없는 위험물을 모두 쓰시오.

(1) 제1류 위험물
(2) 제2류 위험물
(3) 제3류 위험물
(4) 제4류 위험물
(5) 제5류 위험물

(1) 제2류, 제3류, 제4류, 제5류 위험물
(2) 제1류, 제3류, 제6류 위험물
(3) 제1류, 제2류, 제5류, 제6류 위험물
(4) 제1류, 제6류 위험물
(5) 제1류, 제3류, 제6류 위험물

*혼재 가능한 위험물
① 4:23
  - 제4류와 제2류, 제4류와 제3류는 혼재 가능
② 5:24
  - 제5류와 제2류, 제5류와 제4류는 혼재 가능
③ 6:1
  - 제6류와 제1류는 혼재 가능

	1류	2류	3류	4류	5류	6류
1류		×	×	×	×	○
2류	×		×	○	○	×
3류	×	×		○	×	×
4류	×	○	○		○	×
5류	×	○	×	○		×
6류	○	×	×	×	×	

04

제조소에 설치하는 옥내소화전 설비에 대한 각 물음에 답하시오.

(1) 하나의 호스접속구까지의 수평거리 $[m]$
(2) 하나의 노즐의 방수압력 $[kPa]$
(3) 하나의 노즐의 방수량 $[L/min]$
(4) 수원의 수량은 옥내소화전 설비가 가장 많이 설치된 층을 기준으로 옥내소화전 설치개수에 얼마를 곱한 양 $[m^3]$ 이상이 되도록 설치하여야 하는가?

(1) $25m$ 이하
(2) $350kPa$ 이상
(3) $260L/min$ 이상
(4) $7.8m^3$

*옥내 및 옥외소화전 설비 비교

비교	옥내소화전 설비	옥외소화전 설비
방수압력	$350KPa$ 이상	
방수량	$260L/min$ 이상	$450L/min$ 이상
수평거리	$25m$ 이하	$40m$ 이하
비상전원의 용량	45분 이상	

*수원의 수량
① 옥외 : $13.5 \times n$[개]
(단, n=4개 이상인 경우는 n=4)
② 옥내 : $7.8 \times n$[개]
(단, n=5개 이상인 경우는 n=5)

05

각 물음에 답하시오.

(1) 대표적인 소화방법 4가지
(2) 위의 소화방법 중 증발잠열에 의한 소화방법은 무엇인가?
(3) 위의 소화방법 중 가스의 밸브를 폐쇄하는 소화방법은 무엇인가?
(4) 위의 소화방법 중 불활성기체를 방사하여 산소를 차단하는 소화방법은 무엇인가?

(1) 냉각소화, 질식소화, 제거소화, 억제소화(부촉매소화)
(2) 냉각소화
(3) 제거소화
(4) 질식소화

*소화방법의 분류

소화방법	소화종류	내용
물리적소화	냉각소화	점화원 차단
	질식소화	산소공급원 차단
	제거소화	가연물 차단
화학적소화	억제소화	연쇄반응 차단

06

다음 보기는 위험물 저장 및 취급 기준에 대한 기준일 때 빈칸을 채우시오.

[보기]
- 제3류 위험물 중 자연발화성 물질에 있어서는 불티·불꽃·고온체와의 접근·과열 또는 (①)와의 접촉을 피하고, 금수성 물질에 있어서는 물과의 접촉을 피하여야 한다.

- 제 (②)류 위험물은 불티·불꽃·고온체와의 접근이나 과열·충격 또는 마찰을 피하여야 한다.

- 제2류 위험물은 산화제와의 접촉·혼합이나 불티·불꽃·고온체와의 접근 또는 과열을 피하는 한편, (③), (④), (⑤) 및 이를 함유한 것에 있어서는 물이나 산과의 접촉을 피하고 인화성 고체에 있어서는 함부로 증기를 발생시키지 아니하여야 한다.

① 공기
② 5
③ 철분
④ 금속분
⑤ 마그네슘

*제조소 등에서의 위험물의 저장 및 취급에 관한 기준
① 제1류 위험물은 가연물과의 접촉·혼합이나 분해를 촉진하는 물품과의 접근 또는 과열·충격·마찰 등을 피하는 한편, 알칼리금속의 과산화물 및 이를 함유한 것에 있어서는 물과의 접촉을 피하여야 한다.
② 제2류 위험물은 산화제와의 접촉·혼합이나 불티·불꽃·고온체와의 접근 또는 과열을 피하는 한편, 철분·금속분·마그네슘 및 이를 함유한 것에 있어서는 물이나 산과의 접촉을 피하고 인화성 고체에 있어서는 함부로 증기를 발생시키지 아니하여야 한다.
③ 제3류 위험물 중 자연발화성물질에 있어서는 불티·불꽃 또는 고온체와의 접근·과열 또는 공기와의 접촉을 피하고, 금수성물질에 있어서는 물과의 접촉을 피하여야 한다.
④ 제4류 위험물은 불티·불꽃·고온체와의 접근 또는 과열을 피하고, 함부로 증기를 발생시키지 아니하여야 한다.
⑤ 제5류 위험물은 불티·불꽃·고온체와의 접근이나 과열·충격 또는 마찰을 피하여야 한다.
⑥ 제6류 위험물은 가연물과의 접촉·혼합이나 분해를 촉진하는 물품과의 접근 또는 과열을 피하여야 한다.

07

$1atm$, $600°C$에서 질산암모늄 $800g$이 열분해 되는 경우 발생하는 모든 기체의 부피 $[L]$를 구하시오.

$2NH_4NO_3$ (질산암모늄) → $4H_2O$ (물) + $2N_2$ (질소) + O_2 (산소)

질산암모늄의 분자량 : $14+1×4+14+16×3=80$

$PV=nRT=\dfrac{W}{M}RT$ 에서,

$\therefore V=\dfrac{WRT}{PM}×\dfrac{생성물의\ 몰수}{반응물의\ 몰수}$

$=\dfrac{800×0.082×(600+273)}{1×80}×\dfrac{7}{2}=2505.51L$

08

표준상태에서, 아세톤 $200g$을 완전연소할 때 다음을 구하시오.
(공기 중 산소의 부피는 21%이다.)

(1) 연소반응식
(2) 연소할 때 필요한 이론 공기량 $[L]$
(3) 연소할 때 발생하는 탄산가스의 부피 $[L]$

(1) CH_3COCH_3 (아세톤) + $4O_2$ (산소) → $3CO_2$ (탄산가스) + $3H_2O$ (물)

(2)
아세톤(CH_3COCH_3)의 분자량
: $12+1×3+12+16+12+1×3=58$

표준상태는 $1atm$, $0°C$이니,
$PV=nRT=\dfrac{W}{M}RT$ 에서,

$\therefore V=\dfrac{WRT}{PM}×\dfrac{산소의\ 몰수}{반응물의\ 몰수}×\dfrac{100}{산소의\ 부피}$

$=\dfrac{200×0.082×(0+273)}{1×58}×\dfrac{4}{1}×\dfrac{100}{21}=1470.34L$

(3) $V=\dfrac{WRT}{PM}×\dfrac{생성물의\ 몰수}{반응물의\ 몰수}$

$=\dfrac{200×0.082×(0+273)}{1×58}×\dfrac{3}{1}=231.58L$

09

옥외저장탱크·옥내저장탱크 또는 지하저장탱크 중에서 압력탱크 외의 탱크 또는 압력탱크에 저장할 경우에 유지하여야 하는 온도를 쓰시오.

(1) 압력탱크에 저장하는 다이에틸에터
(2) 압력탱크에 저장하는 아세트알데하이드
(3) 압력탱크 외에 저장하는 아세트알데하이드
(4) 압력탱크 외에 저장하는 다이에틸에터
(5) 압력탱크 외에 저장하는 산화프로필렌

(1) 40℃ 이하
(2) 40℃ 이하
(3) 15℃ 이하
(4) 30℃ 이하
(5) 30℃ 이하

10

다음 보기는 액체위험물의 옥외저장탱크 주입구 기준일 때 각 물음에 답하시오.

[보기]
(①), (②) 그 밖에 정전기에 의한 재해발생의 우려가 있는 액체의 위험물을 이동저장탱크의 상부로 주입하는 때에는 주입관을 사용하되 당해 주입관의 선단을 이동저장탱크의 밑바닥에 밀착할 것

(1) ①, ②의 명칭과 지정수량을 쓰시오.
(2) (1)의 물질 중 겨울철에 응고가 될 수 있고, 인화점이 낮아 고체 상태에서도 인화할 수 있는 방향족 탄화수소의 명칭, 구조식을 쓰시오.

(1) ① 휘발유 : $200L$ ② 벤젠 : $200L$

(2) 벤젠

11

제2류 위험물과 동소체의 관계에 있는 자연발화성 물질인 제3류 위험물에 대한 각 물음에 답하시오.

(1) 연소 반응식
(2) 위험등급
(3) 옥내저장소의 바닥면적은 몇 m^2 이하인가?

(1) $\underset{(황린)}{P_4} + \underset{(산소)}{5O_2} \rightarrow \underset{(오산화린)}{2P_2O_5}$
(2) 위험등급 I
(3) $1000m^2$ 이하

적린(P)과 황린(P_4)는 동소체의 관계이다.

12

메틸알코올 $320g$을 산화시키면 폼알데하이드와 물이 발생할 때 폼알데하이드의 양$[g]$을 구하시오.

$\underset{(메틸알코올)}{2CH_3OH} + \underset{(산소)}{O_2} \rightarrow \underset{(포름알데히드)}{2HCHO} + \underset{(물)}{2H_2O}$

메틸알코올의 분자량 : $12 + 1 \times 3 + 16 + 1 = 32$
폼알데하이드의 분자량 : $1 + 12 + 1 + 16 = 30$

메틸알코올 $2mol(64g)$을 산화시키면 폼알데하이드 $2mol(60g)$이 생성한다.
그러면 비례식에 의해 메틸알코올 $10mol(320g)$을 산화시키면 폼알데하이드 $10mol(300g)$이 생성된다

∴ $300g$

13

다음 옥외탱크저장소의 보유공지에 대한 빈칸을 채우시오.

저장 또는 취급하는 위험물의 최대수량	공지의 너비
지정수량의 500배 이하	(①)m 이상
지정수량의 500배 초과 1000배 이하	(②)m 이상
지정수량의 1000배 초과 2000배 이하	(③)m 이상
지정수량의 2000배 초과 3000배 이하	(④)m 이상
지정수량의 3000배 초과 4000배 이하	(⑤)m 이상

① 3 ② 5 ③ 9 ④ 12 ⑤ 15

14

지정과산화물 옥내저장소 기준에 대한 각 물음에 답하시오.

(1) 위험등급
(2) 바닥면적은 몇 m^2 이하로 하여야 하는가?
(3) 철근콘크리트로 만든 이 옥내저장소 외벽의 두께는 몇 cm 이상으로 하여야 하는가?

(1) 위험등급 I
(2) $1000m^2$
(3) $20cm$

15

다음 보기 중 염산과 반응할 때 제6류 위험물이 발생되는 물질의 물과의 반응식을 쓰시오.

[보기]
과염소산암모늄, 과산화나트륨, 과망가니즈산칼륨, 마그네슘

$$Na_2O_2 + 2HCl \rightarrow 2NaCl + H_2O_2$$
(과산화나트륨) (염산) (염화나트륨) (과산화수소)

⇒ 과산화나트륨과 염산이 반응하여 제6류 위험물인 과산화수소를 생성함.

∴ $2Na_2O_2 + 2H_2O \rightarrow 4NaOH + O_2$
 (과산화나트륨) (물) (수산화나트륨) (산소)

16

다음 보기를 참고하여 각 물음에 답하시오.

[보기]
메탄올, 아세톤, 클로로벤젠, 아닐린, 메틸에틸케톤

(1) 인화점이 가장 낮은 위험물을 고르시오.
(2) (1)의 물질의 구조식을 쓰시오.
(3) 제1석유류를 모두 고르시오.
    (단, 없으면 "없음"으로 표기하시오.)

(1) 아세톤

(2)
```
      H   O   H
      |   ||  |
  H — C — C — C — H
      |       |
      H       H
```

(3) 아세톤, 메틸에틸케톤

물질	품명	인화점
메탄올	알코올류	11℃
아세톤	제1석유류 (수용성)	-18℃
클로로벤젠	제2석유류 (비수용성)	27℃
아닐린	제3석유류 (비수용성)	70℃
메틸에틸케톤	제1석유류 (비수용성)	-9℃

17

특수인화물에 속하는 물질 중 물안에 저장하는 위험물에 대한 각 물음에 답하시오.

(1) 이 위험물의 연소 시 발생하는 독성가스의 화학식
(2) 이 위험물의 증기비중
(3) 이 위험물의 옥외저장탱크에 저장하는 철근 콘크리트 수조의 두께는 몇 m 이상으로 하여야 하는가?

(1) $\underset{(\text{이황화탄소})}{CS_2} + \underset{(\text{산소})}{3O_2} \rightarrow \underset{(\text{이산화탄소})}{CO_2} + \underset{(\text{이산화황})}{2SO_2}$

∴ SO_2

(2) 이황화탄소의 분자량 : $12 + 32 \times 2 = 76$

∴ 증기비중 $= \dfrac{\text{분자량}}{28.84} = \dfrac{76}{28.84} = 2.64$

(3) $0.2m$

18

덩어리상태의 황 $30000kg$을 면적 $300m^2$인 옥외저장소에 저장할 때 각 물음에 답하시오.

(1) 설치 가능한 경계표시의 개수
(2) 경계구역과 경계표시의 간격은 몇 m 이상으로 하여야 하는가?
(3) 제4류 위험물(인화점 10℃ 이상)과 함께 저장할 수 있는가?

(1) 2개
(2) 황의 지정수량 : $100kg$

지정수량의 배수 $= \dfrac{\text{저장수량}}{\text{지정수량}} = \dfrac{30000}{100} = 300$배

∴ $10m$

(3) 저장 불가능

＊옥외저장소 중 덩어리 상태의 황의 경계표시 등

① 하나의 경계표시의 내부의 면적은 $100m^2$ 이하일것
② 2이상의 경계표시를 설치하는 경우에 있어서는 각각의 경계표시 내부의 면적을 합산한 면적은 $1000m^2$ 이하로 하고, 인접하는 경계표시와 경계표시와의 간격을 공지의 너비의 $\dfrac{1}{2}$ 이상으로 할 것. 다만, 저장 또는 취급하는 위험물의 최대수량이 지정수량의 200배 이상인 경우에는 $10m$ 이상으로 하여야 한다.
③ 경계표시는 불연재료로 만드는 동시에 황이 새지 아니하는 구조로 할 것
④ 경계표시의 높이는 $1.5m$ 이하로 할 것
⑤ 경계표시에는 황이 넘치거나 비산하는 것을 방지하기 위한 천막 등을 고정하는 장치를 설치하되, 천막 등을 고정하는 장치는 경계표시의 길이 $2m$마다 한 개 이상 설치할 것
⑥ 황을 저장 또는 취급하는 장소의 주위에는 배수구와 분리장치를 설치할 것

＊제조소등에서의 위험물의 저장 및 취급에 관한 기준

유별을 달리하는 위험물은 동일한 저장소(내화구조의 격벽으로 완전히 구획된 실이 2 이상 있는 저장소에 있어서는 동일한 실)에 저장하지 아니하여야 한다. 다만, 옥내저장소 또는 옥외저장소에 있어서 다음의 각 목의 규정에 의한 위험물을 저장하는 경우로서 위험물을 유별로 정리하여 저장하는 한편, 서로 $1m$ 이상의 간격을 두는 경우에는 그러지 아니하다.

① 제1류 위험물(알칼리금속의 과산화물 또는 이를 함유한 것을 제외)과 제5류 위험물을 저장하는 경우
② 제1류 위험물과 제6류 위험물을 저장하는 경우
③ 제1류 위험물과 제3류 위험물 중 자연발화성물질 (황린 또는 이를 함유한 것)을 저장하는 경우
④ 제2류 위험물 중 인화성고체와 제4류 위험물을 저장하는 경우
⑤ 제3류 위험물 중 알킬알루미늄등과 제4류 위험물 (알킬알루미늄 또는 알칼리튬을 함유한 것)을 저장하는 경우
⑥ 제4류 위험물 중 유기과산화물 또는 이를 함유한 것과 제5류 위험물 중 유기과산화물 또는 이를 함유한 것을 저장하는 경우

(1)에서 2개인 이유는 순수한 면적은 $100m^2$ 당 하나의 경계표시로 3개이나, 인접하는 경계표시와 경계표시와의 간격을 공지의 너비의 $\frac{1}{2}$ 이상으로 간격을 두어야 하기 때문에 $3 \times \frac{1}{2} = 1.5 ≒ 2$개다.

④ 위험물 "이송취급소"에 위험물을 이송하기 위한 배관, 펌프 및 이에 부속한 설비의 안전을 확인하기 위한 순찰을 행하고, 위험물을 이송하는 중에는 이송하는 위험물의 압력 및 유량을 항상 감시할 것.

19

다음 보기는 위험물의 저장 및 취급에 관한 기준일 때 옳은 것을 모두 고르시오.

[보기]
① 옥내저장소에서 용기에 수납하여 저장하는 위험물의 온도가 45℃가 넘지 않도록 필요한 조치를 강구하여야 한다.
② 제3류 위험물 중 황린 그 밖에 물 속에 저장하는 물품과 금수성물질은 동일한 저장소에 저장할 수 있다.
③ 컨테이너식 이동탱크저장소 외의 이동탱크저장소에 있어서는 위험물을 저장한 상태로 이동저장탱크를 옮겨 싣지 아니하여야 한다.
④ 위험물 이동취급소에 위험물을 이송하기 위한 배관, 펌프 및 이에 부속한 설비의 안전을 확인하기 위한 순찰을 행하고, 위험물을 이송하는 중에는 이송하는 위험물의 압력 및 유량을 항상 감시할 것.
⑤ 제조소등에서 허가 및 신고와 관련되는 품명 외의 위험물 또는 이러한 허가 및 신고와 관련되는 수량 또는 지정수량의 배수를 초과하는 위험물을 저장 또는 취급하지 아니하여야 한다.

③, ⑤

① 옥내저장소에서 용기에 수납하여 저장하는 위험물의 온도가 55℃를 넘지 아니하도록 필요한 조치를 강구하여야 한다.
② 제3류 위험물 중 황린 그 밖에 물속에 저장하는 물품과 금수성물질은 동일한 저장소에 저장하지 아니할 것

20

질산 $98wt\%$(비중 1.51), $100mL$를 질산 $68wt\%$(비중 1.41)로 만들기 위해 물은 몇 g 첨가되어야 하는가?
(단, 물의 밀도는 $1g/cm^3$이다.)

질산용액($98wt\%$) $= 1.51 \times 100 = 151g$
순수 질산의 질량(용질의 질량) $= 151 \times 0.98 = 147.98g$
질산용액($68wt\%$) $= (151 + A)g$
         (첨가한 물의 질량 $= A[g]$)

중량% $= \dfrac{용질의\ 질량}{용액의\ 질량} \times 100[\%]$

$68wt\% = \dfrac{147.98}{151 + A} \times 100[\%]$에서,

$\therefore A = 66.62g$

2021 4회차 위험물산업기사 실기 기출문제

01

제4류 위험물인 알코올류과 산화, 환원되는 과정일 때 다음 각 물음에 답하시오.

[보기]
메탄올 ↔ 폼알데하이드 ↔ (①)
에탄올 ↔ (②) ↔ 아세트산(초산)

(1) ①의 물질명 및 화학식을 쓰시오.
(2) ②의 물질명 및 화학식을 쓰시오.
(3) ①, ② 중 지정수량 작은 물질의 연소반응식을 쓰시오.

(1) 폼산(의산, 개미산), $HCOOH$
(2) 아세트알데하이드, CH_3CHO
(3) $2CH_3CHO + 5O_2 \rightarrow 4CO_2 + 4H_2O$
 (아세트알데히드) (산소) (이산화탄소) (물)

$CH_3OH \xrightarrow[-H_2]{산화} HCHO \xrightarrow[+O]{산화} HCOOH$
(메탄올) (포름알데히드) (포름산)

$C_2H_5OH \xrightarrow[-H_2]{산화} CH_3CHO \xrightarrow[+O]{산화} CH_3COOH$
(에탄올) (아세트알데히드) (아세트산)

물질	품명	지정수량
폼산	제2석유류 (수용성)	2000L
아세트알데하이드	특수인화물	50L

02

다음 보기의 이동탱크저장소의 주입설비 설치기준에 대하여 빈칸을 채우시오.

[보기]
- 위험물이 샐 우려가 없고 화재 예방상 안전한 구조로 할 것
- 주입호스는 내경이 (①)mm 이상이고, (②)MPa 이상의 압력에 견딜 수 있는 것으로 하며, 필요 이상으로 길게 하지 아니할 것
- 주입설비의 길이는 (③)m 이내로 하고, 그 선단에 축적되는 (④)를 유효하게 제거할 수 있는 장치를 할 것
- 분당 토출량은 (⑤)L 이하로 할 것

① 23
② 0.3
④ 50
⑤ 정전기
④ 200

03

다음 보기의 위험물에 대하여 위험등급 II에 해당하는 위험물의 지정수량 배수의 합을 구하시오.

[보기]
황 100kg, 나트륨 100kg, 질산염류 600kg,
철분 50kg, 등유 6000L

지정수량의 배수 = $\dfrac{저장수량}{지정수량} = \dfrac{100}{100} + \dfrac{600}{300} = 3배$

물질	유별	지정수량	위험등급
황	제2류위험물	100kg	II
나트륨	제3류위험물	10kg	I
질산염류	제1류위험물	300kg	II
철분	제2류위험물	500kg	III
등유	제4위험물	1000L	III

04

다음 보기의 위험물이 연소할 때 생성되는 물질이 같은 위험물의 연소반응식을 쓰시오.

[보기]
삼황화인, 오황화인, 황, 철, 적린, 마그네슘

$P_4S_3 + 8O_2 \rightarrow 2P_2O_5 + 3SO_2$
(삼황화린) (산소) (오산화린) (이산화황)

$2P_2S_5 + 15O_2 \rightarrow 2P_2O_5 + 10SO_2$
(오황화린) (산소) (오산화린) (이산화황)

05

다음 보기를 참고하여 제1류 위험물의 성질로 옳은 것을 모두 고르시오.

[보기]
① 무기화합물
② 유기화합물
③ 산화제
④ 인화점이 0℃ 이하
⑤ 인화점이 0℃ 이상
⑥ 고체

①, ③, ⑥

06

다음 제6류 위험물에 대한 설명을 보고 각 물음에 답하시오.

[보기]
- 단백질과 크산토프로테인반응을 하여 노란색으로 변한다.
- 저장용기는 갈색병에 넣어 햇빛을 피하고 찬 곳에 저장한다.

(1) 지정수량
(2) 위험등급
(3) 위험물이 되기 위한 조건
    (단, 없으면 "없음"으로 표시하시오.)
(4) 햇빛에 의한 열분해반응식

(1) 300kg
(2) 위험등급 I
(3) 비중이 1.49 이상
(4) $4HNO_3 \rightarrow 4NO_2 + 2H_2O + O_2$
    (질산) (이산화질소) (물) (산소)

*크산토프로테인반응

단백질의 발색반응의 하나로 시료에 소량의 질산을 가하여 몇 분간 가열하면 노란색이 되며, 다시 암모니아수를 가하여 알칼리성으로 하면 색이 진하게 되어 주황색에 가깝게 되는 반응이다.

07

위험물의 저장 또는 취급에 관한 중요기준일 때 다음 각 물음에 답하시오.

[보기]
- 옥내저장소에서는 용기에 수납하여 저장하는 위험물의 온도가 55℃를 넘지 아니하도록 필요한 조치를 강구할 것
- 불티·불꽃·고온체와의 접근이나 과열·충격 또는 마찰을 피할 것

(1) 위에서 설명하는 유별과 혼재 가능한 위험물의 유별을 모두 쓰시오.
(2) 위에서 설명하는 유별의 운반용기 외부에 표시해야하는 주의사항
(3) 위에서 설명하는 유별에서 지정수량이 가장 작은 것의 품명 1가지를 쓰시오.

---

(1) 위의 설명은 제5류 위험물일 때 혼재 가능한 유별은,
∴ 제2류 위험물, 제4류 위험물
(2) 화기엄금, 충격주의
(3) 질산에스터류 또는 유기과산화물

**제조소 등에서의 위험물의 저장 및 취급에 관한 기준*

① 제1류 위험물은 가연물과의 접촉·혼합이나 분해를 촉진하는 물품과의 접근 또는 과열·충격·마찰 등을 피하는 한편, 알칼리금속의 과산화물 및 이를 함유한 것에 있어서는 물과의 접촉을 피하여야 한다.
② 제2류 위험물은 산화제와의 접촉·혼합이나 불티·불꽃·고온체와의 접근 또는 과열을 피하는 한편, 철분·금속분·마그네슘 및 이를 함유한 것에 있어서는 물이나 산과의 접촉을 피하고 인화성 고체에 있어서는 함부로 증기를 발생시키지 아니하여야 한다.
③ 제3류 위험물 중 자연발화성물질에 있어서는 불티·불꽃 또는 고온체와의 접근·과열 또는 공기와의 접촉을 피하고, 금수성물질에 있어서는 물과의 접촉을 피하여야 한다.
④ 제4류 위험물은 불티·불꽃·고온체와의 접근 또는 과열을 피하고, 함부로 증기를 발생시키지 아니하여야 한다.
⑤ 제5류 위험물은 불티·불꽃·고온체와의 접근이나 과열·충격 또는 마찰을 피하여야 한다.
⑥ 제6류 위험물은 가연물과의 접촉·혼합이나 분해를 촉진하는 물품과의 접근 또는 과열을 피하여야 한다.

**혼재 가능한 위험물*
① 4:23
  - 제4류와 제2류, 제4류와 제3류는 혼재 가능
② 5:24
  - 제5류와 제2류, 제5류와 제4류는 혼재 가능
③ 6:1
  - 제6류와 제1류는 혼재 가능

	1류	2류	3류	4류	5류	6류
1류		×	×	×	×	○
2류	×		×	○	○	×
3류	×	×		○	×	×
4류	×	○	○		○	×
5류	×	○	×	○		×
6류	○	×	×	×	×	

**위험물의 운반용기 외부에 수납하는 위험물에 따른 주의사항*

유별	성질	표시
제1류 위험물	산화성고체	알칼리금속의 과산화물 또는 이를 함유한 것 : 화기주의, 충격주의, 물기엄금, 가연물접촉주의 그 외 : 화기주의, 충격주의, 가연물접촉주의
제2류 위험물	가연성고체	철분, 금속분, 마그네슘 : 화기주의, 물기엄금 인화성고체 : 화기엄금 그 외 : 화기주의
제3류 위험물	자연발화성 및 금수성물질	자연발화성물질 : 화기엄금, 공기접촉엄금 금수성물질 : 물기엄금
제4류 위험물	인화성액체	화기엄금
제5류 위험물	자기반응성 물질	화기엄금, 충격주의
제6류 위험물	산화성액체	가연물접촉주의

질산에스터류 또는 유기과산화물은 지정수량 10kg로 제5류 위험물 중 지정수량이 가장 낮다.

08

다음 제3류 위험물에 대한 설명을 보고 각 물음에 답하시오.

[보기]
- 분자량이 64이다.
- 비중이 2.2이다.
- 지정수량이 300kg이다.
- 질소와 고온에서 반응하여 석회질소(칼슘시안나이드)가 생성된다.

(1) 화학식
(2) 물과의 반응식
(3) (2)에서 생성되는 가스의 완전연소반응식

(1) CaC_2 (탄화칼슘)
(2) $CaC_2 + 2H_2O \rightarrow Ca(OH)_2 + C_2H_2$
    (탄화칼슘) (물)   (수산화칼슘) (아세틸렌)
(3) $2C_2H_2 + 5O_2 \rightarrow 4CO_2 + 2H_2O$
    (아세틸렌) (산소)   (이산화탄소) (물)

$CaC_2 + N_2 \rightarrow CaCN_2 + C$
(탄화칼슘) (질소)   (석회질소) (탄소)

09

다음 보기의 위험물을 보고 연소범위가 가장 큰 위험물에 대한 각 물음에 답하시오.

[보기]
아세톤, 메틸알코올, 메틸에틸케톤,
톨루엔, 다이에틸에터

(1) 명칭
(2) 위험도

(1) 다이에틸에터
(2) $H = \dfrac{U-L}{L} = \dfrac{48-1.9}{1.9} = 24.26$

물질	연소범위
아세톤	2.6~12.8%
메틸알코올	6~36%
메틸에틸케톤	1.8~10%
톨루엔	1.2~7.1%
다이에틸에터	1.9~48%

*위험도

$H = \dfrac{U-L}{L}$ $\begin{cases} H : 위험도 \\ U : 연소상한계[\%] \\ L : 연소하한계[\%] \end{cases}$

10

옥외저장소에 옥외소화전을 다음과 같이 설치할 경우에 필요한 수원의 수량$[m^3]$을 구하시오.

(1) 3개 설치
(2) 6개 설치

(1) 수원의 수량 = $13.5 \times 3 = 40.5 m^3$ 이상
(2) 수원의 수량 = $13.5 \times 4 = 54 m^3$ 이상

*수원의 수량
① 옥외 : $13.5 \times n$[개]
   (단, n=4개 이상인 경우는 n=4)
② 옥내 : $7.8 \times n$[개]
   (단, n=5개 이상인 경우는 n=5)

11

TNT 제조식을 쓰시오.

$\underset{(톨루엔)}{C_6H_5CH_3} + 3HNO_3 \xrightarrow[니트로화]{C-H_2SO_4} \underset{(트리니트로톨루엔)}{C_6H_2CH_3(NO_2)_3} + 3H_2O$

12
아래의 위험물과 물의 반응식을 쓰시오.

(1) 탄화칼슘
(2) 탄화알루미늄

(1) $CaC_2 + 2H_2O \rightarrow Ca(OH)_2 + C_2H_2$
  (탄화칼슘) (물) (수산화칼슘) (아세틸렌)
(2) $Al_4C_3 + 12H_2O \rightarrow 4Al(OH)_3 + 3CH_4$
  (탄화알루미늄) (물) (수산화알루미늄) (메탄)

13
탱크의 용량[L]을 구하시오.
(단, 탱크의 공간용적은 5%이고, $r=2m, \ell=5m$, $\ell_1 = 1.5m, \ell_2 = 1.5m$ 이다.)

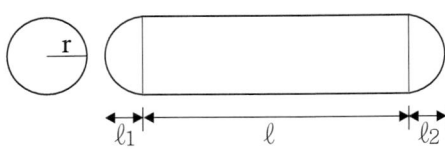

$V = \pi r^2 \left(\ell + \dfrac{\ell_1 + \ell_2}{3} \right)$

$= \pi \times 2^2 \times \left(5 + \dfrac{1.5 + 1.5}{3} \right) = 75.39822 m^3 = 75398.22 L$

∴ $V_{용량} = V(1 - 공간용적)$
$= 75398.22 \times (1 - 0.05) = 71628.31 L$

14
제1종, 제2종, 제3종 분말소화약제의 화학식을 각각 쓰시오.

① 제1종 분말 소화약제 : $NaHCO_3$ (탄산수소나트륨)
② 제2종 분말 소화약제 : $KHCO_3$ (탄산수소칼륨)
③ 제3종 분말 소화약제 : $NH_4H_2PO_4$ (인산암모늄)

*분말소화기의 종류

종별	소화약제	착색	화재종류
제1종 소화분말	$NaHCO_3$ (탄산수소나트륨)	백색	BC화재
제2종 소화분말	$KHCO_3$ (탄산수소칼륨)	담회색	BC화재
제3종 소화분말	$NH_4H_2PO_4$ (인산암모늄)	담홍색	ABC화재
제4종 소화분말	$KHCO_3 + (NH_2)_2CO$ (탄산수소칼륨 + 요소)	회색	BC화재

15
제3류 위험물임 나트륨에 관한 각 물음에 답하시오.

(1) 지정수량
(2) 보호액 1가지쓰시오.
(3) 물과의 반응식

(1) $10kg$
(2) 등유, 경유, 유동파라핀유, 벤젠 등
(3) $2Na + 2H_2O \rightarrow 2NaOH + H_2$
  (나트륨) (물) (수산화나트륨) (수소)

16
옥외저장소에 저장할 수 있는 위험물의 품명 5가지를 쓰시오.

① 황
② 인화성고체(인화점이 0℃ 이상인 것에 한한다.)
③ 제1석유류(인화점이 0℃ 이상인 것에 한한다.)
④ 알코올류

⑤ 제2석유류
⑥ 제3석유류
⑦ 제4석유류
⑧ 동식물유류
⑨ 과산화수소
⑩ 질산
⑪ 과염소산

17

다음 보기의 지정수량의 배수에 따른 제조소의 보유 공지를 각각 쓰시오.

(1) 1배
(2) 5배
(3) 10배
(4) 20배
(5) 200배

(1) 3m 이상
(2) 3m 이상
(3) 3m 이상
(4) 5m 이상
(5) 5m 이상

*제조소의 보유공지

지정수량의 배수	보유공지의 너비
지정수량의 10배 이하	3m 이상
지정수량의 10배 초과	5m 이상

18

트리에틸알루미늄(TEA)에 대한 각 물음에 답하시오.

(1) 물과의 반응식
(2) (1)에서 생성되는 기체의 경칭

(1) $(C_2H_5)_3Al + 3H_2O \rightarrow Al(OH)_3 + 3C_2H_6$
(트리에틸알루미늄) (물) (수산화알루미늄) (에탄)
(2) 에탄

19

지하탱크저장소에 관한 내용일 때 빈칸을 채우시오.

[보기]
- 탱크전용실은 지하의 가장 가까운 벽・피트・가스관 등의 시설물 및 대지경계선으로부터 (①)m 이상 떨어진 곳에 설치할 것.
- 지하저장탱크의 윗부분은 지면으로부터 (②)m 이상 아래에 있어야 한다.
- 지하저장탱크를 2이상 인접해 설치하는 경우에는 그 상호간에 (③)m (당해 2이상의 지하저장탱크의 용량의 합계가 지정수량의 100배 이하일 때에는 (④)m 이상의 간격을 유지하여야 한다. 다만, 그 사이에 탱크전용실의 벽이나 두께 (⑤)cm 이상의 콘크리트 구조물이 있는 경우에는 그러하지 아니하다.

① 0.1
② 0.6
③ 1
④ 0.5
⑤ 20

20

옥내탱크저장소 펌프실에 대한 각 물음에 답하시오. (단, 펌프전용실 외의 장소에 설치했다.)

(1) 펌프실이 상층에 있을 때 상층의 바닥은 내화구조로 하고, 상층이 없을 때 지붕을 어떤 재료로 하여야 하는가?
(2) 펌프실 출입구에는 무엇을 설치하여야 하는가?

(3) 탱크전용실에 펌프설비를 설치할 때 견고한 기초 위에 고정한 다음 그 주위엔 불연재료로 된 턱을 몇 m 이상의 높이로 설치하여야 하는가?
(4) 바닥은 콘크리트 등 위험물이 스며들지 아니한 재료로 적당히 경사지게 하여 최저부에 무엇을 설치하여야 하는가?
(5) 펌프실의 창 및 출입구에 유리를 이용하는 경우 어떠한 유리를 사용하여야 하는가?

(1) 불연재료
(2) 60분 방화문 또는 30분 방화문
(3) 0.2
(4) 집유설비
(5) 망입유리

＊탱크전용실이 있는 건축물에 설치하는 펌프설비
– 펌프전용실 외의 장소에 설치하는 경우
① 이 펌프실은 벽, 기둥, 바닥 및 보를 내화구조로 할 것
② 펌프실은 상층이 있는 경우에 있어서는 상층의 바닥을 내화구조로 하고, 상층이 없는 경우에 있어서는 지붕을 불연재료로 하며, 천장을 설치하지 아니할 것
③ 펌프실에는 창을 설치하지 아니할 것. 다만, 제6류 위험물의 탱크전용실에 있어서는 60분 방화문 또는 30분 방화문을 설치할 수 있다.
④ 펌프실의 출입구에는 60분 방화문을 설치할 것. 다만, 제6류 위험물의 탱크전용실에 있어서는 30분 방화문을 설치할 수 있다.
⑤ 펌프실의 환기 및 배출의 설비에는 방화상 유효한 댐퍼 등을 설치할 것
⑥ 펌프설비는 견고한 기초 위에 고정할 것
⑦ 펌프실의 바닥의 주위에는 높이 $0.2m$ 이상의 턱을 만들고 바닥은 콘크리트 등 위험물이 스며들지 아니하는 재료로 적당히 경사지게 하여 그 최저부에는 집유설비를 설치할 것
⑧ 펌프실에는 위험물을 취급하는데 필요한 채광, 조명 및 환기의 설비를 설치할 것
⑨ 가연성 증기가 체류할 우려가 있는 펌프실에는 그 증기를 옥외의 높은 곳으로 배출하는 설비를 설치할 것
⑩ 인 화점이 21℃ 미만인 위험물을 취급하는 펌프설비에는 보기 쉬운 곳에 "옥내저장탱크 펌프설비"라는 표시를 한 게시판과 방화에 관하여 필요한 사항을 게시한 게시판을 설치할 것. 다만, 소방본부장 또는 소방서장이 화재예방상 당해 게시판을 설치할 필요가 없다고 인정하는 경우에는 그러하지 아니하다.

2022 1회차 위험물산업기사 실기 기출문제

01
제3류 위험물 중 위험등급 I에 해당되는 품명 5가지를 쓰시오.

① 칼륨
② 나트륨
③ 알킬알루미늄
④ 알킬리튬
⑤ 황린

유별	품명	지정수량	위험등급
제3류 위험물	칼륨	10kg	I
	나트륨		
	알킬알루미늄		
	알킬리튬		
	황린	20kg	

02
다음 빈칸에 알맞은 유별과 지정수량을 쓰시오.

품명	유별	지정수량
알킬리튬	제3류	10kg
칼륨	(①)	(⑥)
질산	(②)	(⑦)
아조화합물	(③)	(⑧)
질산염류	(④)	(⑨)
나이트로화합물	(⑤)	(⑩)

① 제3류
② 제6류
③ 제5류
④ 제1류
⑤ 제5류
⑥ 10kg
⑦ 300kg
⑧ 200kg
⑨ 300kg
⑩ 200kg

03
제1종, 제2종, 제3종 분말소화약제의 화학식을 각각 쓰시오.

① 제1종 분말 소화약제 : $NaHCO_3$ (탄산수소나트륨)
② 제2종 분말 소화약제 : $KHCO_3$ (탄산수소칼륨)
③ 제3종 분말 소화약제 : $NH_4H_2PO_4$ (인산암모늄)

*분말소화기의 종류

종별	소화약제	착색	화재 종류
제1종 소화분말	$NaHCO_3$ (탄산수소나트륨)	백색	BC 화재
제2종 소화분말	$KHCO_3$ (탄산수소칼륨)	담회색	BC 화재
제3종 소화분말	$NH_4H_2PO_4$ (인산암모늄)	담홍색	ABC 화재
제4종 소화분말	$KHCO_3 + (NH_2)_2CO$ (탄산수소칼륨 + 요소)	회색	BC 화재

04

다음 제4류 위험물 중 알코올류에 속하는 위험물의 연소반응식을 쓰시오.

(1) 메틸알코올(메탄올)
(2) 에틸알코올(에탄올)

(1) $2CH_3OH + 3O_2 \rightarrow 2CO_2 + 4H_2O$
　　(메틸알코올)　(산소)　　(이산화탄소)　(물)
(2) $C_2H_5OH + 3O_2 \rightarrow 2CO_2 + 3H_2O$
　　(에틸알코올)　(산소)　　(이산화탄소)　(물)

05

다음 보기 중 금수성물질이면서 자연발화성 물질인 것을 모두 고르시오.
(단, 없으면 '해당없음'으로 쓰시오.)

[보기]
① 칼륨　② 나이트로벤젠　③ 트리나이트로페놀 ④ 황린　⑤ 글리세린　⑥ 수소화나트륨

칼륨

*금수성물질이면서 자연발화성 물질인 위험물
① 칼륨
② 나트륨
③ 알킬알루미늄
④ 알킬리튬

06

다음 보기 위험물의 증기비중을 구하시오.

[보기]
① 이황화탄소　② 아세트알데하이드　③ 벤젠

① 이황화탄소(CS_2) 분자량
: $12 + 32 \times 2 = 76$

$\therefore$ 증기비중 $= \dfrac{76}{28.84} = 2.64$

② 아세트알데하이드(CH_3CHO)의 분자량
: $12 + 1 \times 3 + 12 + 1 + 16 = 44$

$\therefore$ 증기비중 $= \dfrac{44}{28.84} = 1.53$

③ 벤젠(C_6H_6)의 분자량
: $12 \times 6 + 1 \times 6 = 78$

$\therefore$ 증기비중 $= \dfrac{78}{28.84} = 2.7$

07

에틸렌과 산소를 염화구리($CuCl_2$)의 촉매하에 생성되며, 인화점 $-38℃$, 비점 $21℃$, 분자량 44, 연소범위 $4.1~57\%$인 특수인화물이 있을 때 다음을 구하시오.

(1) 시성식
(2) 증기비중
(3) 이 위험을 보냉장치가 없는 이동탱크저장소에 저장할 경우 몇 ℃ 이하로 유지하여야 하는가?

(1) CH_3CHO(아세트알데히드)
(2) 분자량 : $12 + 1 \times 3 + 12 + 1 + 16 = 44$

$\therefore$ 증기비중 $= \dfrac{분자량}{28.84} = \dfrac{44}{28.84} = 1.53$

(3) $40℃$

08

분자량 39, 인화점 $-11℃$, 불꽃반응 시 보라색을 띄는 제3류 위험물이 제1류 위험물의 과산화물이 되었을 때 그 물질에 대한 다음을 구하시오.

(1) 물과의 반응식
(2) 이산화탄소와의 반응식
(3) 옥내저장소에 저장할 경우 바닥 면적은 몇 m^2 이하로 하여야 하는가?

(1) $2K_2O_2 + 2H_2O \rightarrow 4KOH + O_2$
　　(과산화칼륨)　(물)　　　(수산화칼륨)　(산소)
(2) $2K_2O_2 + 2CO_2 \rightarrow 2K_2CO_3 + O_2$
　　(과산화칼륨)　(이산화탄소)　(탄산칼륨)　(산소)
(3) $1000m^2$

*옥외저장소의 보유공지 너비의 기준

저장 또는 취급하는 위험물의 최대수량	공지의 너비
지정수량의 10배 이하	$3m$ 이상
지정수량의 10배 초과 20배 이하	$5m$ 이상
지정수량의 20배 초과 50배 이하	$9m$ 이상
지정수량의 50배 초과 200배 이하	$12m$ 이상
지정수량의 200배 초과	$15m$ 이상
제4류 위험물 중 제4석유류와 제6류 위험물을 저장 또는 취급하는 옥외저장소의 보유공지는 위의 표에 의한 공지의 너비의 $\frac{1}{3}$ 이상의 너비로 할 수 있다.	

09

다위험물안전관리법에 따른 옥외저장소의 보유공지의 너비에 대한 내용일 때 빈칸을 채우시오.

저장 또는 취급하는 위험물의 최대수량	저장 또는 취급하는 위험물	공지의 너비
지정수량의 10배 이하	제1석유류	(①)m 이상
	제2석유류	(②)m 이상
지정수량의 20배 초과 50배 이하	제2석유류	(③)m 이상
	제3석유류	(④)m 이상
	제4석유류	(⑤)m 이상

① 3
② 3
③ 9
④ 9
⑤ $9 \times \frac{1}{3} = 3$

10

위험물안전관리법에 따른 위험물의 운반에 관한 기준에서 다음 위험물이 지정수량 10배 이상일 때 혼재가 가능한 위험물의 유별을 모두 쓰시오.
(단, 없으면 '해당없음'으로 쓰시오.)

(1) 제2류 위험물과만 혼재가 가능한 위험물
(2) 제4류 위험물과만 혼재가 가능한 위험물
(3) 제6류 위험물과만 혼재가 가능한 위험물

(1) 제4,5류 위험물
(2) 제2,3,5류 위험물
(3) 제1류 위험물

*혼재 가능한 위험물
① 4:23
　- 제4류와 제2류, 제4류와 제3류는 혼재 가능
② 5:24
　- 제5류와 제2류, 제5류와 제4류는 혼재 가능
③ 6:1
　- 제6류와 제1류는 혼재 가능

	1류	2류	3류	4류	5류	6류
1류		×	×	×	×	○
2류	×		×	○	○	×
3류	×	×		○	×	×
4류	×	○	○		○	×
5류	×	○	×	○		×
6류	○	×	×	×	×	

11

다음 보기는 위험물안전관리법에 따른 주유취급소의 탱크 용량에 대한 내용일 때 빈칸을 채우시오.

[보기]
- 자동차 등에 주유하기 위한 고정주유설비에 직접 접속하는 전용탱크로서 (①)L 이하의 것
- 고정급유설비에 직접 접속하는 전용탱크로서 (②)L 이하의 것
- 보일러 등에 직접 접속하는 전용탱크로서 (③)L 이하의 것
- 자동차 등을 점검·정비하는 작업장 등에서 사용하는 폐유·윤활유 등의 위험물을 저장하는 탱크로서 용량이 (④)L 이하인 탱크

① 50000
② 50000
③ 10000
④ 2000

*주유취급소의 위치·구조 및 설비의 기준
다음 각목의 탱크 외에는 위험물을 저장 또는 취급하는 탱크를 설치할 수 없다. 다만 법규에 의한 이동탱크저장소(당해 주유취급소의 위험물을 저장 또는 취급에 관계된 것에 한한다)를 설치하는 경우에는 그러하지 아니하다.

① 자동차 등에 주유하기 위한 고정주유설비에 직접 접속하는 전용탱크로서 50000 L 이하의 것
② 고정급유설비에 직접 접속하는 전용탱크로서 50000 L 이하의 것
③ 보일러 등에 직접 접속하는 전용탱크로서 10000 L 이하의 것
④ 자동차 등을 점검·정비하는 작업장 등(주유취급소 안에 설치된 것에 한한다)에서 사용하는 폐유·윤활유 등의 위험물을 저장하는 탱크로서 용량(2이상 설치하는 경우에는 각 용량의 합계를 말한다)이 2000 L 이하인 탱크(이하 "폐유탱크등"이라 한다)
⑤ 고정주유설비 또는 고정급유설비에 직접 접속하는 3기 이하의 간이탱크. 다만, 국토의계획및이용에 관한법률에 의한 방화지구안에 위치하는 주유취급소의 경우를 제외한다.

12

다음 보기의 설명에 대한 각 물음에 답하시오.

[보기]
- 제4류 위험물 중 제1석유류(비수용성)
- 무색투명한 방향성을 갖는 휘발성이 강한 액체로 분자량 78, 인화점 -11℃

(1) 물질의 명칭
(2) 물질의 구조식
(3) 위험물을 취급하는 설비에 있어서는 당해 위험물이 직접 배수구에 흘러들어가지 아니하도록 집유설비에 무엇을 설치하여야 하는지 쓰시오. (단, 없으면 '해당없음;'으로 쓰시오.)

(1) 벤젠(C_6H_6)

(2)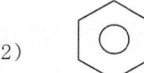

(3) 유분리장치

13

다음 보기는 제4류 위험물 중 인화점이 21℃ 이상 70℃ 미만이며, 수용성인 위험물을 고르시오.

[보기]
① 메틸알코올 ② 아세트산 ③ 폼산
④ 글리세린 ⑤ 나이트로벤젠

인화점이 21℃ 이상 70℃ 미만이면 제2석유류이다.
∴ ②, ③

명칭	품명
메틸알코올	제1석유류(알코올류)
아세트산	제2석유류(수용성)
폼산	제2석유류(수용성)
글리세린	제3석유류(수용성)
나이트로벤젠	제3석유류(비수용성)

14

다음 반응에 대해 생성되는 유독한 가스의 명칭을 쓰시오. (단, 없으면 '해당없음'으로 쓰시오.)

(1) 황린의 연소반응
(2) 황린과 수산화칼륨 수용액의 반응
(3) 아세트산의 연소반응
(4) 인화칼슘과 물의 반응
(5) 과산화바륨과 물의 반응

(1) $P_4 + 5O_2 \rightarrow 2P_2O_5$
(황린) (산소)   (오산화인)

∴ 오산화인

(2) $P_4 + 3KOH + 3H_2O \rightarrow 3KH_2PO_2 + PH_3$
(황린) (수산화칼륨) (물)   (차아인산칼륨) (포스핀)

∴ 포스핀

(3) $CH_3COOH + 2O_2 \rightarrow 2CO_2 + 2H_2O$
(아세트산) (산소)   (이산화탄소) (물)

∴ 해당없음

(4) $Ca_3P_2 + 6H_2O \rightarrow 3Ca(OH)_2 + 2PH_3$
(인화칼슘) (물)   (수산화칼슘) (포스핀)

∴ 포스핀

(5) $2BaO_2 + 2H_2O \rightarrow 2Ba(OH)_2 + O_2$
(과산화바륨) (물)   (수산화바륨) (산소)

∴ 해당없음

15

제2류 위험물에 속하는 마그네슘에 대해 다음 물음에 알맞은 답을 쓰시오.

(1) 빈칸에 공통으로 들어가는 수치를 쓰시오.

[보기]
- (   )mm의 체를 통과하지 아니하는 덩어리 상태의 것
- 지름 (   )mm 이상의 막대 모양의 것

(2) 위험등급을 쓰시오.
(3) 다음 물음에 알맞은 답을 쓰시오.

[보기]
① 염산과의 반응식
② 물과의 반응식

(1) 2
(2) Ⅲ등급
(3) $Mg + 2HCl \rightarrow MgCl_2 + H_2$
(마그네슘) (염산)   (염화마그네슘) (수소)

$Mg + 2H_2O \rightarrow Mg(OH)_2 + H_2$
(마그네슘) (물)   (수산화마그네슘) (수소)

16

위험물안전관리법령상 동식물유류를 아이오딘값 크기에 따른 분류 및 범위를 쓰시오.

건성유 : 아이오딘값이 130 이상인 것
반건성유 : 아이오딘값이 100 초과 130 미만인 것
불건성유 : 아이오딘값이 100 이하인 것

동식물 유류	건성유	아이오딘값 130 이상	아마인유, 들기름, 동유, 정어리유, 해바라기유 등
	반건성유	아이오딘값 100~130	참기름, 옥수수유, 채종유, 쌀겨유, 청어유, 콩기름 등
	불건성유	아이오딘값 100 이하	야자유, 땅콩유, 피마자유, 올리브유, 돼지기름 등

17

제4류 위험물을 옥외저장탱크에 저장하고 주위에 방유제를 설치할 때 각 물음에 답하시오.

(1) 방유제 면적의 기준
(2) 제1석유류 15만 리터를 저장할 경우 탱크의 최대 개수는 몇 개인가?
(3) 저장탱크의 개수를 제한 두지 않을 경우에 대하여 인화점 중심으로 서술하시오.

(1) $80000m^2$ 이하
(2) 방유제 내에 설치하는 옥외저장탱크는 10기 이하 이므로 ∴10기
(3) 인화점이 200℃ 이상인 위험물을 저장 또는 취급하는 경우

18

지하저장탱크 2기를 인접하여 설치할 때 그 상호 간의 거리는 몇 m 이상인지 각각 쓰시오.

(1) 경유 20000L와 휘발유 8000L
(2) 경유 8000L와 휘발유 20000L
(3) 경유 20000L와 휘발유 20000L

(1) 지정수량의 배수 = $\dfrac{저장수량}{지정수량}$
$= \dfrac{20000}{1000} + \dfrac{8000}{200} = 60배$
∴ $0.5m$

(2) 지정수량의 배수 = $\dfrac{저장수량}{지정수량}$
$= \dfrac{8000}{1000} + \dfrac{20000}{200} = 108배$
∴ $1m$

(3) 지정수량의 배수 = $\dfrac{저장수량}{지정수량}$
$= \dfrac{20000}{1000} + \dfrac{20000}{200} = 120배$
∴ $1m$

*지하저장탱크 상호간의 거리
① 지하저장탱크를 2기 이상 인접하여 설치하는 경우 상호 간 1m 이상 간격을 유지한다.
② 2기 이상 지하저장탱크 용량 합계가 지정수량 100배 이하인 경우는 0.5m 이상 간격을 유지한다.

*경유와 휘발유의 지정수량

명칭	품명	지정수량
경유	제2석유류 (비수용성)	$1000L$
휘발유	제1석유류 (비수용성)	$200L$

19

다음 탱크에 대한 각 물음에 답하시오.
(단, 탱크의 공간용적은 $\frac{10}{100}$ 이다.)

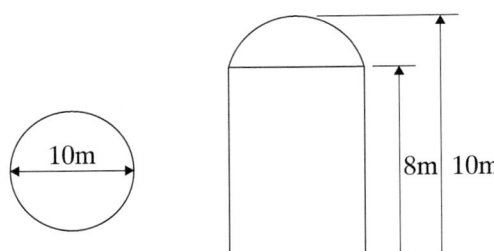

(1) 탱크의 용량 $[m^3]$
(2) 위의 탱크는 기술검토를 받아야 하는가?
(3) 위의 탱크는 완공검사를 받아야 하는가?
(4) 위의 탱크는 정기검사를 받아야 하는가?

---

(1) $V = \pi r^2 \ell (1 - 공간용적)$
$= \pi \times 5^2 \times 8 \times \left(1 - \frac{10}{100}\right)$
$= 565.48668 m^3 = 565486.68 L$
(2) 받아야 한다.
(3) 받아야 한다.
(4) 받아야 한다.

*기술검토・완공검사・정기검사 대상
탱크의 용량이 50만L 이상인 경우

20

위험물안전관리법에 따른 위험물의 운송에 관한 내용일 때 각 물음에 알맞은 답을 쓰시오.

(1) 운송책임자가 감독 또는 지원방법으로 옳은 것을 모두 고르시오.
(단, 없으면 '해당없음'으로 쓰시오.)

[보기]
① 이동탱크저장소에 동승
② 사무실에 대기하면서 감독・지원
③ 부득이한 경우 GPS로 감독・지원
④ 다른 차량을 이용하여 따라 다니면서 감독・지원

(2) 위험물 운송시 운전자가 장시간 운전할 경우 2명 이상의 운전자로 하여야 한다. 다만 어떤 경우에 그러하지 아니하여도 되는 경우를 보기에서 모두 고르시오.
(단, 없으면 '해당없음'으로 쓰시오.)

[보기]
① 운송책임자가 동승하는 경우
② 제2류 위험물을 운반하는 경우
③ 제4류 위험물 중 제1석유류를 운반하는 경우
④ 2시간 이내마다 20분 이상씩 휴식하는 경우

(3) 위험물 운송시 이동탱크저장소에 비치하여야 하는 것을 모두 고르시오.
(단, 없으면 '해당없음'으로 쓰시오.)

[보기]
① 완공검사합격확인증   ② 정기검사확인증
③ 설치허가확인증   ④ 위험물 안전관리카드

---

(1) ①, ②
(2) ①, ②, ③, ④
(3) ①, ④

*위험물 운송책임자의 감독 또는 지원의 방법과 위험물의 운송시에 준수하여야 하는 사항

(1) 운송책임자의 감독 또는 지원의 방법
① 운송책임자가 이동탱크저장소에 동승하여 운송 중인 위험물의 안전확보에 관하여 운전자에게 필요한 감독 또는 지원을 하는 방법. 다만, 운전자가 운반책임자의 자격이 있는 경우에는 운반책임자의 자격이 없는 자가 동승할 수 있다.
② 운송의 감독 또는 지원을 위하여 마련한 별도의 사무실에 운송책임자가 대기하면서 다음의 사항을 이행하는 방법
- 운송경로를 미리 파악하고 관할 소방관서 또는 관련 업체(비상대응에 관한 협력을 얻을 수 있는 업체를 말한다)에 대한 연락체계를 갖추는 것
- 이동탱크저장소의 운전자에 대하여 수시로 안전확보 상황을 확인하는 것
- 비상시의 응급처치에 관하여 조언을 하는 것
- 그 밖에 위험물의 운송중 안전확보에 관하여 필요한 정보를 제공하고 감독 또는 지원하는 것

(2) 이동탱크저장소에 의한 위험물의 운송시에 준수하여야 하는 기준
① 위험물운송자는 운송의 개시전에 이동저장탱크의 배출밸브 등의 밸브와 폐쇄장치, 맨홀 및 주입구의 뚜껑, 소화기 등의 점검을 충분히 실시할 것.
② 위험물운송자는 장거리(고속국도에 있어서는 340㎞ 이상, 그 밖의 도로에 있어서는 200㎞ 이상을 말한다)에 걸치는 운송을 하는 때에는 2명 이상의 운전자로 할 것. 다만, 다음에 해당하는 경우에는 그러하지 아니하다.
- 운송책임자를 동승시킨 경우
- 운송하는 위험물이 제2류 위험물·제3류 위험물(칼슘 또는 알루미늄의 탄화물과 이것만을 함유한 것에 한한다) 또는 제4류 위험물(특수인화물을 제외한다)인 경우
- 운송도중에 2시간 이내마다 20분 이상씩 휴식하는 경우
③ 위험물운송자는 이동탱크저장소를 휴식·고장 등으로 일시 정차시킬 때에는 안전한 장소를 택하고 당해 이동탱크저장소의 안전을 위한 감시를 할 수 있는 위치에 있는 등 운송하는 위험물의 안전확보에 주의할 것
④ 위험물운송자는 이동저장탱크로부터 위험물이 현저하게 새는 등 재해발생의 우려가 있는 경우에는 재난을 방지하기 위한 응급조치를 강구하는 동시에 소방관서 그 밖의 관계기관에 통보할 것
⑤ 위험물(제4류 위험물에 있어서는 특수인화물 및 제1석유류에 한한다)을 운송하게 하는 자는 운송하게 하는 위험물의 취급방법 및 응급조치요령을 알기 쉽게 기록한 카드(이하 바목에서 "위험물안전카드"라 한다)를 위험물운송자로 하여금 휴대하게 할 것
⑥ 위험물운송자는 위험물안전카드를 휴대하고 당해 카드에 기재된 내용에 따를 것. 다만, 재난 그 밖의 불가피한 이유가 있는 경우에는 당해 기재된 내용에 따르지 아니할 수 있다.

*제조소등에서의 위험물의 저장 및 취급에 관한 기준
이동탱크저장소에는 당해 이동탱크저장소의 완공검사합격확인증 및 정기점검기록을 비치하여야 한다.

2022 2회차 위험물산업기사 실기 기출문제

01

다음 물질이 물과 반응하여 생성되는 기체의 명칭을 쓰시오.
(단, 없으면 '해당없음'으로 쓰시오.)

[보기]
① 인화칼슘
② 질산암모늄
③ 과산화칼륨
④ 금속리튬
⑤ 염소산칼륨

① $\underset{(인화칼슘)}{Ca_3P_2} + \underset{(물)}{6H_2O} \rightarrow \underset{(수산화칼슘)}{3Ca(OH)_2} + \underset{(포스핀)}{2PH_3}$

∴ 포스핀

② 제1류 위험물 중 질산염류는 물과 반응하지 않아

∴ 해당없음

③ $\underset{(과산화칼륨)}{2K_2O_2} + \underset{(물)}{2H_2O} \rightarrow \underset{(수산화칼륨)}{4KOH} + \underset{(산소)}{O_2}$

∴ 산소

④ $\underset{(리튬)}{2Li} + \underset{(물)}{2H_2O} \rightarrow \underset{(수산화리튬)}{2LiOH} + \underset{(수소)}{H_2}$

∴ 수소

⑤ 제1류 위험물 중 염소산염류는 물과 반응하지 않아

∴ 해당없음

02

위험물안전관리법에 따른 소화설비의 소요단위에 대해 다음 물음에 알맞은 소요단위를 쓰시오.

(1) 면적 $300m^2$인 내화구조의 벽으로 된 제조소
(2) 면적 $300m^2$인 내화구조가 아닌 제조소
(3) 면적 $300m^2$인 내화구조의 저장소

(1) 소요단위 = $\dfrac{300}{100}$ = 3소요단위

(2) 소요단위 = $\dfrac{300}{50}$ = 6소요단위

(3) 소요단위 = $\dfrac{300}{150}$ = 2소요단위

*각 설비의 1소요단위의 기준

건축물	외벽이 내화구조인 것	외벽이 내화구조가 아닌 것
제조소 및 취급소	$100m^2$	$50m^2$
저장소	$150m^2$	$75m^2$

03

다음은 염소산칼륨에 대한 내용일 때 각 물음에 답을 쓰시오.

(1) 완전분해 반응식을 쓰시오.
(2) 염소산칼륨 $24.5kg$이 표준상태에서 완전분해시 생성되는 산소의 부피$[m^3]$를 구하시오.
(단, 칼륨의 분자량 39, 염소의 분자량 35.5 이다.)

(1) $2KClO_3 \rightarrow 2KCl + 3O_2$
   (염소산칼륨)   (염화칼륨) (산소)

(2) 염소산칼륨의 분자량 : $39 + 35.5 + 16 \times 3 = 122.5g$
   표준상태는 1기압 0℃을 나타내고,
   $PV = nRT = \dfrac{W}{M}RT$에서,
   $\therefore V = \dfrac{WRT}{PM} \times \dfrac{\text{생성물의 몰수}}{\text{반응물의 몰수}}$
   $= \dfrac{24.5 \times 0.082 \times (0+273)}{1 \times 122.5} \times \dfrac{3}{2} = 6.72m^3$

04

다음 보기의 불활성가스 소화약제에 대한 구성비의 빈칸을 채우시오.

[보기]
① IG-55 : ( ) 50%, ( ) 50%
② IG-541 : ( ) 52%, ( ) 40%, ( ) 8%

① 질소, 아르곤
② 질소, 아르곤, 이산화탄소

*불연성, 불활성기체혼합가스의 종류

종류	구성
IG-100	$N_2(100\%)$
IG-55	$N_2(50\%) + Ar(50\%)$
IG-541	$N_2(52\%) + Ar(40\%) + CO_2(8\%)$

05

삼황화인과 오황화인이 연소 시 공통으로 발생하는 물질의 명칭을 모두 쓰시오.

$P_4S_3 + 8O_2 \rightarrow 2P_2O_5 + 3SO_2$
(삼황화린) (산소)   (오산화린) (이산화황)

$2P_2S_5 + 15O_2 \rightarrow 2P_2O_5 + 10SO_2$
(오황화린) (산소)   (오산화린) (이산화황)

∴ 오산화인, 이산화황

06

제3류 위험물에 속하는 트리에틸알루미늄에 대한 각 물음에 답하시오.

(1) 메탄올과의 반응식을 쓰시오.
(2) (1)의 반응에서 생성되는 기체의 연소반응식을 쓰시오.

(1) $(C_2H_5)_3Al + 3CH_3OH$
   (트리에틸알루미늄) (메틸알코올)
   $\rightarrow Al(CH_3O)_3 + 3C_2H_6$
      (트리메톡시알루미늄) (에탄)

(2) $2C_2H_6 + 7O_2 \rightarrow 4CO_2 + 6H_2O$
    (에탄) (산소)   (이산화탄소) (물)

07

다음 표는 위험물안전관리법에 따른 소화설비의 능력단위에 대한 내용일 때 빈칸을 채우시오.

소화설비	용량	능력단위
소화전용 물통	(①)L	0.3
수조 (소화전용물통 3개 포함)	80L	(②)
수조 (소화전용물통 6개 포함)	190L	(③)
마른 모래(삽 1개 포함)	(④)	0.5
팽창질석 또는 팽창진주암(삽 1개 포함)	(⑤)	1.0

① 8
② 1.5
③ 2.5
④ 50
⑤ 160

소화설비	용량	능력단위
소화전용 물통	8L	0.3
수조 (소화전용물통 3개 포함)	80L	1.5
수조 (소화전용물통 6개 포함)	190L	2.5
마른 모래(삽 1개 포함)	50L	0.5
팽창질석 또는 팽창진주암 (삽1개 포함)	160L	1.0

08

탄화알루미늄에 대한 각 물음에 답하시오.

(1) 물과의 반응식
(2) 염산과의 반응식

(1) $\underset{\text{(탄화알루미늄)}}{Al_4C_3} + \underset{\text{(물)}}{12H_2O} \rightarrow \underset{\text{(수산화알루미늄)}}{4Al(OH)_3} + \underset{\text{(메탄)}}{3CH_4}$

(2) $\underset{\text{(탄화알루미늄)}}{Al_4C_3} + \underset{\text{(염산)}}{12HCl} \rightarrow \underset{\text{(염화알루미늄)}}{4AlCl_3} + \underset{\text{(메탄)}}{3CH_4}$

09

지정과산화물을 저장하는 옥내저장창고 지붕에 대한 설명일 때 빈칸을 채우시오.

[보기]
- 중도리 또는 서까래의 간격은 (①)cm 이하로 할 것
- 지붕의 아래쪽 면에는 한 변의 길이가 (②)cm 이하의 환강, 경량형강 등으로 된 강제의 격자를 설치할 것
- 지붕의 아래쪽 면에 (③)을 쳐서 불연재료의 도리·보 또는 서까래에 단단히 결합할 것
- 두께 (④)cm 이상, 너비 (⑤)cm 이상의 목재로 만든 받침대를 설치할 것

① 30 ② 45 ③ 철망 ④ 5 ⑤ 30

10

다음 정의를 각각 쓰시오.

(1) 인화성고체
(2) 철분
(3) 제2석유류

(1) 고형알코올, 그 밖에 1기압에서 인화점이 40℃ 미만인 고체를 말한다.
(2) 철의 분말로서 $53\mu m$의 표준체를 통과하는 것이 $50wt\%$ 이상인 것을 말한다.
(3) 1기압에서 인화점이 21℃ 이상 70℃ 미만인 것

11

제1류 위험물 중 위험등급 I의 위험물을 품명 3가지를 쓰시오.

① 아염소산염류 ② 염소산염류
③ 과염소산염류 ④ 무기과산화물

12

다음 아세트알데하이드가 산화될 경우 생성되는 제4류 위험물에 대한 각 물음에 답하시오.

(1) 이 물질의 시성식
(2) 이 물질의 완전연소반응식
(3) 이 물질을 옥내저장소에 저장할 경우 저장소의 바닥 면적을 쓰시오.

(1) CH_3COOH (아세트산)
(2) $CH_3COOH + 2O_2 \rightarrow 2CO_2 + 2H_2O$
 (아세트산) (산소)   (이산화탄소) (물)
(3) $2000m^2$

*옥내저장소의 위치, 구조 및 설비의 기준
하나의 저장창고의 바닥면적(2 이상의 구획된 실이 있는 경우에는 각 실의 바닥면적의 합계)은 다음 각목의 구분에 의한 면적 이하로 하여야 한다.

(1) 다음의 위험물을 저장하는 창고 : $1,000m^2$
① 제1류 위험물 중 아염소산염류, 염소산염류, 과염소산염류, 무기과산화물 그 밖에 지정수량이 $50kg$인 위험물
② 제3류 위험물 중 칼륨, 나트륨, 알킬알루미늄, 알킬리튬 그 밖에 지정수량이 $10kg$인 위험물 및 황린
③ 제4류 위험물 중 특수인화물, 제1석유류 및 알코올류
④ 제5류 위험물 중 유기과산화물, 질산에스터류 그 밖에 지정수량이 $10kg$인 위험물
⑤ 제6류 위험물
(2) (1)의 위험물 외의 위험물을 저장하는 창고 : $2,000m^2$
(3) (1)의 위험물과 2. 목의 위험물을 내화구조의 격벽으로 완전히 구획된 실에 각각 저장하는 창고 : $1,500m^2$
[(1)의 위험물을 저장하는 실의 면적은 $500m^2$를 초과할 수 없다.]

13

금속칼륨에 대한 각 물음에 답하시오.

(1) 이산화탄소와의 반응식
(2) 에탄올과의 반응식

(1) $\underset{(칼륨)}{4K} + \underset{(이산화탄소)}{3CO_2} \rightarrow \underset{(탄산칼륨)}{2K_2CO_3} + \underset{(탄소)}{C}$
(2) $\underset{(칼륨)}{2K} + \underset{(에틸알코올)}{2C_2H_5OH} \rightarrow \underset{(칼륨에틸레이트)}{2C_2H_5OK} + \underset{(수소)}{H_2}$

14

제4류 위험물 중 특수인화물에 속하는 산화프로필렌에 대하여 각 물음에 답하시오.

(1) 증기비중
(2) 위험등급
(3) 보냉장치가 없는 이동탱크저장소에 저장할 경우의 온도

(1) 산화프로필렌(CH_3CHOCH_2) 분자량
: $12 + 1 \times 3 + 12 + 1 + 16 + 12 + 1 \times 2 = 58$
∴ 증기비중 $= \dfrac{58}{28.84} = 2.01$

(2) I등급

(3) 40℃ 이하

15
나이트로셀룰로오스에 대한 각 물음에 답하시오.

(1) 제조방법을 서술하시오.
(2) 품명
(3) 지정수량
(4) 운반 시 운반용기 외부에 표시하여야 할 주의사항을 모두 쓰시오.

(1) 셀룰로오스에 진한황산과 진한질산을 혼합시켜 제조한다.
(2) 질산에스터류
(3) 10kg
(4) 화기엄금, 충격주의

16
제4류 위험물(이황화탄소는 제외)을 취급하는 제조소의 옥외취급탱크에 100만L 1기, 50만L 2기, 10만L 3기가 있다. 이 중 50만L 탱크 1기를 다른 방유제에 설치하고 나머지를 하나의 방유제에 설치할 경우 방유제 전체의 최소용량 합계[L]를 구하시오.

하나의 방유제의 용량(50만L 1기)
: 50만×0.5 = 25만L

또 다른 하나의 방유제의 용량
(100만L 1기, 50만L 1기, 10만L 3기)
: 100만×0.5+50만×0.1+10만×0.1×3 = 58만L

∴25만+58만 = 83만L

*위험물 제조소에 있는 위험물 취급탱크
① 하나의 취급 탱크 주위에 설치하는 방유제의 용량
: 당해 탱크용량의 50% 이상

② 2 이상의 취급 탱크 주위에 하나의 방유제를 설치하는 경우, 방유제의 용량
: 당해 탱크 중 용량이 최대인 것의 50%에 나머지 탱크용량의 합계를 10%를 가산한 양 이상이 되게 할 것

17
다음 보기에서 설명하는 위험물에 대하여 각 물음에 답하시오.

[보기]
- 무색의 유동성이 있는 액체로서 물과 반응하여 발열한다.
- 분자량 100.5, 비중 1.76이다.
- 염소산 중 가장 강한 산이다.

(1) 시성식
(2) 위험물의 유별
(3) 이 물질을 취급하는 제조소와 병원과의 안전거리
(4) 이 물질 5000kg을 취급하는 제조소의 보유공지 너비

(1) $HClO_4$
(2) 제6류 위험물
(3) 해당없음
(4) 지정수량 = $\dfrac{5000}{300}$ = 16.67배
 10배 초과이므로,
 ∴5m 이상

*제조소의 위치·구조 및 설비의 기준

안전거리	해당 대상물
50m 이상	지정, 유형문화재
30m 이상	병원, 학교, 극장, 보호시설, 아동복지시설, 양로원 등
20m 이상	고압가스, 액화석유가스, 도시가스시설
10m 이상	주거용도 주택
5m 이상	35,000V 초과 특고압 가공전선
3m 이상	7,000V 초과 35,000V 이하 특고압 가공전선

✔제6류 위험물은 해당없음

*제조소의 보유공지

지정수량의 배수	보유공지의 너비
지정수량의 10배 이하	3m 이상
지정수량의 10배 초과	5m 이상

18

다음 보기는 위험물안전관리법에 따른 옥내저장소 기준일 때 빈칸을 채우시오.

[보기]
- 옥내저장소에서 동일 품명의 위험물이라도 자연발화할 우려가 있는 위험물을 다량 저장하는 경우에는 지정수량의 (①)배 이하마다 구분하여 (②)m 이상의 간격을 두어 저장한다.
- 기계에 의하여 하역하는 구조로 된 용기만을 겹쳐 쌓는 경우 (③)의 높이를 초과하지 아니하여야 한다.
- 제4류 위험물 중 제3석유류, 제4석유류 및 동식물유류를 수납하는 용기만을 겹쳐 쌓는 경우 (④)의 높이를 초과하지 아니하여야 한다.
- 그 밖의 경우에 있어서는 (⑤)의 높이를 초과하지 아니하여야 한다.

① 10 ② 0.3 ③ 6m ④ 4m ⑤ 3m

19

다음 그림과 같은 옥외탱크저장소에 위험물을 저장할 경우 탱크의 용량 $[m^3]$의 최댓값과 최솟값을 구하시오. (단, $a:2m$, $b:1.5m$, $\ell:3m$, $\ell_1:0.3m$ 이다.)

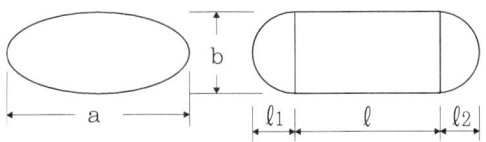

$$V = \frac{\pi ab}{4}\left(\ell + \frac{\ell_1+\ell_1}{3}\right) = \frac{\pi \times 2 \times 1.5}{4}\left(3 + \frac{0.3+0.3}{3}\right) = 7.54m^3$$

∴ ① 최댓값 : $V_{용량} = V(1-공간용적)$
$= 7.54 \times (1-0.05) = 7.16m^3$

∴ ② 최솟값 : $V_{용량} = V(1-공간용적)$
$= 7.54 \times (1-0.1) = 6.79m^3$

*탱크의 내용적 및 공간용적
탱크의 공간용적은 탱크의 내용적의 100분의 5이상 100분의 10이하의 용적으로 한다.

20

위험물안전관리법에 따른 위험물 유별에 대한 각 빈칸을 채우시오.

유별	특성	품명		지정수량
제1류 위험물	산화성 고체	질산염류		300kg
		아이오딘산염류		(④)kg
		과망가니즈산염류		1000kg
		(②)		
제2류 위험물	(①)	철분		500kg
		금속분		
		마그네슘		
		(③)		1000kg
제4류 위험물	인화성 액체	제2 석유류	비수용성	(⑤)L
			수용성	2000L
		제3 석유류	비수용성	2000L
			수용성	(⑥)L

① 가연성고체
② 다이크로뮴산염류
③ 인화성고체
④ 300
⑤ 1000
⑥ 4000

2022 4회차 위험물산업기사 실기 기출문제

01
금속나트륨과 에틸알코올이 반응하여 가연성 기체를 발생할 때 각 물음에 답하시오.

(1) 금속나트륨과 에틸알코올의 반응식
(2) (1)의 반응에서 생성되는 가연성 기체의 위험도

(1) $\underset{\text{(나트륨)}}{2Na} + \underset{\text{(에틸알코올)}}{2C_2H_5OH} \rightarrow \underset{\text{(나트륨에틸레이트)}}{2C_2H_5ONa} + \underset{\text{(수소)}}{H_2}$

(2) $H = \dfrac{75-4}{4} = 17.75$

*수소의 연소범위
4~75vol%

02
금속칼륨과 각 물질의 반응식을 쓰시오.
(단, 없으면 '해당없음'으로 쓰시오.)

(1) 물
(2) 경유
(3) 이산화탄소

(1) $\underset{\text{(칼륨)}}{2K} + \underset{\text{(물)}}{2H_2O} \rightarrow \underset{\text{(수산화칼륨)}}{2KOH} + \underset{\text{(수소)}}{H_2}$
(2) 해당없음
(3) $\underset{\text{(칼륨)}}{4K} + \underset{\text{(이산화탄소)}}{3CO_2} \rightarrow \underset{\text{(탄산칼륨)}}{2K_2CO_3} + \underset{\text{(탄소)}}{C}$

03
다음 탱크의 최대용량[L]을 구하시오.
(단, 탱크의 공간용적은 $\dfrac{5}{100}$ 이다.)

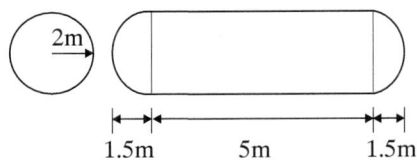

$V = \pi r^2 \left(\ell + \dfrac{\ell_1 + \ell_2}{3} \right) = \pi \times 2^2 \times \left(5 + \dfrac{1.5+1.5}{3} \right) = 75.39822 m^3$
$= 75398.22L$

$\therefore V_{\text{용량}} = V(1 - \text{공간용적}) = 75398.22 \times (1-0.05) = 71628.31L$

04
각 위험물의 시성식을 쓰시오.

(1) 아세톤
(2) 의산(폼산, 개미산)
(3) 트리나이트로페놀(피크린산)
(4) 초산에틸(아세트산에틸)
(5) 아닐린

(1) CH_3COCH_3
(2) $HCOOH$
(3) $C_6H_2OH(NO_2)_3$
(4) $CH_3COOC_2H_5$
(5) $C_6H_5NH_2$

05

위험물안전관리법에 따른 소화설비의 소요단위에 대해 각 물음에 알맞은 소요단위를 구하시오.

(1) 다이에틸에터 $2000L$
(2) 면적 $1500m^2$으로 외벽이 내화구조가 아닌 저장소
(3) 면적 $1500m^2$으로 외벽이 내화구조로 된 제조소

(1)
지정수량의 배수 $= \dfrac{저장수량}{지정수량} = \dfrac{2000}{50} = 40$배

∴ 소요단위 $= \dfrac{지정수량의\ 배수}{10} = \dfrac{40}{10} = 4$소요단위

(2) 소요단위 $= \dfrac{1500}{75} = 20$소요단위

(3) 소요단위 $= \dfrac{1500}{100} = 15$소요단위

*다이에틸에터 지정수량
$50L$

*각 설비의 1소요단위의 기준

건축물	외벽이 내화구조인 것	외벽이 내화구조가 아닌 것
제조소 및 취급소	$100m^2$	$50m^2$
저장소	$150m^2$	$75m^2$

06

트리에틸알루미늄에 대한 각 물음에 답하시오.

(1) 트리에틸알루미늄과 물의 반응식
(2) 트리에틸알루미늄 $228g$이 물과 반응할 때 생성되는 가연성기체의 부피$[L]$를 구하시오.

(1)
$$(C_2H_5)_3Al + 3H_2O \rightarrow Al(OH)_3 + 3C_2H_6$$
(트리에틸알루미늄)   (물)   (수산화알루미늄)   (에탄)

(2) 트리에틸알루미늄$[(C_2H_5)_3Al]$의 분자량
∶ $(12 \times 2 + 1 \times 5) \times 3 + 27 = 114$
표준상태(1기압, 0℃)에서 기체 $1mol$의 부피는 $22.4L$이고, 트리에틸알루미늄 $1mol(114g)$이 반응할 때 $3mol$의 에탄가스가 발생하니, $2mol(228g)$이 반응할 때 $6mol$의 에탄가스가 발생하므로,
∴ $V = 6 \times 22.4 = 134.4L$

07

크실렌(자일렌)의 이성질체 3가지에 대한 명칭과 구조식을 쓰시오.

명칭	구조식
o-크실렌	CH₃, CH₃ (인접)
m-크실렌	CH₃, CH₃ (meta)
p-크실렌	CH₃, CH₃ (para)

08

보기의 위험물들을 인화점이 낮은 순서대로 배치하시오.

> [보기]
> 이황화탄소, 초산에틸, 글리세린, 클로로벤젠

이황화탄소 < 초산에틸 < 클로로벤젠 < 글리세린

물질	인화점
이황화탄소	$-30℃$
초산에틸	$-4℃$
글리세린	$160℃$
클로로벤젠	$27℃$

09

제5류 위험물로서 담황색의 주상결정이며 분자량이 227, 융점이 $81℃$, 물에 녹지 않고 벤젠, 아세톤, 알코올에 녹는 이 물질에 대한 다음 각 물음에 답하시오.

(1) 이 물질의 화학식
(2) 이 물질의 지정수량
(3) 이 물질의 제조과정을 설명하시오.

(1) $C_6H_2CH_3(NO_2)_3$
(2) $200kg$
(3) 톨루엔과 진한질산을 황산 촉매 하에 나이트로화 반응하여 트리나이트로톨루엔이 생성된다.

10

다음 질산암모늄에 대한 각 물음에 답하시오.

(1) 열분해 반응식을 쓰시오.
(2) $0.9atm$, $300℃$에서 $1mol$이 분해될 때 생성되는 H_2O의 부피$[L]$를 구하시오.

(1) $\underset{(질산암모늄)}{2NH_4NO_3} \rightarrow \underset{(물)}{4H_2O} + \underset{(질소)}{2N_2} + \underset{(산소)}{O_2}$

(2) NH_4NO_3 $2mol$이 반응할 때 H_2O은 $4mol$ 생성된다. 그러므로, $1mol$이 반응하면 $2mol$이 생성된다.

질산암모늄(NH_4NO_3)의 분자량
: $14 + 1 \times 4 + 14 + 16 \times 3 = 80$

$PV = nRT$에서,

$\therefore V = \dfrac{nRT}{P} = \dfrac{2 \times 0.082 \times (300+273)}{0.9} = 104.41L$

11

다음 보기는 위험물안전관리법에 따른 운반의 기준에 따른 차광성 또는 방수성의 피복으로 모두 덮어야 하는 위험물의 품명을 다음 보기에서 모두 고르시오.
(단, 없으면 '해당없음'으로 쓰시오.)

[보기]
① 알칼리금속의 과산화물
② 특수인화물
③ 금속분
④ 제5류 위험물
⑤ 제6류 위험물
⑥ 인화성고체

① 알칼리금속의 과산화물

*위험물의 운반 기준
① 제1류 위험물, 제3류 위험물 중 자연발화성물질, 제4류 위험물 중 특수인화물, 제5류 위험물 또는 제6류 위험물은 차광성이 있는 피복으로 가릴 것
② 제1류 위험물 중 알칼리금속의 과산화물 또는 이를 함유한 것, 제2류 위험물 중 철분·금속분·마그네슘 또는 이들 중 어느 하나 이상을 함유한 것 또는 제3류 위험물 중 금수성물질은 방수성이 있는 피복으로 덮을 것

12

다음 아래의 제조소 조건에서의 방화벽 설치 높이 $[m]$를 구하시오.

[조건]
① 제조소 높이 : $30m$
② 인접건물 높이 : $40m$
③ p상수 : 0.15
④ 제조소와 방화벽 거리 : $5m$
⑤ 제조소와 인접건물 거리 : $10m$

$H \leq pD^2 + a$일 경우에 높이는 $h = 2m$이다.
$\begin{cases} H : \text{인근 건축물 또는 공작물의 높이}[m] \\ p : \text{상수} \\ D : \text{제조소등과 인근 건축물 또는 공작물의 높이}[m] \\ a : \text{제조소등의 외벽의 높이}[m] \end{cases}$

$40 \leq 0.15 \times 10^2 + 30$
$40 \leq 45 \Rightarrow \therefore$ 높이 $2m$

13

다음 보기의 설명을 보고 각 물음에 답하시오.

[조건]
- 분자량 34이다.
- 표백작용·살균작용을 한다.
- 일정 농도 이상인 것에 한하여 위험물로 간주한다.
- 운반용기 외부에 표시하여야 하는 주의사항은 '가연물접촉주의'이다.

(1) 이 위험물의 명칭
(2) 시성식
(3) 분해반응식
(4) 제조소의 표지판에 설치해야 하는 주의사항을 모두 쓰시오.
(단, 없으면 '해당없음'으로 쓰시오.)

(1) 과산화수소
(2) H_2O_2
(3) $2H_2O_2 \rightarrow 2H_2O + O_2$
    (과산화수소)   (물)   (산소)
(4) 해당없음

*제조소의 게시판에 표기해야 하는 주의사항

종류	주의사항 표시
*제1류 위험물 중 알칼리금속의 과산화물 *제3류 위험물 중 금수성물질	물기엄금
*제2류 위험물 (인화성고체를 제외)	화기주의
*제2류 위험물 중 인화성고체 *제3류 위험물 중 자연발화성물질 *제4류 위험물 *제5류 위험물	화기엄금

14

다음 보기는 위험물안전관리법령에 따른 위험물의 저장 및 취급기준일 때 빈칸을 채우시오.

[보기]
- 제(①)류 위험물은 가연물과의 접촉·혼합이나 분해를 촉진하는 물품과의 접근 또는 과열을 피하여야 한다.
- 제(②)류 위험물은 불티, 불꽃, 고온체와의 접근 또는 과열을 피하고, 함부로 증기를 발생시키지 아니 하여야 한다.
- 제(③)류 위험물은 불티, 불꽃, 고온체와의 접근이나 과열, 충격 또는 마찰을 피하여야 한다.
- 유별을 달리하는 위험물은 동일한 저장소에 저장할 수 없는데, 유별로 정리하여 서로 1m 이상의 간격을 두면 동일한 실에 함께 저장할 수 있다.
  • 제1류 위험물과 제(④)류 위험물
  • 제2류 위험물 중 인화성고체와 제(⑤)류 위험물

① 6   ② 4   ③ 5   ④ 6   ⑤ 4

*제조소 등에서의 위험물의 저장 및 취급에 관한 기준
① 제1류 위험물은 가연물과의 접촉·혼합이나 분해를 촉진하는 물품과의 접근 또는 과열·충격·마찰 등을 피하는 한편, 알칼리금속의 과산화물 및 이를 함유한 것에 있어서는 물과의 접촉을 피하여야 한다.
② 제2류 위험물은 산화제와의 접촉·혼합이나 불티·불꽃·고온체와의 접근 또는 과열을 피하는 한편, 철분·금속분·마그네슘 및 이를 함유한 것에 있어서는 물이나 산과의 접촉을 피하고 인화성 고체에 있어서는 함부로 증기를 발생시키지 아니하여야 한다.
③ 제3류 위험물 중 자연발화성물질에 있어서는 불티·불꽃 또는 고온체와의 접근·과열 또는 공기와의 접촉을 피하고, 금수성물질에 있어서는 물과의 접촉을 피하여야 한다.
④ 제4류 위험물은 불티·불꽃·고온체와의 접근 또는 과열을 피하고, 함부로 증기를 발생시키지 아니하여야 한다.
⑤ 제5류 위험물은 불티·불꽃·고온체와의 접근이나 과열·충격 또는 마찰을 피하여야 한다.
⑥ 제6류 위험물은 가연물과의 접촉·혼합이나 분해를촉진하는 물품과의 접근 또는 과열을 피하여야 한다.

*제조소등에서의 위험물의 저장 및 취급에 관한 기준
- 유별을 달리하는 위험물은 동일한 저장소(내화구조의 격벽으로 완전히 구획된 실이 2 이상 있는 저장소에 있어서는 동일한 실)에 저장하지 아니하여야 한다. 다만, 옥내저장소 또는 옥외저장소에 있어서 다음의 각목의 규정에 의한 위험물을 저장하는 경우로서 위험물을 유별로 정리하여 저장하는 한편, 서로 1m 이상의 간격을 두는 경우에는 그러지 아니하다.
① 제1류 위험물(알칼리금속의 과산화물 또는 이를 함유한 것을 제외)과 제5류 위험물을 저장하는 경우
② 제1류 위험물과 제6류 위험물을 저장하는 경우
③ 제1류 위험물과 제3류 위험물 중 자연발화성물질 (황린 또는 이를 함유한 것)을 저장하는 경우
④ 제2류 위험물 중 인화성고체와 제4류 위험물을 저장하는 경우
⑤ 제3류 위험물 중 알킬알루미늄등과 제4류 위험물 (알킬알루미늄 또는 알칼리튬을 함유한 것)을 저장하는 경우
⑥ 제4류 위험물 중 유기과산화물 또는 이를 함유한 것과 제5류 위험물 중 유기과산화물 또는 이를 함유한 것을 저장하는 경우

15

다음 그림은 위험물안전관리법에 따른 안전거리 기준일 때 빈칸을 채우시오.

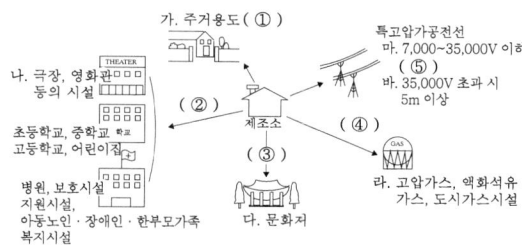

① 10m 이상
② 30m 이상
③ 50m 이상
④ 20m 이상
⑤ 3m 이상

*제조소의 위치·구조 및 설비의 기준

안전거리	해당 대상물
50m 이상	지정, 유형문화재
30m 이상	병원, 학교, 극장, 보호시설, 아동복지시설, 양로원 등
20m 이상	고압가스, 액화석유가스, 도시가스시설
10m 이상	주거용도 주택
5m 이상	35,000V 초과 특고압 가공전선
3m 이상	7,000V 초과 35,000V 이하 특고압 가공전선

16

다음 보기를 보고 각 물음에 알맞은 답을 쓰시오.

[보기]
질산나트륨, 과산화수소, 메틸에틸케톤, 알루미늄분, 염소산암모늄

(1) 보기에서 연소가 가능한 위험물을 모두 쓰시오.
(2) (1)의 위험물 중 완전연소반응식 1가지만 쓰시오.

(1) 메틸에틸케톤, 알루미늄분
(2) $2CH_3COC_2H_5 + 11O_2 \rightarrow 8CO_2 + 8H_2O$
   (메틸에틸케톤) (산소)   (이산화탄소) (물)
or
$4Al + 3O_2 \rightarrow 2Al_2O_3$
(알루미늄) (산소) (산화알루미늄)

17

다음 표는 위험물안전관리법에 따른 안전교육의 과정, 기간과 그 밖의 교육의 실시에 관한 사항일 때 다음 보기를 참고하여 빈칸에 알맞은 답을 쓰시오.

교육과정	교육대상자	교육시간
강습교육	(①)가 되려는 사람	24시간
	(②)가 되려는 사람	8시간
	(③)가 되려는 사람	16시간
실무교육	(①)	8시간
	(②)	4시간
	(③)	8시간
	(④)의 기술인력	8시간 이내

[보기]
안전관리자, 탱크시험자, 위험물운송자, 위험물운반자

① 안전관리자
② 위험물운반자
③ 위험물운송자
④ 탱크시험자

18

보기의 내용을 참고하여 각 물음에 알맞은 답을 쓰시오.

[보기]
- 분자량 78이다.
- 휘발성이 있는 액체로 독특한 냄새가 난다.
- 수소 첨가반응으로 시클로헥산을 생성한다.

(1) 화학식
(2) 위험등급
(3) 위험물안전카드의 휴대 여부
  (단, 보기의 조건으로 알 수 없으면 '알 수 없음'을 쓰시오.)
(4) 장거리에 걸치는 운송을 하는 때에는 2명 이상의 운전자 로 하여야 한다. 이에 해당하는지 여부를 쓰시오.
  (단, 보기의 조건으로 알 수 없으면 '알 수 없음'을 쓰시오.)

(1) C_6H_6(벤젠)
(2) II등급
(3) 휴대할 것
(4) 알 수 없음

*위험물 운송책임자의 감독 또는 지원의 방법과 위험물의 운송시에 준수하여야 하는 사항

(1) 운송책임자의 감독 또는 지원의 방법
① 운송책임자가 이동탱크저장소에 동승하여 운송 중인 위험물의 안전확보에 관하여 운전자에게 필요한 감독 또는 지원을 하는 방법. 다만, 운전자가 운반책임자의 자격이 있는 경우에는 운반책임자의 자격이 없는 자가 동승할 수 있다.
② 운송의 감독 또는 지원을 위하여 마련한 별도의 사무실에 운송책임자가 대기하면서 다음의 사항을 이행하는 방법
- 운송경로를 미리 파악하고 관할 소방관서 또는 관련 업체(비상대응에 관한 협력을 얻을 수 있는 업체를 말한다)에 대한 연락체계를 갖추는 것
- 이동탱크저장소의 운전자에 대하여 수시로 안전확보 상황을 확인하는 것
- 비상시의 응급처치에 관하여 조언을 하는 것
- 그 밖에 위험물의 운송중 안전확보에 관하여 필요한 정보를 제공하고 감독 또는 지원하는 것

(2) 이동탱크저장소에 의한 위험물의 운송시에 준수하여야 하는 기준
① 위험물운송자는 운송의 개시전에 이동저장탱크의 배출밸브 등의 밸브와 폐쇄장치, 맨홀 및 주입구의 뚜껑, 소화기 등의 점검을 충분히 실시할 것.
② 위험물운송자는 장거리(고속국도에 있어서는 340km 이상, 그 밖의 도로에 있어서는 200km 이상을 말한다)에 걸치는 운송을 하는 때에는 2명 이상의 운전자로 할 것. 다만, 다음에 해당하는 경우에는 그러하지 아니하다.
- 운송책임자를 동승시킨 경우
- 운송하는 위험물이 제2류 위험물·제3류 위험물(칼슘 또는 알루미늄의 탄화물과 이것만을 함유한 것에 한한다) 또는 제4류 위험물(특수인화물을 제외한다)인 경우
- 운송도중에 2시간 이내마다 20분 이상씩 휴식하는 경우
③ 위험물운송자는 이동탱크저장소를 휴식·고장 등으로 일시 정차시킬 때에는 안전한 장소를 택하고 당해 이동탱크저장소의 안전을 위한 감시를 할 수 있는 위치에 있는 등 운송하는 위험물의 안전확보에 주의할 것
④ 위험물운송자는 이동저장탱크로부터 위험물이 현저하게 새는 등 재해발생의 우려가 있는 경우에는 재난을 방지하기 위한 응급조치를 강구하는 동시에 소방관서 그 밖의 관계기관에 통보할 것
⑤ 위험물(제4류 위험물에 있어서는 특수인화물 및 제1석유류에 한한다)을 운송하게 하는 자는 운송하게 하는 위험물의 취급방법 및 응급조치요령을 알기 쉽게 기록한 카드(이하 바목에서 "위험물안전카드"라 한다)를 위험물운송자로 하여금 휴대하게 할 것
⑥ 위험물운송자는 위험물안전카드를 휴대하고 당해 카드에 기재된 내용에 따를 것. 다만, 재난 그 밖의 불가피한 이유가 있는 경우에는 당해 기재된 내용에 따르지 아니할 수 있다.

19

다음 보기에서 제4류 위험물 중 제2석유류에 대한 설명으로 옳은 것을 모두 고르시오.

[보기]
① 등유, 경유
② 중유, 크레오소트유
③ 1기압에서 인화점이 섭씨 70도 이상 섭씨 200도 미만인 것을 말한다.
④ 1기압에서 인화점이 섭씨 200도 이상 섭씨 250도 미만인 것을 말한다.
⑤ 도료류 그 밖의 물품에 있어서는 가연성 액체량이 40중량퍼센트 이하이면서 인화점이 섭씨 40도 이상인 동시에 연소점이 섭씨 60도 이상인 것은 제외한다.

①, ⑤

*제2석유류

등유, 경유 그 밖에 $1atm$에서 인화점이 21℃ 이상 70℃ 미만인 것을 말한다. 다만 도료류, 그 밖의 물품에 있어서는 가연성 액체량이 $40wt\%$ 이하이면서 인화점이 40℃ 이상인 동시에 연소점이 60℃ 이상인 것은 제외한다.

20

다음 표는 소화설비 적응성에 관한 내용일 때 적응성이 있는 경우 빈칸에 O를 채우시오.

소화설비의 구분		건축물·그 밖의 공작물	전기설비	제1류 위험물		제2류 위험물			제3류 위험물		제4류 위험물	제5류 위험물	제6류 위험물
				알칼리금속과산화물	그밖의 것	철분금속분마그네슘	인화성고체	그 밖의 것	금수성물질	그밖의 것			
옥내 및 옥외 소화전													
물분무등 소화설비	물분무소화설비												
	불활성가스소화설비												
	할로젠화합물소화설비												

소화설비의 구분		건축물·그 밖의 공작물	전기설비	제1류 위험물		제2류 위험물			제3류 위험물		제4류 위험물	제5류 위험물	제6류 위험물
				알칼리금속과산화물	그밖의 것	철분금속분마그네슘	인화성고체	그 밖의 것	금수성물질	그밖의 것			
옥내 및 옥외 소화전		O			O		O	O		O		O	O
물분무등 소화설비	물분무소화설비	O	O		O		O	O		O	O	O	O
	불활성가스소화설비		O				O				O		
	할로젠화합물소화설비		O				O				O		

Memo

2023 1회차 위험물산업기사 실기 기출문제

01

옥외저장소에 저장되어 있는 드럼통에 중유 위험물만을 쌓을 때 각 물음에 답하시오.

(1) 옥외저장소에서 위험물을 수납한 용기를 선반에 저장하는 경우 저장 높이는 몇 m인지 쓰시오.
(2) 기계에 의하여 하역하는 구조로 된 용기만을 겹쳐 쌓는 경우 저장 높이는 몇 m인지 쓰시오.
(3) 중유만을 저장할 경우 저장 높이는 몇 m인지 쓰시오.

---

(1) 6m
(2) 6m
(3) 4m

★옥외 저장소에 저장 시 높이
아래 기준의 높이를 초과하지 않아야 한다.
① 기계에 의하여 하역하는 구조로 된 용기만을 겹쳐 쌓는 경우 : $6m$
② 옥외저장소에서 위험물을 수납한 용기를 선반에 저장하는 경우 : $6m$
③ 제4류 위험물 중 제3석유류, 제4석유류, 동식물유류를 수납하는 용기만을 겹쳐 쌓는 경우 : $4m$

02

다음 제2류 위험물에 대한 각 물음에 답을 쓰시오.

(1) 다음 빈칸에 알맞은 답을 쓰시오.

황화인 종류	화학식	연소 시 공통으로 생성되는 기체의 화학식
삼황화인	①	④
오황화인	②	
칠황화인	③	

(2) 위 물질 중 1mol 당 산소 7.5mol을 필요로 하는 황화인의 종류를 선택하여 완전연소반응식을 쓰시오.
(3) 황화인 수납 시 운반용기 외부에 표시하여야 할 주의 사항을 쓰시오.

---

(1) ① : P_4S_3
    ② : P_2S_5
    ③ : P_4S_7
    ④ : P_2O_5, SO_2
(2) $\underset{(오황화린)}{2P_2S_5} + \underset{(산소)}{15O_2} \rightarrow \underset{(오산화인)}{2P_2O_5} + \underset{(이산화황)}{10SO_2}$
(3) 화기주의

*위험물의 운반용기 외부에 수납하는 위험물에 따른 주의사항

유별	성질	표시
제1류 위험물	산화성고체	알칼리금속의 과산화물 또는 이를 함유한 것 : 화기주의, 충격주의, 물기엄금, 가연물접촉주의 그 외 : 화기주의, 충격주의, 가연물접촉주의
제2류 위험물	가연성고체	철분, 금속분, 마그네슘 : 화기주의, 물기엄금 인화성고체 : 화기엄금 그 외 : 화기주의
제3류 위험물	자연발화성 및 금수성물질	자연발화성물질 : 화기엄금, 공기접촉엄금 금수성물질 : 물기엄금
제4류 위험물	인화성액체	화기엄금
제5류 위험물	자기반응성 물질	화기엄금, 충격주의
제6류 위험물	산화성액체	가연물접촉주의

03

2mol의 리튬이 물과 반응할 때 각 물음에 답하시오.

(1) 반응식
(2) 생성되는 기체의 부피[L]
 (단, $1atm$, 25℃ 이다.)

(1) $2Li + 2H_2O \rightarrow 2LiOH + H_2$
 (리튬) (물) (수산화리튬) (수소)
(2) 2mol의 리튬이 반응할 때 1mol의 수소가 발생하므로,
 $PV = nRT$에서,
 $\therefore V = \dfrac{nRT}{P} = \dfrac{1 \times 0.082 \times (273+25)}{1} = 24.44L$

04

다음 위험물의 완전연소반응식을 쓰시오.

(1) 아세트산
(2) 메탄올
(3) 메틸에틸케톤

(1) $CH_3COOH + 2O_2 \rightarrow 2CO_2 + 2H_2O$
 (아세트산) (산소) (이산화탄소) (물)
(2) $2CH_3OH + 3O_2 \rightarrow 2CO_2 + 4H_2O$
 (메탄올) (산소) (이산화탄소) (물)
(3) $2CH_3COC_2H_5 + 11O_2 \rightarrow 8CO_2 + 8H_2O$
 (메틸에틸케톤) (산소) (이산화탄소) (물)

05

제1류 위험물에 속하는 과망가니즈산칼륨에 대한 각 물음에 답하시오.

(1) 지정수량
(2) 묽은 황산과 반응할 경우, 열분해 반응할 경우 공통으로 생성되는 기체의 명칭
(3) 위험등급

(1) 1000kg
(2) $4KMnO_4 + 6H_2SO_4$
 (과망가니즈산칼륨) (황산)
 $\rightarrow 2K_2SO_4 + 4MnSO_4 + 6H_2O + 5O_2$
 (황산칼륨) (황산망가니즈) (물) (산소)
 $2KMnO_4 \rightarrow K_2MnO_4 + MnO_2 + O_2$
 (과망가니즈산칼륨) (망가니즈산칼륨) (이산화망가니즈) (산소)
 ∴ 산소
(3) 위험등급 III

06

다음 보기의 위험물 중 지정수량 400L인 제 4류 위험물과 제조소 등 게시판에 설치하여야 할 주의사항 중 '화기엄금', '물기엄금'에 해당하는 물질이 반응하는 화학반응식을 쓰시오.
(단, 답이 없으면 "없음"이라고 쓰시오.)

[보기]
과산화나트륨, 에틸알코올, 톨루엔, 칼륨, 질산메틸

$2K + 2C_2H_5OH \rightarrow 2C_2H_5OK + H_2$
(칼륨) (에틸알코올)   (칼륨에틸레이트) (수소)

위의 보기 중 제 4류 위험물은 에틸알코올과, 톨루엔이고 지정수량 400L에 속하는 것은 에틸알코올이다.(톨루엔은 지정수량 200L)

*게시판의 주의사항 표시

종류	주의사항표시
*제1류 위험물 중 알칼리금속의 과산화물 *제3류 위험물 중 금수성물질	물기엄금 (청색바탕에 백색문자)
*제2류 위험물 (인화성고체를 제외)	화기주의 (적색바탕에 백색문자)
*제2류 위험물 중 인화성고체 *제3류 위험물 중 자연발화성물질 *제4류 위험물 *제5류 위험물	화기엄금 (적색바탕에 백색문자)

칼륨은 제3류 위험물 중 금수성물질과 동시에 자연발화성물질입니다. 성질 자체는 금수성물질이 강하여 물기엄금만 하는 경우가 많기도 하지만, 문제에서 이렇게 주어지면 자연발화성 성질도 고려해주어야 합니다.

07

제6류 위험물에 속하는 과산화수소에 대한 각 물음에 답하시오.

(1) 저장 및 취급 시 분해를 막기 위하여 넣어주는 안정제 1가지를 쓰시오.
(2) 분해반응식을 쓰시오.
(3) 옥외저장소에 저장이 가능한지 여부를 쓰시오.

(1) 인산, 요산
(2) $2H_2O_2 \rightarrow 2H_2O + O_2$
    (과산화수소)   (물)   (산소)
(3) 가능

*옥외저장소에 저장할 수 있는 위험물
① 황
② 인화성고체(인화점이 0℃ 이상인 것에 한한다.)
③ 제1석유류(인화점이 0℃ 이상인 것에 한한다.)
④ 알코올류
⑤ 제2석유류
⑥ 제3석유류
⑦ 제4석유류
⑧ 동식물유류
⑨ 과산화수소
⑩ 질산
⑪ 과염소산

08

제조소 등에 설치하는 배출설비에 대하여 각 물음에 답하시오.

(1) 배출장소 체적이 $300m^3$일 경우 국소방출방식의 배출 설비의 1시간당 배출능력을 구하시오.
(2) 바닥면적이 $100m^2$일 경우 전역방출방식의 배출 설비의 $1m^3$당 배출능력을 구하시오.

(1) 배출능력 = $20 \times 300 = 6000m^3$ 이상
(2) 배출능력 = $18 \times 100 = 1800m^3$ 이상

*배출설비의 배출능력
배출능력은 1시간당 배출장소 용적의 20배 이상인 것으로 한다. (전역방식의 경우에는 바닥면적의 $1m^3$당 $18m^3$이상으로 할 수 있다.)

09

위험물안전관리법령상 동식물유류에 대한 다음 물음에 답하시오.

(1) 아이오딘가의 정의를 쓰시오.
(2) 동식물유류의 아이오딘값에 따른 분류와 범위를 쓰시오.

(1) 유지 100g에 첨가되는 요오드의 g수
(2) 건성유 : 아이오딘값이 130 이상인 것
반건성유 : 아이오딘이 100 초과 130 미만인 것
불건성유 : 아이오딘값이 100 이하인 것

동식물 유류	건성유	아이오딘값 130 이상	아마인유, 들기름, 동유, 정어리유, 해바라기유 등
	반건성유	아이오딘값 100~130	참기름, 옥수수유, 채종유, 쌀겨유, 청어유, 콩기름 등
	불건성유	아이오딘값 100 이하	야자유, 땅콩유, 피마자유, 올리브유, 돼지기름 등

10

표준상태에서 $580g$의 인화알루미늄과 물이 반응하여 생성되는 기체의 부피$[L]$을 구하시오.

인화알루미늄(AlP)의 분자량 : $27 + 31 = 58$

$\underset{(인화알루미늄)}{AlP} + \underset{(물)}{3H_2O} \rightarrow \underset{(수산화알루미늄)}{Al(OH)_3} + \underset{(포스핀)}{PH_3}$

표준상태(1기압, 0℃)에서 기체 $1mol$의 부피는 $22.4L$이고, 인화알루미늄 $1mol(58g)$이 반응할 때 $1mol$의 포스핀이 발생하니, $10mol(580g)$이 반응할 때 $10mol$의 포스핀이 발생하므로,

∴ $V = 10 \times 22.4 = 224L$

11

다음 보기는 위험물안전관리법에 따른 위험물의 저장 및 취급에 관한 기준일 때 빈칸을 채우시오.

[보기]
- 옥외저장탱크·옥내저장탱크 또는 지하저장탱크 중 압력탱크 외의 탱크에 저장하는 다이에틸에터등 또는 아세트알데하이드등의 온도는 산화프로필렌과 이를 함유한 것 또는 다이에틸에터등에 있어서는 (①)℃ 이하로, 아세트알데하이드 또는 이를 함유한 것에 있어서는 (②)℃ 이하로 각각 유지할 것
- 옥외저장탱크·옥내저장탱크 또는 지하저장탱크 중 압력탱크에 저장하는 아세트알데하이드등 또는 다이에틸에터등의 온도는 (③)℃ 이하로 유지할 것
- 보냉장치가 있는 이동저장탱크에 저장하는 아세트알데하이드등 또는 다이에틸에터등의 온도는 당해 위험물의 (④) 이하로 유지할 것
- 보냉장치가 없는 이동저장탱크에 저장하는 아세트알데하이드등 또는 다이에틸에터등의 온도는 (⑤)℃ 이하로 유지할 것

① 30 ② 15 ③ 40 ④ 비점 ⑤ 40

12

제3류 위험물인 탄화칼슘에 대해 각 물음에 답하시오.

(1) 탄화칼슘과 물의 반응식을 쓰시오.
(2) 생성 기체와 구리와의 반응식을 쓰시오.
(3) (2)에서 구리와 반응하면 위험한 이유를 쓰시오.

(1) $CaC_2 + 2H_2O \rightarrow Ca(OH)_2 + C_2H_2$
 (탄화칼슘) (물) (수산화칼슘) (아세틸렌)
(2) $C_2H_2 + 2Cu \rightarrow Cu_2C_2 + H_2$
 (아세틸렌) (구리) (구리아세틸리드) (수소)
(3) 폭발성 물질인 구리아세틸리드와 가연성의 수소를 발생하여 위험성이 증대된다.

13

소화약제에 대한 각 물음에 답하시오.

(1) 제2종 분말소화약제의 주성분의 화학식으로 쓰시오.
(2) 제3종 분말소화약제의 주성분의 화학식으로 쓰시오.
(3) IG-55의 구성성분과 비율을 쓰시오.
(4) IG-541의 구성성분과 비율을 쓰시오.
(5) IG-100의 구성성분과 비율을 쓰시오.

(1) $KHCO_3$
(2) $NH_4H_2PO_4$
(3) $N_2(50\%) + Ar(50\%)$
(4) $N_2(52\%) + Ar(40\%) + CO_2(8\%)$
(5) $N_2(100\%)$

*분말소화기의 종류

종별	소화약제	착색	화재 종류
제1종 소화분말	$NaHCO_3$ (탄산수소나트륨)	백색	BC화재
제2종 소화분말	$KHCO_3$ (탄산수소칼륨)	담회색	BC화재
제3종 소화분말	$NH_4H_2PO_4$ (인산암모늄)	담홍색	ABC화재
제4종 소화분말	$KHCO_3 + (NH_2)_2CO$ (탄산수소칼륨 + 요소)	회색	BC화재

*불연성, 불활성기체혼합가스의 종류

종류	구성
IG-100	$N_2(100\%)$
IG-55	$N_2(50\%) + Ar(50\%)$
IG-541	$N_2(52\%) + Ar(40\%) + CO_2(8\%)$

14

제5류 위험물에 속하는 트리나이트로톨루엔(TNT)에 대한 각 물음에 답하시오.

(1) 트리나이트로톨루엔(TNT)를 나이트로화 제조할 때 제조 과정을 재료 중심으로 설명하시오.
(2) 구조식을 그리시오.

(1) 톨루엔과 진한질산을 황산 촉매 하에 나이트로화 반응하여 트리나이트로톨루엔이 생성된다.

(2)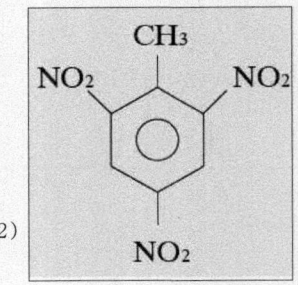

*트리나이트로톨루엔(TNT) 제조식

$C_6H_5CH_3 + 3HNO_3 \xrightarrow[\text{나이트로화}]{C-H_2SO_4} C_6H_2CH_3(NO_2)_3 + 3H_2O$
(톨루엔) (질산) (트리나이트로톨루엔) (물)

15

다음 보기는 위험물안전관리법에 따른 소화설비의 소요단위에 대한 내용일 때 각 물음에 답하시오.

[보기]
- 옥내저장소
- 내화구조
- 연면적 150m^2
- 에탄올 1000L, 등유 1500L, 동식물유류 20000L, 특수인화물 500L

(1) 옥내저장소 소요단위
(2) 위 위험물을 저장할 때의 소요단위

(1) 소요단위 = $\frac{150}{150}$ = 1소요단위

(2)
지정수량의 배수 = $\frac{저장수량}{지정수량}$
= $\frac{1000}{400} + \frac{1500}{1000} + \frac{20000}{10000} + \frac{500}{50}$ = 16배

∴ 소요단위 = $\frac{지정수량의 배수}{10}$ = $\frac{16}{10}$ = 1.6 ≒ 2소요단위

*각 설비의 1소요단위의 기준

건축물	외벽이 내화구조인 것	외벽이 내화구조가 아닌 것
제조소 및 취급소	100m^2	50m^2
저장소	150m^2	75m^2

*물질의 지정수량

물질	품명	지정수량
에탄올	알코올류	400L
등유	제2석유류 (비수용성)	1000L
동식물유류		10000L
특수인화물		50L

16

다음 보기에서 설명하는 위험물에 대한 각 물음에 답하시오.

[보기]
옥외저장탱크는 벽 및 바닥의 두께가 0.2m 이상이고 누수가 되지 않는 철근콘크리트의 수조에 넣어 보관해야 한다. 이 경우 보유공지·통기관 및 자동계량장치는 생략할 수 있다.

(1) 설명하는 위험물의 연소반응식
(2) 설명하는 위험물의 품명
(3) 설명하는 위험물과 다음 보기의 위험물 중 혼재가 가능한 위험물을 모두 고르시오.
  (단, 답이 없으면 "없음"으로 쓰시오.)

[보기]
과염소산, 과망가니즈산칼륨, 과산화나트륨, 삼불화브롬

(1) CS_2 + $3O_2$ → CO_2 + $2SO_2$
    (이황화탄소) (산소)   (이산화탄소) (이산화황)
(2) 특수인화물
(3) 해당없음

*혼재 가능한 위험물
① 4:23
  - 제4류와 제2류, 제4류와 제3류는 혼재 가능
② 5:24
  - 제5류와 제2류, 제5류와 제4류는 혼재 가능
③ 6:1
  - 제6류와 제1류는 혼재 가능

	1류	2류	3류	4류	5류	6류
1류		×	×	×	×	○
2류	×		×	○	○	×
3류	×	×		○	×	×
4류	×	○	○		○	×
5류	×	○	×	○		×
6류	○	×	×	×	×	

이황화탄소는 제4류 위험물이고, 제2류, 제3류, 제5류 위험물과 혼재가 가능하다.
- 과염소산 : 제6류 위험물
- 과망가니즈산칼륨 : 제1류 위험물 중 과망가니즈산염류
- 과산화나트륨 : 제1류 위험물 중 무기과산화물
- 삼불화브롬 : 제6류 위험물 중 그 밖에 행정안전부로 정하는 것(할로젠 간 화합물)

17

제2류 위험물에 속하는 적린이 완전연소할 때 각 물음에 답하시오.

(1) 생성되는 기체의 명칭
(2) 생성되는 기체의 화학식
(3) 생성되는 기체의 색상

(1) $\underset{(적린)}{4P} + \underset{(산소)}{5O_2} \rightarrow \underset{(오산화인)}{2P_2O_5}$
∴ 오산화인
(2) P_2O_5
(3) 백색

18

다음 보기를 참고하여 빈칸을 채우시오.

[보기]
(1) (①) 등을 취급하는 제조소의 설비
- 불활성기체 봉입장치를 갖추어야 한다.
- 누설된 (①)등을 안전한 장소에 설치된 저장실에 유입시킬 수 있는 설비를 갖추어야 한다.

(2) (②) 등을 취급하는 제조소의 설비
- 구리, 은, 수은, 마그네슘을 성분으로 하는 합금으로 만들지 아니한다.
- 연소성 혼합기체의 폭발을 방지하기 위한 불활성기체 또는 수증기 봉입장치를 갖추어야 한다.
- 저장하는 탱크에는 냉각장치 또는 보냉장치 및 불활성기체 봉입장치를 갖추어야 한다.

(3) (③) 등을 취급하는 제조소의 설비
- 철, 이온 등의 혼입에 따른 위험한 반응을 방지하기 위한 조치를 강구한다.
- (③) 등의 온도 및 농도의 상승에 따른 위험한 반응을 방지하기 위한 조치를 강구한다.
- 지정수량 이상의 (③) 취급하는 제조소의 위치는 건축물의 벽 또는 이에 상당하는 공작물의 외측으로부터 해당 제조소의 외벽 또는 이에 상당하는 공작물의 외측까지의 사이에 다음 식에 의하여 요구되는 거리 이상의 안전거리를 둘 것
- $D = 51.1\sqrt[3]{N}$
- D : 거리(m)
- N : 해당 제조소에서 취급하는 (③)등의 지정수량의 배수

① 알킬알루미늄
② 아세트알데하이드
③ 하이드록실아민

19

다음 보기는 제4류 위험물 중 알코올류에 대한 내용일 때 각 설명 중 틀린 부분을 찾아 모두 문장을 알맞게 수정하시오.
(단, 답이 없으면 "없음"으로 쓰시오.)

[보기]
① 1분자를 구성하는 탄소원자의 수가 1~3개까지인 포화1가 알코올(변성알코올을 포함)을 말한다.
② 가연성액체량이 60vol% 미만인 것은 제외한다.
③ 모든 알코올류는 지정수량이 400L이다.
④ 위험등급이 II이다.
⑤ 옥내저장소에서 저장창고의 바닥면적이 1000m^2 이하이다.

② 가연성액체량이 60wt% 미만인 것은 제외한다.

*알코올류(지정수량 400L, 위험등급 II)
1분자를 구성하는 탄소원자의 수가 1~3개까지인 포화1가 알코올(변성알코올을 포함)을 말한다.

- 1분자를 구성하는 탄소원자의 수가 1개 내지 3개의 포화1가 알코올의 함유량이 60wt% 미만인 수용액
- 가연성액체량이 60wt% 미만이고 인화점 및 연소점(태그개방식인화점측정기에 의한 연소점을 말한다.)이 에틸알코올 60wt% 수용액의 인화점 및 연소점을 초과하는 것

*옥내저장소의 위치, 구조 및 설비의 기준
하나의 저장창고의 바닥면적(2 이상의 구획된 실이 있는 경우에는 각 실의 바닥면적의 합계)은 다음 각목의 구분에 의한 면적 이하로 하여야 한다.

1. 다음의 위험물을 저장하는 창고 : 1,000m^2
① 제1류 위험물 중 아염소산염류, 염소산염류, 과염소산염류, 무기과산화물 그 밖에 지정수량이 50kg인 위험물
② 제3류 위험물 중 칼륨, 나트륨, 알킬알루미늄, 알킬리튬 그 밖에 지정수량이 10kg인 위험물 및 황린

③ 제4류 위험물 중 특수인화물, 제1석유류 및 알코올류

④ 제5류 위험물 중 유기과산화물, 질산에스터류 그 밖에 지정수량이 10kg인 위험물

⑤ 제6류 위험물

2. 1. 의 위험물 외의 위험물을 저장하는 창고 : $2,000m^2$

3. 1. 의 위험물과 2. 목의 위험물을 내화구조의 격벽으로 완전히 구획된 실에 각각 저장하는 창고 : $1,500m^2$ (1.의 위험물을 저장하는 실의 면적은 $500m^2$를 초과 할 수 없다.)

20

다음 보기는 위험물안전관리법령상 주유취급소에 대한 기준일 때 각 물음에 답하시오.
(단, 답이 없으면 "해당없음"으로 쓰시오.)

[보기]
① 주유공지를 확보하지 않아도 된다.
② 지하저장탱크에서 직접 주유하는 경우 탱크용량에 제한을 두지 않아도 된다.
③ 고정주유설비 또는 고정급유설비의 주유관의 길이에 제한을 두지 않아도 된다.
④ 담 또는 벽을 설치하지 않아도 된다.
⑤ 캐노피를 설치하지 않아도 된다.

(1) 항공기 주유취급소 특례에 해당하는 것을 모두 고르시오.
(2) 자가용 주유취급소 특례에 해당하는 것을 모두 고르시오.
(3) 선박 주유취급소 특례에 해당하는 것을 모두 고르시오.

(1) ①, ②, ③, ④, ⑤
(2) ①
(3) ①, ②, ③, ④

I. 주유공지 및 급유공지
1. 주유취급소의 고정주유설비[펌프기기 및 호스기기로 되어 위험물을 자동차등에 직접 주유하기 위한 설비로서 현수식(매닮식)의 것을 포함한다. 이하 같다]의 주위에는 주유를 받으려는 자동차 등이 출입할 수 있도록 너비 15m 이상, 길이 6m 이상의 콘크리트 등으로 포장한 공지를 보유하여야 하고, 고정급유설비를 설치하는 경우에는 고정급유설비의 호스기기의 주위에 필요한 공지를 보유하여야 한다.
2. 제1호의 규정에 의한 공지의 바닥은 주위 지면보다 높게 하고, 그 표면을 적당하게 경사지게 하여 새어나온 기름 그 밖의 액체가 공지의 외부로 유출되지 아니하도록 배수구·집유설비 및 유분리장치를 하여야 한다.

II. 표지 및 게시판
주유취급소에는 별표 4 III제1호의 기준에 준하여 보기 쉬운 곳에 "위험물 주유취급소"라는 표시를 한 표지, 동표 III 제2호의 기준에 준하여 방화에 관하여 필요한 사항을 게시한 게시판 및 황색바탕에 흑색문자로 "주유중엔진정지"라는 표시를 한 게시판을 설치하여야 한다.

III. 탱크
1. 주유취급소에는 다음 각목의 탱크 외에는 위험물을 저장 또는 취급하는 탱크를 설치할 수 없다. 이동탱크저장소의 상시주차장소를 주유공지 또는 급유공지 외의 장소에 확보하여 이동탱크저장소(당해주유취급소의 위험물의 저장 또는 취급에 관계된 것에 한한다)를 설치하는 경우에는 그러하지 아니하다.
  가. 자동차 등에 주유하기 위한 고정주유설비에 직접 접속하는 전용탱크로서 50,000 L 이하의 것
  나. 고정급유설비에 직접 접속하는 전용탱크로서 50,000 L 이하의 것
  다. 보일러 등에 직접 접속하는 전용탱크로서 10,000 L 이하의 것
  라. 자동차 등을 점검·정비하는 작업장 등(주유취급소안에 설치된 것에 한한다)에서 사용하는 폐유·윤활유 등의 위험물을 저장하는 탱크로서 용량(2 이상 설치하는 경우에는 각 용량의 합계를 말한다)이 2,000 L 이하인 탱크(이하 "폐유탱크등"이라 한다)
  마. 고정주유설비 또는 고정급유설비에 직접 접속하는 3기 이하의 간이탱크. 다만, 방화지구안에 위치하는 주유취급소의 경우를 제외한다.
2. 제1호가목 내지 라목의 규정에 의한 탱크(다목 및 라목의 규정에 의한 탱크는 용량이 1,000 L를 초과하는 것에 한한다)는 옥외의 지하 또는 캐노피 아래의 지하(캐노피 기둥의 하부를 제외한다)에 매설하여야 한다.
3. 제I호의 규정에 의하여 설치하는 전용탱크·폐유탱크등 또는 간이탱크의 위치·구조 및 설비의 기준은 다음 각목과 같다.
  가. 지하에 매설하는 전용탱크 또는 폐유탱크등의 위치·구조 및 설비는 지하저장탱크의 위치·구조 및 설비의 기준을 준용할 것
  나. 지하에 매설하지 아니하는 폐유탱크등의 위치·구조 및 설비는 옥내저장탱크의 위치·구조·설비 또는 시·도의 조례에 정하는 지정수량 미만인 탱크의 위치·구조 및 설비의 기준을 준용할 것
  다. 간이탱크의 구조 및 설비는 간이저장탱크의 구조 및 설비의 기준을 준용하되, 자동차 등과 충돌할 우려가 없도록 설치할 것

IV. 고정주유설비 등
1. 주유취급소에는 자동차 등의 연료탱크에 직접 주유하기 위한 고정주유설비를 설치하여야 한다.
2. 주유취급소의 고정주유설비 또는 고정급유설비는 III제1호가목·나목 또는 마목의 규정에 의한 탱크중 하나의 탱크만으로부터 위험물을 공급받을 수 있도록 하고, 다음 각목의 기준에 적합한 구조로 하여야 한다.
  가. 펌프기기는 주유관 끝부분에서의 최대배출량이 제1석유류의 경우에는 분당 50 L 이하, 경유의 경우에는 분당 180 L 이하, 등유의 경우에는 분당 80 L 이하인 것으로 할 것. 다만, 이동저장탱크에 주입하기 위한 고정급유설비의 펌프기기는 최대배출량이 분당 300 L 이하인 것으로 할 수 있으며, 분당 배출량이 200 L 이상인 것의 경우에는 주유설비에 관계된 모든 배관의

안지름을 40㎜ 이상으로 하여야 한다.
나. 이동저장탱크의 상부를 통하여 주입하는 고정급유설비의 주유관에는 당해 탱크의 밑부분에 달하는 주입관을 설치하고, 그 배출량이 분당 80L를 초과하는 것은 이동저장탱크에 주입하는 용도로만 사용할 것
다. 고정주유설비 또는 고정급유설비는 난연성 재료로 만들어진 외장을 설치할 것. 다만, Ⅸ의 규정에 의한 기준에 적합한 펌프실에 설치하는 펌프기기 또는 액중펌프에 있어서는 그러하지 아니하다.
라. 고정주유설비 또는 고정급유설비의 본체 또는 노즐 손잡이에 주유작업자의 인체에 축적되는 정전기를 유효하게 제거할 수 있는 장치를 설치할 것
3. 고정주유설비 또는 고정급유설비의 주유관의 길이(끝부분의 개폐밸브를 포함한다)는 5m(현수식의 경우에는 지면위 0.5m의 수평면에 수직으로 내려 만나는 점을 중심으로 반경 3m) 이내로 하고 그 끝부분에는 축적된 정전기를 유효하게 제거할 수 있는 장치를 설치하여야 한다.
4. 고정주유설비 또는 고정급유설비는 다음 각목의 기준에 적합한 위치에 설치하여야 한다.
가. 고정주유설비의 중심선을 기점으로 하여 도로경계선까지 4m 이상, 부지경계선·담 및 건축물의 벽까지 2m(개구부가 없는 벽까지는 1m) 이상의 거리를 유지하고, 고정급유설비의 중심선을 기점으로 하여 도로경계선까지 4m 이상, 부지경계선 및 담까지 1m 이상, 건축물의 벽까지 2m(개구부가 없는 벽까지는 1m) 이상의 거리를 유지할 것
나. 고정주유설비와 고정급유설비의 사이에는 4m 이상의 거리를 유지할 것

Ⅴ. 건축물 등의 제한 등
1. 주유취급소에는 주유 또는 그에 부대하는 업무를 위하여 사용되는 다음 각목의 건축물 또는 시설 외에는 다른 건축물 그 밖의 공작물을 설치할 수 없다.
가. 주유 또는 등유·경유를 옮겨 담기 위한 작업장
나. 주유취급소의 업무를 행하기 위한 사무소
다. 자동차 등의 점검 및 간이정비를 위한 작업장
라. 자동차 등의 세정을 위한 작업장
마. 주유취급소에 출입하는 사람을 대상으로 한 점포·휴게음식점 또는 전시장
바. 주유취급소의 관계자가 거주하는 주거시설
사. 전기자동차용 충전설비
아. 그 밖의 소방청장이 정하여 고시하는 건축물 또는 시설
2. 제1호 각목의 건축물 중 주유취급소의 직원 외의 자가 출입하는 나목·다목 및 마목의 용도에 제공하는 부분의 면적의 합은 1,000㎡를 초과할 수 없다.
3. 다음 각목의 1에 해당하는 주유취급소(이하 "옥내주유취급소"라 한다)는 소방청장이 정하여 고시하는 용도로 사용하는 부분이 없는 건축물(옥내주유취급소에서 발생한 화재를 옥내주유취급소의 용도로 사용하는 부분 외의 부분에 자동적으로 유효하게 알릴 수 있는 자동화재탐지설비 등을 설치한 건축물에 한한다)에 설치할 수 있다.
가. 건축물안에 설치하는 주유취급소

나. 캐노피·처마·차양·부연·발코니 및 루버의 수평투영면적이 주유취급소의 공지면적의 3분의 1을 초과하는 주유취급소

Ⅵ. 건축물 등의 구조
1. 주유취급소에 설치하는 건축물 등은 다음 각목의 규정에 의한 위치 및 구조의 기준에 적합하여야 한다.
가. 건축물, 창 및 출입구의 구조는 다음의 기준에 적합하게 할 것
1) 건축물의 벽·기둥·바닥·보 및 지붕을 내화구조 또는 불연재료로 할 것. 다만, Ⅴ제2호에 따른 면적의 합이 500㎡를 초과하는 경우에는 건축물의 벽을 내화구조로 하여야 한다.
2) 창 및 출입구(Ⅴ제1호 다목 및 라목의 용도에 사용하는 부분에 설치한 자동차 등의 출입구를 제외한다)에는 방화문 또는 불연재료로 된 문을 설치할 것. 이 경우 Ⅴ제2호에 따른 면적의 합이 500㎡를 초과하는 주유취급소로서 하나의 구획실의 면적이 500㎡를 초과하거나 2층 이상의 층에 설치하는 경우에는 해당 구획실 또는 해당 층의 2면 이상의 벽에 각각 출입구를 설치하여야 한다.
나. Ⅴ제1호 바목의 용도에 사용하는 부분은 개구부가 없는 내화구조의 바닥 또는 벽으로 당해 건축물의 다른 부분과 구획하고 주유를 위한 작업장 등 위험물취급장소에 면한 쪽의 벽에는 출입구를 설치하지 아니할 것
다. 사무실 등의 창 및 출입구에 유리를 사용하는 경우에는 망입유리 또는 강화유리로 할 것. 이 경우 강화유리의 두께는 창에는 8㎜ 이상, 출입구에는 12㎜ 이상으로 하여야 한다.
라. 건축물 중 사무실 그 밖의 화기를 사용하는 곳(Ⅴ제1호 다목 및 라목의 용도에 사용하는 부분을 제외한다)은 누설한 가연성의 증기가 그 내부에 유입되지 아니하도록 다음의 기준에 적합한 구조로 할 것
1) 출입구는 건축물의 안에서 밖으로 수시로 개방할 수 있는 자동폐쇄식의 것으로 할 것
2) 출입구 또는 사이통로의 문턱의 높이를 15㎝ 이상으로 할 것
3) 높이 1m 이하의 부분에 있는 창 등은 밀폐시킬 것
마. 자동차 등의 점검·정비를 행하는 설비는 다음의 기준에 적합하게 할 것
1) 고정주유설비로부터 4m 이상, 도로경계선으로부터 2m 이상 떨어지게 할 것. 다만, Ⅴ제1호 다목의 규정에 의한 작업장 중 바닥 및 벽으로 구획된 옥내의 작업장에 설치하는 경우에는 그러하지 아니하다.
2) 위험물을 취급하는 설비는 위험물의 누설·넘침 또는 비산을 방지할 수 있는 구조로 할 것
바. 자동차 등의 세정을 행하는 설비는 다음의 기준에 적합하게 할 것
1) 증기세차기를 설치하는 경우에는 그 주위의 불연재료로 된 높이 1m 이상의 담을 설치하고 출입구가 고정주유설비에 면하지 아니하도록 할 것. 이 경우 담은 고정주유설비로부터 4m 이상 떨어지게 하여야 한다.
2) 증기세차기 외의 세차기를 설치하는 경우에는 고정주유

설비로부터 4m이상, 도로경계선으로부터 2m 이상 떨어지게 할 것. 다만, Ⅴ제1호 라목의 규정에 의한 작업장 중 바닥 및 벽으로 구획된 옥내의 작업장에 설치하는 경우에는 그러하지 아니하다.
사. 주유원간이대기실은 다음의 기준에 적합할 것
1) 불연재료로 할 것
2) 바퀴가 부착되지 아니한 고정식일 것
3) 차량의 출입 및 주유작업에 장애를 주지 아니하는 위치에 설치할 것
4) 바닥면적이 2.5㎡ 이하일 것. 다만, 주유공지 및 급유공지 외의 장소에 설치하는 것은 그러하지 아니하다.
아. 전기자동차용 충전설비는 다음의 기준에 적합할 것
1) 충전기기의 주위에 전기자동차 충전을 위한 전용 공지를 확보하고, 충전공지 주위를 페인트 등으로 표시하여 그 범위를 알아보기 쉽게 할 것
2) 전기자동차용 충전설비를 Ⅴ. 건축물 등의 제한 등의 제1호 각 목의 건축물 밖에 설치하는 경우 충전공지는 고정주유설비 및 고정급유설비의 주유관을 최대한 펼친 끝 부분에서 1m 이상 떨어지도록 할 것
3) 전기자동차용 충전설비를 Ⅴ. 건축물 등의 제한 등의 제1호 각 목의 건축물 안에 설치하는 경우에는 다음의 기준에 적합할 것
가) 해당 건축물의 1층에 설치할 것
나) 해당 건축물에 가연성 증기가 남아 있을 우려가 없도록 환기설비 또는 배출설비를 설치할 것
4) 전기자동차용 충전설비의 전력공급설비[전기자동차에 전원을 공급하기 위한 전기설비로서 전력량계, 인입구 배선, 분전반 및 배선용 차단기 등을 말한다]는 다음의 기준에 적합할 것
가) 분전반은 방폭성능을 갖출 것. 다만, 분전반을 고정주유설비(제1석유류를 취급하는 고정주유설비만 해당한다. 이하 이 목에서 같다)의 중심선으로부터 6미터 이상, 전용탱크(제1석유류를 취급하는 전용탱크만 해당한다. 이하 이 목에서 같다) 주입구의 중심선으로부터 4미터 이상, 전용탱크 통기관 끝부분의 중심선으로부터 2미터 이상 거리를 두고 설치하는 경우에는 그러하지 아니하다.
나) 전력량계, 누전차단기 및 배선용 차단기는 분전반 내에 설치할 것
다) 인입구 배선은 지하에 설치할 것
라) 전기설비의 기술기준에 적합할 것
5) 충전기기와 인터페이스는 다음의 기준에 적합할 것
가) 충전기기는 방폭성능을 갖출 것. 다만, 충전설비의 전원공급을 긴급히 차단할 수 있는 장치를 사무소 내부 또는 충전기기 주변에 설치하고, 충전기기를 고정주유설비의 중심선으로부터 6미터 이상, 전용탱크 주입구의 중심선으로부터 4미터 이상, 전용탱크 통기관 끝부분의 중심선으로부터 2미터 이상 거리를 두고 설치하는 경우에는 그러하지 아니하다.
나) 인터페이스의 구성 부품은 「전기용품안전 관리법」에 따른 기준에 적합할 것
6) 충전작업에 필요한 주차장을 설치하는 경우에는 다음의 기준에 적합할 것
가) 주유공지, 급유공지 및 충전공지 외의 장소로서 주유를 위한 자동차 등의 진입·출입에 지장을 주지 않는 장소에 설치할 것
나) 주차장의 주위를 페인트 등으로 표시하여 그 범위를 알아보기 쉽게 할 것
다) 지면에 직접 주차하는 구조로 할 것
2. 옥내주유취급소는 제1호의 기준에 의하는 외에 다음 각 목에 정하는 기준에 적합한 구조로 하여야 한다.
가. 건축물에서 옥내주유취급소의 용도에 사용하는 부분은 벽·기둥·바닥·보 및 지붕을 내화구조로 하고, 개구부가 없는 내화구조의 바닥 또는 벽으로 당해 건축물의 다른 부분과 구획할 것. 다만, 건축물의 옥내주유취급소의 용도에 사용하는 부분의 상부에 상층이 없는 경우에는 지붕을 불연재료로 할 수 있다.
나. 건축물에서 옥내주유취급소(건축물안에 설치하는 것에 한한다)의 용도에 사용하는 부분의 2 이상의 방면은 자동차 등이 출입하는 측 또는 통풍 및 피난상 필요한 공지에 접하도록 하고 벽을 설치하지 아니할 것
다. 건축물에서 옥내주유취급소의 용도에 사용하는 부분에는 가연성증기가 체류할 우려가 있는 구멍·구덩이 등이 없도록 할 것
라. 건축물에서 옥내주유취급소의 용도에 사용하는 부분에 상층이 있는 경우에는 상층으로의 연소를 방지하기 위하여 다음의 기준에 적합하게 내화구조로 된 캔틸레버를 설치할 것
1) 옥내주유취급소의 용도에 사용하는 부분(고정주유설비와 접하는 방향 및 나목의 규정에 의하여 벽이 개방된 부분에 한한다)의 바로 위층의 바닥에 이어서 1.5m 이상 내어 붙일 것. 다만, 바로 위층의 바닥으로부터 높이 7m 이내에 있는 위층의 외벽에 개구부가 없는 경우에는 그러하지 아니하다.
2) 캔틸레버 끝부분과 위층의 개구부(열지 못하게 만든 방화문과 연소방지상 필요한 조치를 한 것을 제외한다)까지의 사이에는 7m에서 당해 캔틸레버의 내어 붙인 거리를 뺀 길이 이상의 거리를 보유할 것
마. 건축물중 옥내주유취급소의 용도에 사용하는 부분외에는 주유를 위한 작업장 등 위험물취급장소와 접하는 외벽에 창(망입유리로 된 붙박이 창을 제외한다) 및 출입구를 설치하지 아니할 것

Ⅶ. 담 또는 벽

1. 주유취급소의 주위에는 자동차 등이 출입하는 쪽외의 부분에 높이 2m 이상의 내화구조 또는 불연재료의 담 또는 벽을 설치하되, 주유취급소의 인근에 연소의 우려가 있는 건축물이 있는 경우에는 소방청장이 정하여 고시하는 바에 따라 방화상 유효한 높이로 하여야 한다.
2. 제1호에도 불구하고 다음 각 목의 기준에 모두 적합한 경우에는 담 또는 벽의 일부분에 방화상 유효한 구조의 유리를 부착할 수 있다.
가. 유리를 부착하는 위치는 주입구, 고정주유설비 및 고정급유설비로부터 4m 이상 거리를 둘 것
나. 유리를 부착하는 방법은 다음의 기준에 모두 적합할 것
1) 주유취급소 내의 지반면으로부터 70㎝를 초과하는 부분에 한하여 유리를 부착할 것
2) 하나의 유리판의 가로의 길이는 2m 이내일 것

3) 유리판의 테두리를 금속제의 구조물에 견고하게 고정하고 해당 구조물을 담 또는 벽에 견고하게 부착할 것
4) 유리의 구조는 접합유리로 하되, 「유리구획 부분의 내화시험방법(KS F 2845)」에 따라 시험하여 비차열 30분 이상의 방화성능이 인정될 것
다. 유리를 부착하는 범위는 전체의 담 또는 벽의 길이의 10분의 2를 초과하지 아니할 것

Ⅷ. 캐노피
주유취급소에 캐노피를 설치하는 경우에는 다음 각목의 기준에 의하여야 한다.
가. 배관이 캐노피 내부를 통과할 경우에는 1개 이상의 점검구를 설치할 것
나. 캐노피 외부의 점검이 곤란한 장소에 배관을 설치하는 경우에는 용접이음으로 할 것
다. 캐노피 외부의 배관이 일광열의 영향을 받을 우려가 있는 경우에는 단열재로 피복할 것

Ⅹ. 항공기주유취급소의 특례
1. 비행장에서 항공기, 비행장에 소속된 차량 등에 주유하는 주유취급소에 대하여는 Ⅰ, Ⅱ, Ⅲ제1호·제2호, Ⅳ제2호·제3호(주유관의 길이에 관한 규정에 한한다), Ⅶ 및 Ⅷ의 규정을 적용하지 아니한다.
2. 제1호에서 규정한 것외의 항공기주유취급소에 대한 특례는 다음 각목과 같다.
가. 항공기주유취급소에는 항공기 등에 직접 주유하는데 필요한 공지를 보유할 것
나. 제1호의 규정에 의한 공지는 그 지면을 콘크리트 등으로 포장할 것
다. 제1호의 규정에 의한 공지에는 누설한 위험물 그 밖의 액체가 공지의 외부로 유출되지 아니하도록 배수구 및 유분리장치를 설치할 것. 다만, 누설한 위험물 등의 유출을 방지하기 위한 조치를 한 경우에는 그러하지 아니하다.
라. 지하식의 고정주유설비를 사용하여 주유하는 항공기주유취급소의 경우에는 다음의 기준에 의할 것
1) 호스기기를 설치한 상자에는 적당한 방수조치를 할 것
2) 고정주유설비의 펌프기기와 호스기기를 분리하여 설치한 항공기주유취급소의 경우에는 당해 고정주유설비의 펌프기기를 정지하는 등의 방법에 의하여 위험물저장탱크로부터 위험물의 이송을 긴급히 정지할 수 있는 장치를 설치할 것
마. 연료를 이송하기 위한 배관(이하 "주유배관"이란 한다) 및 당해 주유배관의 끝부분에 접속하는 호스기기를 사용하여 주유하는 항공기주유취급소의 경우에는 다음의 기준에 의할 것
1) 주유배관의 끝부분에는 밸브를 설치할 것
2) 주유배관의 끝부분을 지면 아래의 상자에 설치한 경우에는 당해 상자에 대하여 적당한 방수조치를 할 것
3) 주유배관의 끝부분에 접속하는 호스기기는 누설우려가 없도록 하는 등 화재예방상 안전한 구조로 할 것
4) 주유배관의 끝부분에 접속하는 호스기기에는 주유호스의 끝부분에 축적되는 정전기를 유효하게 제거하는 장치를 설치할 것
5) 항공기주유취급소에는 펌프기기를 정지하는 등의 방법에 의하여 위험물저장탱크로부터 위험물의 이송을 긴급히 정지할 수 있는 장치를 설치할 것
바. 주유배관의 끝부분에 접속하는 호스기기를 적재한 차량(이하 "주유호스차"라 한다)을 사용하여 주유하는 항공기주유취급소의 경우에는 마목1)·2) 및 5)의 규정에 의하는 외에 다음의 기준에 의한다.
1) 주유호스차는 화재예방상 안전한 장소에 상시 주차할 것
2) 주유호스차에는 별표 10 Ⅸ제1호 가목 및 나목의 규정에 의한 장치를 설치할 것
3) 주유호스차의 호스기기는 별표 10 Ⅸ제1호 다목, 마목 본문 및 사목의 규정에 의한 주유탱크차의 주유설비의 기준을 준용할 것
4) 주유호스차의 호스기기에는 접지도선을 설치하고 주유호스의 끝부분에 축적되는 정전기를 유효하게 제거할 수 있는 장치를 설치할 것
5) 항공기주유취급소에는 정전기를 유효하게 제거할 수 있는 접지전극을 설치할 것
사. 주유탱크차를 사용하여 주유하는 항공기주유취급소에는 정전기를 유효하게 제거할 수 있는 접지전극을 설치할 것

ⅩⅢ. 자가용주유취급소의 특례
주유취급소의 관계인이 소유·관리 또는 점유한 자동차 등에 대하여만 주유하기 위하여 설치하는 자가용주유취급소에 대하여는 Ⅰ제1호의 규정을 적용하지 아니한다.

ⅩⅣ. 선박주유취급소의 특례
1. 선박에 주유하는 주유취급소에 대하여는 Ⅰ제1호, Ⅲ제1호 및 제2호, Ⅳ제3호(주유관의 길이에 관한 규정에 한한다) 및 Ⅶ의 규정을 적용하지 아니한다.
2. 제1호에서 규정한 것외의 선박주유취급소(고정주유설비를 수상의 구조물에 설치하는 선박주유취급소는 제외한다)에 대한 특례는 다음 각목과 같다.
가. 선박주유취급소에는 선박에 직접 주유하기 위한 공지와 계류시설을 보유할 것
나. 가목의 규정에 의한 공지, 고정주유설비 및 주유배관의 끝부분 주위에는 그 지반면을 콘크리트 등으로 포장할 것
다. 나목의 규정에 의하여 포장된 부분에는 누설한 위험물 그 밖의 액체가 공지의 외부로 유출되지 아니하도록 배수구 및 유분리장치를 설치할 것. 다만, 누설한 위험물 등의 유출을 방지하기 위한 조치를 한 경우에는 그러하지 아니하다.
라. 지하식의 고정주유설비를 이용하여 주유하는 경우에는 Ⅹ제2호 라목의 규정을 준용할 것
마. 주유배관의 끝부분에 접속한 호스기기를 이용하여 주유하는 경우에는 Ⅹ제2호 마목의 규정을 준용할 것
바. 선박주유취급소에서는 위험물이 유출될 경우 회수 등의 응급조치를 강구할 수 있는 설비를 설치할 것
3. 제1호에서 규정한 것 외의 고정주유설비를 수상의 구조물에 설치하는 선박주유취급소에 대한 특례는 다음 각목과 같다.
가. Ⅰ제2호 및 Ⅳ제4호를 적용하지 않을 것
나. 선박주유취급소에는 선박에 직접 주유하는 주유작업과

선박의 계류를 위한 수상구조물을 다음의 기준에 따라 설치할 것
1) 수상구조물은 철재·목재 등의 견고한 재질이어야 하며, 그 기둥을 해저 또는 하저에 견고하게 고정시킬 것
2) 선박의 충돌로부터 수상구조물의 손상을 방지할 수 있는 철재로 된 보호구조물을 해저 또는 하저에 견고하게 고정시킬 것

다. 수상구조물에 설치하는 고정주유설비의 주유작업 장소의 바닥은 불침윤성·불연성의 재료로 포장을 하고, 그 주위에 새어나온 위험물이 외부로 유출되지 않도록 집유설비를 다음의 기준에 따라 설치할 것
1) 새어나온 위험물을 직접 또는 배수구를 통하여 집유설비로 수용할 수 있는 구조로 할 것
2) 집유설비는 수시로 용이하게 개방하여 고여 있는 빗물과 위험물을 제거할 수 있는 구조로 할 것

라. 수상구조물에 설치하는 고정주유설비는 다음의 기준에 따라 설치할 것
1) 주유호스의 끝부분에 수동개폐장치를 부착한 주유노즐을 설치하고, 개방한 상태로 고정시키는 장치를 부착하지 않을 것
2) 주유노즐은 선박의 연료탱크가 가득 찬 경우 자동적으로 정지시키는 구조일 것
3) 주유호스는 200kg중 이하의 하중에 의하여 깨져 분리되거나 이탈되어야 하고, 깨져 분리되거나 이탈된 부분으로부터의 위험물 누출을 방지할 수 있는 구조일 것

마. 수상구조물에 설치하는 고정주유설비에 위험물을 공급하는 배관계에 위험물 차단밸브를 다음의 기준에 따라 설치할 것. 다만, 위험물을 공급하는 탱크의 최고 액표면의 높이가 해당 배관계의 높이보다 낮은 경우에는 그렇지 않다.
1) 고정주유설비의 인근에서 주유작업자가 직접 위험물의 공급을 차단할 수 있는 수동식의 차단밸브를 설치할 것
2) 배관 경로 중 육지 내의 지점에서 위험물의 공급을 차단할 수 있는 수동식의 차단밸브를 설치할 것

바. 긴급한 경우에 고정주유설비의 펌프를 정지시킬 수 있는 긴급제어장치를 설치할 것

사. 지하식의 고정주유설비를 이용하여 주유하는 경우에는 X 제2호라목을 준용할 것

아. 주유배관의 끝부분에 접속하는 호스기를 이용하여 주유하는 경우에는 X 제2호마목을 준용할 것

자. 선박주유취급소에는 위험물이 유출될 경우 회수 등의 응급조치를 강구할 수 있는 설비를 다음의 기준에 따라 준비하여 둘 것
1) 오일펜스(기름막이): 수면 위로 20㎝ 이상 30㎝ 미만으로 노출되고, 수면 아래로 30㎝ 이상 40㎝ 미만으로 잠기는 것으로서, 60m 이상의 길이일 것
2) 유처리제, 유흡착제 또는 유겔화제
: 다음의 계산식을 충족하는 양 이상일 것
$20X + 50Y + 15Z = 10,000$
X: 유처리제의 양(L)
Y: 유흡착제의 양(kg)
Z: 유겔화제의 양[액상(L), 분말(kg)]

2023 2회차 위험물산업기사 실기 기출문제

01

20℃의 물 10kg으로 주수소화를 할 경우 100℃의 수증기로 흡수하는 열량[kcal]을 구하시오.

① 물의 비열을 생각하여,
$Q_A = m \Delta T = 10 \times (100 - 20) = 800 kcal$

② 물의 증발잠열을 고려하여,
$Q_B = 539m = 539 \times 10 = 5390 kcal$

③ ①과 ②를 더한다.
$\therefore Q = Q_A + Q_B = 800 + 5390 = 6190 kcal$

02

제1종 분말소화약제인 탄산수소나트륨에 대하여 각 물음에 답하시오.

(1) 270℃에서의 열분해 반응식
(2) (1)에서의 탄산수소나트륨 10kg 분해 시 생성되는 이산화탄소의 부피[m^3]
(단, 표준상태이다.)

(1) $2NaHCO_3$ → Na_2CO_3 + CO_2 + H_2O
   (탄산수소나트륨) (탄산나트륨) (이산화탄소) (물)

(2) 탄산수소나트륨($NaHCO_3$)의 분자량
 : $23 + 1 + 12 + 16 \times 3 = 84$

$PV = nRT = \frac{W}{M}RT$ 에서,

$\therefore V = \frac{WRT}{PM} \times \frac{\text{생성물의 몰수}}{\text{반응물의 몰수}}$

$= \frac{10 \times 0.082 \times (0+273)}{1 \times 84} \times \frac{1}{2} = 1.33 m^3$

03

다음 위험물과 혼재 불가능한 위험물을 각각 모두 쓰시오.

(단, 지정수량 $\frac{1}{10}$ 초과 한다.)

(1) 제1류 위험물
(2) 제2류 위험물
(3) 제3류 위험물
(4) 제4류 위험물
(5) 제5류 위험물

(1) 제2류 위험물, 제3류 위험물, 제4류 위험물, 제5류 위험물
(2) 제1류 위험물, 제3류 위험물, 제6류 위험물
(3) 제1류 위험물, 제2류 위험물, 제류5류 위험물, 제6류 위험물
(4) 제1류 위험물, 제6류 위험물
(5) 제1류 위험물, 제3류 위험물, 제6류 위험물

*혼재 가능한 위험물
① 4:23
 - 제4류와 제2류, 제4류와 제3류는 혼재 가능
② 5:24
 - 제5류와 제2류, 제5류와 제4류는 혼재 가능
③ 6:1
 - 제6류와 제1류는 혼재 가능

	1류	2류	3류	4류	5류	6류
1류		×	×	×	×	○
2류	×		×	○	○	×
3류	×	×		○	×	×
4류	×	○	○		○	×
5류	×	○	×	○		×
6류	○	×	×	×	×	

04

제3류 위험물에 속하는 트리에틸알루미늄(TEA)에 대하여 다음 각 물음에 답하시오.

(1) 물과의 반응식
(2) 트리에틸알루미늄 1mol이 물과 반응할 때 생성되는 에탄의 부피 $[L]$
(3) 트리에틸알루미늄을 옥내저장소에 저장 할 경우 바닥 면적$[m^2]$을 쓰시오.

---

(1)
$$\underset{(\text{트리에틸알루미늄})}{(C_2H_5)_3Al} + \underset{(\text{물})}{3H_2O} \rightarrow \underset{(\text{수산화알루미늄})}{Al(OH)_3} + \underset{(\text{에탄})}{3C_2H_6}$$

(2) 트리에틸알루미늄$[(C_2H_5)_3Al]$의 분자량
: $(12 \times 2 + 1 \times 5) \times 3 + 27 = 114$

표준상태(1기압, 0℃)에서 기체 1mol의 부피는 22.4L이고, 트리에틸알루미늄 $1mol(114g)$이 반응할 때 $3mol$의 에탄가스가 발생하므로,

∴ $V = 3 \times 22.4 = 67.2 L$

(3) $1000 m^2$ 이하

05

옥외탱크저장소 방유제 안에 30만L 3기, 20만L 9기로 총 12기에 인화성액체로 저장되어 있는 상태이다. 다음 각 물음에 답하시오.

(1) 설치해야 하는 방유제의 최소 개수 [개]
   (단, 20만L 탱크에 저장하는 위험물의 인화점은 50℃)
(2) 30만L 2기와 20만L 2기가 하나의 방유제 내에 있을 때 방유제의 용량$[L]$을 구하시오.
(3) 해당 방유제에 인화성액체 대신 제6류 위험물인 질산을 저장할 때 방유제의 개수 [개]

---

(1) 2개
(2) 저장용량 = 30만×1.1 = 33만L 이상
(3) 1개

옥외탱크저장소의 방유제 탱크 개수
하나의 방유제내의 탱크는 10기(방유제내의 전탱크의 용량이 200kL(=20만L)이하 이고, 위험물의 인화점이 70℃ 이상 200℃ 미만인 경우에는 20기)이하로 할 것. 다만, 인화점이 섭씨 200도 이상일 경우에는 그러하지 아니하다.

옥외탱크저장소의 방유제 설치 기준
① 방유제의 용량은 설치된 탱크가 하나일 때
   : 그 탱크 용량의 110% 이상
② 방유제의 용량은 설치된 탱크가 2기 이상일 때
   : 그 탱크 중 용량이 최대인 용량의 110%이상

06

클로로벤젠에 대한 각 물음에 답하시오.

(1) 화학식
(2) 품명
(3) 지정수량

(1) C_6H_5Cl
(2) 제2석유류(비수용성)
(3) 1000L

07

인화점 측정방법 3가지를 쓰시오.

① 신속평형법
② 태그밀폐식
③ 클리브랜드 개방컵

08

은거울반응을 하고, 환원력이 매우 크며, 물, 에테르 그리고 알코올에 녹으며, 산화하면 아세트산이 되는 위험물에 대한 각 물음에 답하시오.

(1) 명칭
(2) 화학식
(3) 지정수량
(4) 위험등급

(1) 아세트알데하이드
(2) CH_3CHO
(3) 50L
(4) Ⅰ등급

*아세트알데하이드(CH_3CHO)의 특징
① 제4류 위험물 중 특수인화물(지정수량 $50L$)
② 무색의 액체, 인화성이 강하다.
③ 증기비중은 약 1.5이다.
④ 환원력이 크고, 은거울 반응을 한다.
⑤ 아세트알데하이드 산화식 :
$$2CH_3CHO + O_2 \rightarrow 2CH_3COOH$$
(아세트알데히드) (산소)   (아세트산)

09

다음 표는 흑색화약의 종류 3가지에 대한 내용일 때 빈칸을 채우시오.
(단, 위험물이 아닌 경우 '해당없음'을 표시하시오.)

화학식	품명
①	②
③	④
⑤	⑥

① KNO_3
② 질산염류
③ S
④ 황
⑤ C
⑥ 해당없음

흑색화약의 원료 : 질산칼륨, 황, 숯
(여기서 숯은 위험물이 아니다.)

10

다음 보기 위험물의 지정수량의 배수의 합을 계산하시오.

[보기]
- 톨루엔 1000L
- 스티렌 2000L
- 아닐린 4000L
- 실린더유 6000L
- 올리브유 20000L

지정수량의 배수
$= \dfrac{\text{저장수량}}{\text{지정수량}}$
$= \dfrac{1000}{200} + \dfrac{2000}{1000} + \dfrac{4000}{2000} + \dfrac{6000}{6000} + \dfrac{20000}{10000} = 12$배

물질	품명	지정수량
톨루엔	제1석유류 (비수용성)	200L
스티렌	제2석유류 (비수용성)	1000L
아닐린	제3석유류 (비수용성)	2000L
실린더유	제4석유류 (비수용성)	6000L
올리브유	동식물유류	10000L

11

다음 소화약제에 대한 화학식을 쓰시오.

(1) 제2종 분말소화약제
(2) Halon 1301
(3) IG-100

(1) $KHCO_3$
(2) CF_3Br
(3) N_2

12

불꽃 색상이 붉은색이고, 은백색의 연한 경금속이며, 2차 전지로 이용되며, 비중 0.53, 융점 180℃ 인 제3류 위험물에 대한 각 물음에 답하시오.

(1) 물과의 반응식
(2) 위험등급
(3) 해당 물질 1000kg을 제조소에서 취급 시 보유공지 너비

(1) $\underset{(\text{리튬})}{2Li} + \underset{(\text{물})}{2H_2O} \rightarrow \underset{(\text{수산화리튬})}{2LiOH} + \underset{(\text{수소})}{H_2}$
(2) II등급
(3) 지정수량의 배수 $= \dfrac{\text{저장수량}}{\text{지정수량}} = \dfrac{1000}{50} = 20$배
∴ 5m 이상

*제조소의 보유공지

지정수량의 배수	보유공지의 너비
지정수량의 10배 이하	3m 이상
지정수량의 10배 초과	5m 이상

13

제5류 위험물 중 규조토에 흡수시키면 다이너마이트를 제조하는 위험물에 대한 각 물음에 답하시오.

(1) 구조식
(2) 품명 및 지정수량
(3) 이산화탄소, 수증기, 질소, 산소를 발생하는 완전 분해 반응식

(1)
```
    H   H   H
    |   |   |
H - C - C - C - H
    |   |   |
    O   O   O
    |   |   |
   NO2 NO2 NO2
```

(2) 질산에스터류, 10kg
(3) $4C_3H_5(ONO_2)_3$ → $12CO_2$ + $10H_2O$ + $6N_2$ + O_2
   (니트로글리세린)   (이산화탄소) (수증기) (질소) (산소)

*과산화칼륨과 아세트산 반응식
K_2O_2 + $2CH_3COOH$ → $2CH_3COOK$ + H_2O_2
(과산화칼륨)   (아세트산)   (아세트산칼륨)   (과산화수소)

14

탄화칼슘에 대한 각 물음에 답하시오.

(1) 탄화칼슘이 산화반응할 때, 산화칼슘과 이산화 탄소를 생성하는 반응식을 쓰시오.
(2) 질소와 고온에서 반응할 때, 생성되는 물질 2가지를 쓰시오.

(1) $2CaC_2$ + $5O_2$ → $2CaO$ + $4CO_2$
   (탄화칼슘) (산소)   (산화칼슘) (이산화탄소)
(2) CaC_2 + N_2 → $CaCN_2$ + C
   (탄화칼슘) (질소) (석회질소) (탄소)
∴ 석회질소, 탄소

*위험물의 운반용기 외부에 수납하는 위험물에 따른 주의사항

유별	성질	표시
제1류 위험물	산화성고체	알칼리금속의 과산화물 또는 이를 함유한 것 : 화기주의, 충격주의, 물기엄금, 가연물접촉주의
		그 외 : 화기주의, 충격주의, 가연물접촉주의
제2류 위험물	가연성고체	철분, 금속분, 마그네슘 : 화기주의, 물기엄금
		인화성고체 : 화기엄금
		그 외 : 화기주의
제3류 위험물	자연발화성 및 금수성물질	자연발화성물질 : 화기엄금, 공기접촉엄금
		금수성물질 : 물기엄금
제4류 위험물	인화성액체	화기엄금
제5류 위험물	자기반응성 물질	화기엄금, 충격주의
제6류 위험물	산화성액체	가연물접촉주의

15

과산화칼륨과 아세트산이 반응할 때 생성되는 물질 중 위험물인 물질에 대한 각 물음에 답하시오.

(1) 이 물질의 산소가 생성되는 분해반응식을 쓰시오.
(2) 운반용기 외부 표시하여야 할 주의사항을 쓰시오.
(3) 이 물질을 저장하는 장소와 학교와의 안전거리를 쓰시오.
   (단, 해당없으면 '해당없음'이라 쓰시오.)

(1) $2H_2O_2$ → $2H_2O$ + O_2
   (과산화수소) (물)   (산소)
(2) 가연물접촉주의
(3) 해당없음

*제조소의 위치·구조 및 설비의 기준

안전거리	해당 대상물
50m 이상	지정, 유형문화재
30m 이상	병원, 학교, 극장, 보호시설, 아동복지시설, 양로원 등
20m 이상	고압가스, 액화석유가스, 도시가스시설
10m 이상	주거용도 주택
5m 이상	35,000V 초과 특고압 가공전선
3m 이상	7,000V 초과 35,000V 이하 특고압 가공전선

(단, 제6류 위험물을 취급하는 제조소는 제외)

유별	성질	표시
제1류 위험물	산화성고체	알칼리금속의 과산화물 또는 이를 함유한 것 : 화기주의, 충격주의, 물기엄금, 가연물접촉주의
		그 외 : 화기주의, 충격주의, 가연물접촉주의
제2류 위험물	가연성고체	철분, 금속분, 마그네슘 : 화기주의, 물기엄금
		인화성고체 : 화기엄금
		그 외 : 화기주의
제3류 위험물	자연발화성 및 금수성물질	자연발화성물질 : 화기엄금, 공기접촉엄금
		금수성물질 : 물기엄금
제4류 위험물	인화성액체	화기엄금
제5류 위험물	자기반응성물질	화기엄금, 충격주의
제6류 위험물	산화성액체	가연물접촉주의

16

다음 위험물에 대한 운반용기 외부에 표시하여야 하는 주의사항을 각각 모두 쓰시오.

(1) 벤조일퍼옥사이드
(2) 마그네슘
(3) 과산화나트륨
(4) 인화성고체
(5) 기어유

(1) 화기엄금, 충격주의
(2) 화기주의, 물기엄금
(3) 화기주의, 충격주의, 물기엄금, 가연물접촉주의
(4) 화기엄금
(5) 화기엄금

*위험물의 운반용기 외부에 수납하는 위험물에 따른 주의사항

17

다음은 염소산칼륨에 대한 내용일 때 각 물음에 답을 쓰시오.

(1) 완전분해 반응식을 쓰시오.
(2) 염소산칼륨 $1kg$이 표준상태에서 완전분해시 생성되는 산소의 부피$[m^3]$를 구하시오.
(단, 염소산칼륨의 분자량은 123이다.)

(1) $\underset{(염소산칼륨)}{2KClO_3} \rightarrow \underset{(염화칼륨)}{2KCl} + \underset{(산소)}{3O_2}$

(2) 표준상태는 1기압 0℃을 나타내고,

$PV = nRT = \dfrac{W}{M}RT$에서,

$\therefore V = \dfrac{WRT}{PM} \times \dfrac{\text{생성물의 몰수}}{\text{반응물의 몰수}}$

$= \dfrac{1 \times 0.082 \times (0+273)}{1 \times 123} \times \dfrac{3}{2} = 0.27 m^3$

18

위험물안전관리법령에서 정한 완공검사 내용에 대한 각 물음에 답하시오.

(1) 위험물을 저장 또는 취급하는 탱크로서 대통령령이 정하는 탱크가 있는 제조소 등의 설치, 변경에 관하여 완공검사를 받기 전에 받아야 하는 검사는 무엇인가?
(2) 아래의 시설의 완공검사 신청시기를 쓰시오.
 - 이동탱크저장소
 - 지하탱크가 있는 제조소등
(3) 완공검사를 실시한 결과 제조소등이 규정에 의한 기술 기준에 적합하다고 인정할 때에 시·도지사는 어떤 서류를 교부해야 하는가?

(1) 탱크안전성능검사
(2) 이동탱크저장소 : 이동저장탱크를 완공하고 상치장소를 확보한 후
   지하탱크가 있는 제조소등 : 당해 지하탱크를 매설하기 전
(3) 완공검사합격확인증

*탱크안전성능검사
위험물을 저장 또는 취급하는 탱크로서 대통령령이 정하는 탱크가 있는 제조소 등의 설치, 변경에 관하여 완공검사를 받기 전에 탱크안전성능검사를 받아야 한다.

*완공검사의 신청시기
- 이동탱크저장소 : 이동저장탱크를 완공하고 상치장소를 확보한 후
- 지하탱크가 있는 제조소등 : 당해 지하탱크를 매설하기 전

*완공검사합격확인증
완공검사를 실시한 결과 제조소등이 규정에 의한 기술기준에 적합하다고 인정할 때에 시·도지사는 완공검사합격확인증을 교부할 것

19

다음 보기의 설명 중 맞는 내용의 번호를 모두 고르시오.

[보기]
① 제1류 위험물은 주수소화가 가능한 물질이 있고 그렇지 않은 물질이 있다.
② 마그네슘 화재 시 물분무소화기가 적응성이 없어 이산화탄소소화기로 소화가 가능하다.
③ 제6류 위험물을 저장 또는 취급하는 장소로서 폭발의 위험이 없는 장소에 한하여 이산화탄소 소화기는 적응성이 있다.
④ 건조사는 모든 유별의 위험물에 소화적응성이 있다.
⑤ 에탄올은 물보다 비중이 높아 물로 소화 시 화재면이 확대되어 주수소화가 불가능하다.

①, ③, ④

② : 마그네슘과 이산화탄소가 반응하면 가연성 고체인 탄소 또는 유독성 기체인 일산화탄소가 발생하여 위험성이 증대된다.

$$2Mg + CO_2 \rightarrow 2MgO + C$$
(마그네슘) (이산화탄소) (산화마그네슘) (탄소)

$$Mg + CO_2 \rightarrow MgO + CO$$
(마그네슘) (이산화탄소) (산화마그네슘) (일산화탄소)

⑤ : 에탄올은 비중이 0.789로 물의 비중보다 낮다.

20

다음 보기는 위험물안전관리법에서 정한 지하탱크저장소에 대한 내용일 때 빈칸을 채우시오.

[보기]
- 지하저장탱크의 윗부분은 지면으로부터 (①)m 이상 아래에 있어야 한다.
- 지하저장탱크를 2 이상 인접해 설치하는 경우에는 그 상호간에 (②)m 이상의 간격을 유지하여야 한다.
- 지하탱크는 용량에 따라 기준에 적합하게 강철판 또는 동등 이상의 성능이 있는 금속재질로 (③)용접 또는 (④)용접으로 틈이 없도록 만드는 동시에, 압력탱크 외의 탱크에 있어서는 70kPa의 압력으로, 압력탱크에 있어서는 최대상용압력의 (⑤)의 압력으로 각각 (⑥)간 수압시험을 실시하여 새거나 변형되지 아니하여야 한다.

① 0.6
② 1
③ 완전용입
④ 양면겹침이음
⑤ 1.5배
⑥ 10분

Memo

2023 4회차 위험물산업기사 실기 기출문제

01

유별을 달리하는 위험물은 동일한 저장소에 저장하지 아니하여야 한다. 다만, 옥내 또는 옥외저장소에 위험물을 저장하는 경우로서 유별로 서로 $1m$ 이상의 간격을 두는 경우에는 그러지 아니하다. 다음 중 옥내저장소에서 동일한 실에 저장할 수 있는 유별을 바르게 연결한 것을 모두 고르시오.

[보기]
① 과산화나트륨 - 과산화벤조일
② 질산염류 - 과염소산
③ 황린 - 제1류 위험물
④ 인화성고체 - 제1석유류
⑤ 황 - 제4류 위험물

② 질산염류(제1류) - 과염소산(제6류) : 혼재 O

③ 황린(제3류 중 자연발화성물질) - 제1류 위험물 (제1류) : 혼재 O

④ 인화성고체(제2류) - 제1석유류(제4류) : 혼재 O

*제조소등에서의 위험물의 저장 및 취급에 관한 기준
- 유별을 달리하는 위험물은 동일한 저장소(내화구조의 격벽으로 완전히 구획된 실이 2 이상 있는 저장소에 있어서는 동일한 실)에 저장하지 아니하여야 한다. 다만, 옥내저장소 또는 옥외저장소에 있어서 다음의 각목의 규정에 의한 위험물을 저장하는 경우로서 위험물을 유별로 정리하여 저장하는 한편, 서로 1m 이상의 간격을 두는 경우에는 그러지 아니하다.
① 제1류 위험물(알칼리금속의 과산화물 또는 이를 함유한 것을 제외)과 제5류 위험물을 저장하는 경우
② 제1류 위험물과 제6류 위험물을 저장하는 경우
③ 제1류 위험물과 제3류 위험물 중 자연발화성물질 (황린 또는 이를 함유한 것)을 저장하는 경우
④ 제2류 위험물 중 인화성고체와 제4류 위험물을 저장하는 경우
⑤ 제3류 위험물 중 알킬알루미늄등과 제4류 위험물 (알킬알루미늄 또는 알칼리튬을 함유한 것)을 저장하는 경우
⑥ 제4류 위험물 중 유기과산화물 또는 이를 함유한 것과 제5류 위험물 중 유기과산화물 또는 이를 함유한 것을 저장하는 경우

02

다음 보기의 제4류 위험물 중 동식물유류를 아이오딘값에 따라 건성유, 반건성유, 불건성유로 분류하시오.

[보기]
쌀겨유, 목화씨유, 피마자유, 아마인유, 야자유, 들기름

① 건성유 : 아마인유, 들기름
② 반건성유 : 쌀겨유, 목화씨유
③ 불건성유 : 피마자유, 야자유

동식물유류	건성유	아이오딘값 130 이상	아마인유, 들기름, 동유, 정어리유, 해바라기유 등
	반건성유	아이오딘값 100~130	참기름, 옥수수유, 채종유, 쌀겨유, 청어유, 콩기름 등
	불건성유	아이오딘값 100 이하	야자유, 땅콩유, 피마자유, 올리브유, 돼지기름 등

03

다음 보기를 보고 각 물음에 알맞은 답을 쓰시오.

[보기]
질산나트륨, 과산화수소, 메틸에틸케톤,
알루미늄분, 염소산암모늄

(1) 보기에서 연소가 가능한 위험물을 모두 쓰시오.
(2) (1)의 위험물 중 완전연소반응식 1가지만 쓰시오.

(1) 메틸에틸케톤, 알루미늄분
(2) $2CH_3COC_2H_5 + 11O_2 \rightarrow 8CO_2 + 8H_2O$
(메틸에틸케톤) (산소) (이산화탄소) (물)
or
$4Al + 3O_2 \rightarrow 2Al_2O_3$
(알루미늄) (산소) (산화알루미늄)

04

다음 보기 중 인화점이 낮은 순대로 배치하시오.

[보기]
① 초산에틸   ② 메틸알코올
③ 나이트로벤젠 ④ 에틸렌글리콜

① - ② - ③ - ④

물질	인화점
초산에틸	$-4°C$
메틸알코올	$11°C$
나이트로벤젠	$88°C$
에틸렌글리콜	$111°C$

05

다음 아세트알데하이드에 대한 각 물음에 답하시오.

(1) 시성식
(2) 품명
(3) 지정수량
(4) 에틸렌을 산화시켜 제조할 때의 반응식을 쓰시오.

(1) CH_3CHO
(2) 특수인화물
(3) $50L$
(4)
$C_2H_4 + PdCl_2 + H_2O \rightarrow CH_3CHO + Pd + 2HCl$
(에틸렌) (염화팔라듐) (물) (아세트알데히드) (팔라듐) (염산)

06

다음 옥내소화전 수원의 수량$[m^3]$을 구하시오.

(1) 옥내소화전이 1층에 1개, 2층에 3개 설치된 경우
(2) 옥내소화전이 1층에 1개, 2층에 6개 설치된 경우

(1) 가장 많이 설치하는 층을 기준으로 계산해야 하니, 2층을 기준으로 한다.
∴ 수원의 수량 = $7.8 \times 3 = 23.4m^3$ 이상

(2) 가장 많이 설치하는 층을 기준으로 계산해야 하니, 2층을 기준으로 한다.
∴ 수원의 수량 = $7.8 \times 5 = 39m^3$ 이상

*수원의 수량
① 옥외 : $13.5 \times n$[개]
(단, n=4개 이상인 경우는 n=4)
② 옥내 : $7.8 \times n$[개]
(단, n=5개 이상인 경우는 n=5)

07

표준상태에서 탄화칼슘 $32g$과 물이 반응하여 생성되는 기체를 완전연소 하기 위해 필요한 산소의 부피 $[L]$를 구하시오.

탄화칼슘(CaC_2)의 분자량 : $40 + 12 \times 2 = 64g/mol$

$$CaC_2 + 2H_2O \rightarrow Ca(OH)_2 + C_2H_2$$
(탄화칼슘) (물) (수산화칼슘) (아세틸렌)

탄화칼슘이 $32g$있고, 분자량은 $64g/mol$이니 $0.5mol$의 탄화칼슘이 반응하였고, 탄화칼슘과 아세틸렌기체는 몰수 1:1 반응을 하니 아세틸렌도 $0.5mol$이 생성되었다.

$$2C_2H_2 + 5O_2 \rightarrow 4CO_2 + 2H_2O$$
(아세틸렌) (산소) (이산화탄소) (물)

아세틸렌 $2mol$이 반응할 때 필요한 산소의 몰수는 $5mol$이고, 비례식으로 아세틸렌 $0.5mol$이 반응하면 $\frac{5}{4}mol$의 산소가 필요하다.

표준상태($1atm$, $0℃$)에서 $1mol$의 부피는 $22.4L$이다.

$\therefore V = 22.4 \times mol수 = 22.4 \times \frac{5}{4} = 28L$

08

다음 보기에서 제3류 위험물 중 금수성물질을 제외한 나머지에 적응성이 있는 소화설비를 모두 고르시오.

[보기]
① 옥내소화전설비
② 옥외소화전설비
③ 스프링클러설비
④ 물분무소화설비
⑤ 할로젠화합물소화설비
⑥ 이산화탄소소화설비

---

①, ②, ③, ④

*제3류 위험물 중 금수성물질을 제외한 나머에 적응성이 있는 소화설비
① 옥내소화전 또는 옥외소화전설비
② 스프링클러설비
③ 물분무소화설비
④ 포소화설비

09

어떠한 물질이 하이드라진과 만나면 격렬하게 반응 및 폭발 현상을 보일 때 다음을 구하시오.

(1) 이 물질의 위험물에 해당하는 기준을 쓰시오.
(2) 이 물질과 하이드라진의 반응식을 쓰시오.

---

(1) 과산화수소(H_2O_2)의 농도가 $36wt\%$ 이상인 것
(2) $2H_2O_2 + N_2H_4 \rightarrow 4H_2O + N_2$
　　　(과산화수소) (히드라진) (물) (질소)

10

위험물 저장량이 지정수량의 $\frac{1}{10}$ 을 초과하는 경우 혼재할 수 없는 위험물을 모두 쓰시오.

(1) 제1류 위험물
(2) 제2류 위험물
(3) 제3류 위험물
(4) 제4류 위험물
(5) 제5류 위험물

(1) 제2류, 제3류, 제4류, 제5류 위험물
(2) 제1류, 제3류, 제6류 위험물
(3) 제1류, 제2류, 제5류, 제6류 위험물
(4) 제1류, 제6류 위험물
(5) 제1류, 제3류, 제6류 위험물

*혼재 가능한 위험물
① 4:23
 - 제4류와 제2류, 제4류와 제3류는 혼재 가능
② 5:24
 - 제5류와 제2류, 제5류와 제4류는 혼재 가능
③ 6:1
 - 제6류와 제1류는 혼재 가능

	1류	2류	3류	4류	5류	6류
1류		×	×	×	×	○
2류	×		×	○	○	×
3류	×	×		○	×	×
4류	×	○	○		○	×
5류	×	○	×	○		×
6류	○	×	×	×	×	

11

제1종 분말소화약제의 열분해에 대해 각 물음에 답하시오.

(1) 270℃에서의 열분해 반응식
(2) 850℃에서의 열분해 반응식

(1) $2NaHCO_3 \rightarrow Na_2CO_3 + CO_2 + H_2O$
    (탄산수소나트륨)   (탄산나트륨) (이산화탄소) (물)
(2) $2NaHCO_3 \rightarrow Na_2O + 2CO_2 + H_2O$
    (탄산수소나트륨)   (산화나트륨) (이산화탄소) (물)

12

다음 Halon 표에 화학식을 쓰시오.

하론 소화약제의 종류	화학식
Halon 1301	(①)
Halon 2402	(②)
Halon 1211	(③)

① CF_3Br
② $C_2F_4Br_2$
③ CF_2ClBr

Halon 소화약제의 Halon번호는 C, F, Cl, Br, I의 개수를 나타낸다.

*Halon 소화약제의 종류

명칭	분자식
Halon 1001	CH_3Br
Halon 10001	CH_3I
Halon 1011	CH_2ClBr
Halon 1211	CF_2ClBr
Halon 1301	CF_3Br
Halon 104	CCl_4
Halon 2402	$C_2F_4Br_2$

13

이황화탄소에 대한 각 물음에 답하시오.

(1) 물과의 반응식
(2) (1)의 반응식에서 생성된 기체 2가지 쓰시오.

(1) $\underset{(\text{이황화탄소})}{CS_2} + \underset{(\text{물})}{2H_2O} \rightarrow \underset{(\text{이산화탄소})}{CO_2} + \underset{(\text{황화수소})}{2H_2S}$

(2) 이산화탄소, 황화수소

14

다음 보기에서 제3류 위험물인 나트륨의 화재 시 사용하는 소화방법으로 맞는 것을 모두 고르시오.

[보기]
팽창질석, 건조사, 포소화설비,
이산화탄소소화설비, 인산염류분말소화설비

팽창질석, 건조사

나트륨은 제3류 위험물 중 금수성물질로 화재 시 건조사(마른모래), 팽창질석, 팽창진주암, 탄산수소염류 분말 소화설비 등으로 질식소화를 하여야 한다.

15

다음 물질들의 연소방식에 따라 분류하시오.

[보기]
나트륨, TNT, 에탄올, 금속분,
다이에틸에터, 피크린산

① 표면연소 : 나트륨, 금속분
② 증발연소 : 에탄올, 다이에틸에터
③ 자기연소 : TNT, 피크린산

*고체연소의 종류
① 표면연소 : 숯(목탄), 코크스, 금속분 등
② 증발연소 : 제4류 위험물(에테르, 휘발유, 아세톤, 등유, 경유 등), 황, 나프탈렌, 파라핀(양초) 등
③ 자기연소 : 제5류 위험물(TNT, 나이트로글리세린 등) 등
④ 분해연소 : 종이, 나무, 목재, 석탄, 중유, 플라스틱

16

다음 표는 주유취급소의 위치·구조 및 설비의 기준에 대한 내용일 때 알맞은 답을 쓰시오.

기준	고정주유설비	고정급유설비
도로경계선	(①) 이상	(②) 이상
부지경계선 및 담	(③) 이상	(④) 이상
건축물의 벽	(⑤) 이상	(⑥) 이상
개구부가 없는 벽	(⑦) 이상	(⑧) 이상

※ 고정주유설비와 고정급유설비 사이에는 $4m$ 이상.

① $4m$ ② $4m$
③ $2m$ ④ $1m$
⑤ $2m$ ⑥ $2m$
⑦ $1m$ ⑧ $1m$

17

표준상태에서, 아세톤 $200g$을 완전연소할 때 다음을 구하시오.
(공기 중 산소의 부피는 21%이다.)

(1) 연소반응식
(2) 연소할 때 필요한 이론 공기량 $[L]$
(3) 연소할 때 발생하는 탄산가스의 부피 $[L]$

(1) $\underset{(아세톤)}{CH_3COCH_3} + \underset{(산소)}{4O_2} \rightarrow \underset{(탄산가스)}{3CO_2} + \underset{(물)}{3H_2O}$

(2) 아세톤(CH_3COCH_3)의 분자량
: $12 + 1 \times 3 + 12 + 16 + 12 + 1 \times 3 = 58$

표준상태는 $1atm$, $0℃$이니,

$PV = nRT = \dfrac{W}{M}RT$에서,

$\therefore V = \dfrac{WRT}{PM} \times \dfrac{산소의\ 몰수}{반응물의\ 몰수} \times \dfrac{100}{산소의\ 부피}$

$= \dfrac{200 \times 0.082 \times (0+273)}{1 \times 58} \times \dfrac{4}{1} \times \dfrac{100}{21} = 1470.34L$

(3) $V = \dfrac{WRT}{PM} \times \dfrac{생성물의\ 몰수}{반응물의\ 몰수}$

$= \dfrac{200 \times 0.082 \times (0+273)}{1 \times 58} \times \dfrac{3}{1} = 231.58L$

18

다음 보기를 참고하여 빈칸을 채우시오.

[보기]
(1) (①) 등을 취급하는 제조소의 설비
- 불활성기체 봉입장치를 갖추어야 한다.
- 누설된 (①)등을 안전한 장소에 설치된 저장실에 유입시킬 수 있는 설비를 갖추어야 한다.

(2) (②) 등을 취급하는 제조소의 설비
- 구리, 은, 수은, 마그네슘을 성분으로 하는 합금으로 만들지 아니한다.
- 연소성 혼합기체의 폭발을 방지하기 위한 불활성기체 또는 수증기 봉입장치를 갖추어야 한다.
- 저장하는 탱크에는 냉각장치 또는 보냉장치 및 불활성기체 봉입장치를 갖추어야 한다.

(3) (③) 등을 취급하는 제조소의 설비
- 철, 이온 등의 혼입에 따른 위험한 반응을 방지하기 위한 조치를 강구한다.
- (③) 등의 온도 및 농도의 상승에 따른 위험한 반응을 방지하기 위한 조치를 강구한다.
- 지정수량 이상의 (③) 취급하는 제조소의 위치는 건축물의 벽 또는 이에 상당하는 공작물의 외측으로부터 해당 제조소의 외벽 또는 이에 상당하는 공작물의 외측까지의 사이에 다음 식에 의하여 요구되는 거리 이상의 안전거리를 둘 것
- $D = 51.1\sqrt[3]{N}$
- D : 거리(m)
- N : 해당 제조소에서 취급하는 (③)등의 지정수량의 배수

① 알킬알루미늄
② 아세트알데하이드
③ 하이드록실아민

19

다음 보기의 설명을 보고 각 물음에 답하시오.

[조건]
- 분자량 34이다.
- 표백작용・살균작용을 한다.
- 일정 농도 이상인 것에 한하여 위험물로 간주한다.
- 운반용기 외부에 표시하여야 하는 주의사항은 '가연물접촉주의'이다.

(1) 이 위험물의 명칭
(2) 시성식
(3) 분해반응식
(4) 제조소의 표지판에 설치해야 하는 주의사항을 모두 쓰시오.
   (단, 없으면 '해당없음'으로 쓰시오.)

---

(1) 과산화수소
(2) H_2O_2
(3) $2H_2O_2 \rightarrow 2H_2O + O_2$
   (과산화수소)   (물)   (산소)
(4) 해당없음

*제조소의 게시판에 표기해야 하는 주의사항

종류	주의사항 표시
*제1류 위험물 중 알칼리금속의 과산화물 *제3류 위험물 중 금수성물질	물기엄금
*제2류 위험물 (인화성고체를 제외)	화기주의
*제2류 위험물 중 인화성고체 *제3류 위험물 중 자연발화성물질 *제4류 위험물 *제5류 위험물	화기엄금

20

위험물안전관리법령에서 정한 완공검사 내용에 대한 각 물음에 답하시오.

(1) 위험물을 저장 또는 취급하는 탱크로서 대통령령이 정하는 탱크가 있는 제조소 등의 설치, 변경에 관하여 완공검사를 받기 전에 받아야 하는 검사는 무엇인가?
(2) 아래의 시설의 완공검사 신청시기를 쓰시오.
   - 이동탱크저장소
   - 지하탱크가 있는 제조소등
(3) 완공검사를 실시한 결과 제조소등이 규정에 의한 기술 기준에 적합하다고 인정할 때에 시・도지사는 어떤 서류를 교부해야 하는가?

---

(1) 탱크안전성능검사
(2) 이동탱크저장소 : 이동저장탱크를 완공하고 상치장소를 확보한 후
   지하탱크가 있는 제조소등 : 당해 지하탱크를 매설하기 전
(3) 완공검사합격확인증

*탱크안전성능검사
위험물을 저장 또는 취급하는 탱크로서 대통령령이 정하는 탱크가 있는 제조소 등의 설치, 변경에 관하여 완공검사를 받기 전에 탱크안전성능검사를 받아야 한다.

*완공검사의 신청시기
- 이동탱크저장소 : 이동저장탱크를 완공하고 상치장소를 확보한 후
- 지하탱크가 있는 제조소등 : 당해 지하탱크를 매설하기 전

*완공검사합격확인증
완공검사를 실시한 결과 제조소등이 규정에 의한 기술기준에 적합하다고 인정할 때에 시・도지사는 완공검사합격확인증을 교부할 것

2024 1회차 위험물산업기사 실기 기출문제

01
과산화벤조일에 관한 다음 물음에 답하시오.

(1) 구조식을 그리시오.
(2) 위험등급을 쓰시오.
(3) 옥내저장소에 저장시 옥내저장소 바닥0면적의 기준을 쓰시오.

(1) O=C-O-O-C=O (벤젠고리 2개에 각각 연결된 구조식)

(2) I등급
(3) $1000m^2$ 이하

02
다음 보기는 동식물유류에 대한 내용일 때 아이오딘 값에 따라 건성유, 반건성유, 불건성유로 각각 분류하시오.

[보기]
① 야자유 ② 실린더유 ③ 들기름
④ 동유   ⑤ 기어유   ⑥ 올리브유

(1) 건성유 : ③, ④
(2) 반건성유 : 없음
(3) 불건성유 : ①, ⑥

03
다음 반응에서 생성되는 유독가스의 명칭을 쓰시오.
(단, 유독가스 발생이 없을 경우 없음 이라고 쓰시오.)

(1) 아염소산나트륨과 염산
(2) 염소산칼륨과 황산
(3) 질산암모늄과 물
(4) 질산칼륨과 물
(5) 과산화칼륨과 물

(1) 이산화염소(ClO_2)
(2) 이산화염소(ClO_2)
(3) 해당 없음
(4) 해당 없음
(5) 해당 없음

04
제2류 위험물인 알루미늄에 대하여 다음 물음에 답하시오.

(1) 알루미늄과 물의 반응식을 쓰시오.
(2) 이 때 생성되는 기체의 연소반응식을 쓰시오.
(3) 이 때 생성되는 기체의 위험도를 구하시오.

(1) $2Al + 6H_2O \rightarrow 2Al(OH)_2 + 3H_2$
(2) $2H_2 + O_2 \rightarrow 2H_2O$
(3) $H = \dfrac{L_h - L_l}{L_l} = \dfrac{75 - 4}{4} = 17.75$

05

다음 보기 중 위험물의 지정수량 단위가 L인 것을 골라서 지정수량이 작은 것부터 큰 것의 번호를 순서대로 쓰시오.

```
                    [보기]
① 하이드라진    ② 글리세린     ③ 클로로벤젠
④ 다이나이트로아닐린   ⑤ 피크르산   ⑥ 피리딘
```

⑥, ③, ①, ②

06

다음 표에 혼재가 가능한 위험물 O, 불가능한 위험물 X로 표시하시오.

	1류	2류	3류	4류	5류	6류
1류						
2류						
3류						
4류						
5류						
6류						

	1류	2류	3류	4류	5류	6류
1류		×	×	×	×	○
2류	×		×	○	○	×
3류	×	×		○	×	×
4류	×	○	○		○	×
5류	×	○	×	○		×
6류	○	×	×	×	×	

*혼재 가능한 위험물
① 4:23
  - 제4류와 제2류, 제4류와 제3류는 혼재 가능
② 5:24
  - 제5류와 제2류, 제5류와 제4류는 혼재 가능
③ 6:1
  - 제6류와 제1류는 혼재 가능

07

다음 보기 중 소화난이도등급 I에 해당하는 것의 번호를 쓰시오.

```
            [보기]
① 이송취급소
② 이동탱크저장소
③ 제2종 판매취급소
④ 간이탱크저장소
⑤ 지하탱크저장소
⑥ 처마높이 6미터인 옥내저장소
⑦ 연면적 1000제곱미터인 제조소
```

①, ⑥, ⑦

08

제4류 위험물인 특수인화물 중 물 속에 저장하는 위험물에 대하여 다음 물음에 답하시오.

(1) 이 물질이 연소할 때 생성되는 유독성 물질을 쓰시오.
(2) 이 물질의 증기비중을 구하시오.
(3) 이 물질을 옥외저장탱크에 저장할 경우 철근콘크리트 수조의 두께는 몇 m이상으로 해야하는가?

(1) 이산화황(SO_2)

(2) 증기비중 $= \dfrac{76}{28.84} = \dfrac{76}{28.84} = 2.64$

(3) $0.2m$

09

다음 보기에서 설명하는 위험물에 대해 다음 물음에 답하시오.

[보기]
- 담황색의 결정이다.
- 분자량은 227이다.
- 소수성으로 알코올, 벤젠, 아세톤에 잘 녹는다.
- 폭약을 만드는데 사용한다.

(1) 해당 위험물의 구조식을 쓰시오.
(2) 해당 위험물의 용기 외부에 표시해야하는 주의사항을 쓰시오.
(3) 해당 위험물의 제조소등의 표지판에 표시해야 하는 주의사항을 쓰시오.

(1)

CH_3 벤젠고리에 NO_2 (2번), NO_2 (6번), NO_2 (4번)

(2) 화기엄금, 충격주의

(3) 화기엄금

10

트리에틸알루미늄의 연소반응식과 물과의 반응식을 쓰시오.

(1) 연소반응식
$2(C_2H_5)_3Al + 21O_2 \rightarrow Al_2O_3 + 12CO_2 + 15H_2O$

(2) 물과의 반응식
$(C_2H_5)_3Al + 3H_2O \rightarrow Al(OH)_3 + 3C_2H_6$

11

다음 보기를 보고 아래 물음에 답하시오.

[보기]
과망가니즈산칼륨, 마그네슘,
과산화나트륨, 과염소산암모늄

(1) 제6류 위험물을 생성하는 물질을 쓰시오.
(2) 이 물질이 물과 반응하는 반응식을 쓰시오.

(1) 과산화나트륨

(2) $2Na_2O_2 + 2H_2O \rightarrow 4NaOH + O_2$

12

「위험물안전관리법령」상, 다음 내용은 지하탱크저장소의 구조에 대한 내용일 때 각 물음에 답하시오.

(1) 탱크전용실 벽의 두께는 몇 m 이상으로 해야 하는가?
(2) 통기관 끝부분은 지면으로부터 몇 m 이상의 높이에 설치해야 하는가?
(3) 액체 위험물의 누설을 검사하기 위한 관을 몇 개소 이상 설치해야하는가?
(4) 저장탱크와 탱크전용실 사이에는 어떤 물질로 채워야 하는가?
(5) 지하저장탱크의 윗부분은 지면으로부터 몇 m 이상 아래에 있어야 하는가?

(1) $0.3m$
(2) $4m$
(3) 4개소
(4) 마른 모래 또는 입자지름 $5mm$ 이하의 마른 자갈분
(5) $0.6m$

13

「위험물안전관리법령」상, 다음 보기는 옥외탱크저장소 중 지중탱크에 관한 기준일 때 다음 물음에 답하시오. (단, 인화점 14℃인 제4류 위험물이다.)

[보기]
내경 110m, 높이 40m

(1) 옥외탱크저장소가 보유하는 부지의 경계선에서 지중탱크의 지반면의 옆판까지의 거리는 몇 m 인가?
(2) 지중탱크 주위에 보유해야 할 보유공지의 너비는 몇 m 인가?

(1)
부지의 경계선에서 지중탱크의 지반면의 옆판까지의 거리 L은
$L = D \times 0.5 = 110 \times 0.5 = 55m$
또한 인화점이 14℃이므로 50m와 비교하여 큰 것을 정해야 하므로 기준 거리는 55m

(2)
부지의 경계선에서 지중탱크의 지반면의 옆판까지의 거리 L은
$L = D \times 0.5 = 110 \times 0.5 = 55m$
또한 높이 40m와 비교하여 큰 것을 정해야 하므로 기준 너비는 55m

14

탄화알루미늄과 물이 반응하여 생성되는 기체에 대한 각 물음에 답하시오.

(1) 생성되는 기체의 완전연소반응식
(2) 연소범위
(3) 위험도

(1) $\underset{(\text{탄화알루미늄})}{Al_4C_3} + \underset{(\text{물})}{12H_2O} \rightarrow \underset{(\text{수산화알루미늄})}{4Al(OH)_3} + \underset{(\text{메탄})}{3CH_4}$

∴ $\underset{(\text{메탄})}{CH_4} + \underset{(\text{산소})}{2O_2} \rightarrow \underset{(\text{이산화탄소})}{CO_2} + \underset{(\text{물})}{2H_2O}$

(2) 5~15%

(3) $H = \dfrac{U-L}{L} = \dfrac{15-5}{5} = 2$

*위험도

$H = \dfrac{U-L}{L}$ $\begin{cases} H : \text{위험도} \\ U : \text{연소상한계}[\%] \\ L : \text{연소하한계}[\%] \end{cases}$

*메탄의 연소범위 : 5~15%

15

「위험물안전관리법령」상, 다음 도표를 보고 아래 물음에 답하시오.

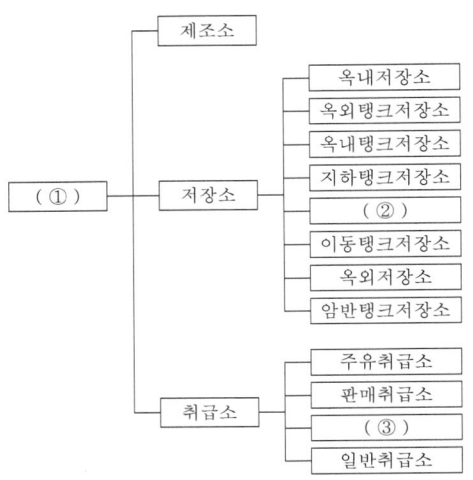

(1) 제조소, 취급소, 저장소 등을 모두 포함하는 (①)의 명칭을 쓰시오.
(2) (②)의 명칭을 쓰시오.
(3) (③)의 명칭을 쓰시오.
(4) 위험물안전관리자를 선임하지 않아도 되는 저장소의 종류를 모두 쓰시오.
  (단, 해당 사항이 없을 경우 "없음"으로 쓰시오.)
(5) 일반취급소 중 액체위험물을 용기에 옮겨 담는 취급소의 명칭을 쓰시오.

(1) 위험물제조소 등
(2) 간이탱크저장소
(3) 이송취급소
(4) 이동탱크저장소
(5) 충전하는 일반취급소

16

「위험물안전관리법령」상, 다음 표는 자체소방대에 대한 내용일 때 빈칸을 채우시오.

사업소의 구분	화학소방 자동차	자체소방 대원의 수
제조소 또는 일반취급소에서 취급하는 제4류 위험물의 최대수량의 합이 지정수량의 (①)천배 이상 12만배 미만인 사업소	1대	5인
제조소 또는 일반취급소에서 취급하는 제4류 위험물의 최대수량의 합이 지정수량의 12만배 이상 (②)만배 미만인 사업소	2대	10인
제조소 또는 일반취급소에서 취급하는 제4류 위험물의 최대수량의 합이 지정수량의 (②)만배 이상 (③)만배 미만인 사업소	3대	15인
제조소 또는 일반취급소에서 취급하는 제4류 위험물의 최대수량의 합이 지정수량의 (③)만배 이상인 사업소	4대	20인
옥외탱크저장소에 저장하는 제4류 위험물의 최대수량이 지정수량의 50만배 이상인 사업소	(④)대	(⑤)인

① 3 ② 24 ③ 48 ④ 2 ⑤ 10

17

다음은 제1류 위험물의 종류일 때 각 위험물의 완전분해반응식을 쓰시오.

(1) 과염소산칼륨
(2) 과산화칼슘
(3) 아염소산나트륨

(1) $2CaO_2 \rightarrow 2CaO + O_2$

(2) $KClO_4 \rightarrow KCl + 2O_2$

(3) $3NaClO_2 \rightarrow 2NaClO_3 + NaCl$

18

다음 표의 빈칸을 채우시오.

구분	화학식	지정수량
(①)	$C_6H_3(NO_2)_2CH_3$	-
과망가니즈산 암모늄	(②)	1000kg
안화아연	(③)	(④)kg

① 다이나이트로톨루엔
② NH_4MnO_4
③ Zn_3P_2
④ 300

19

옥외탱크저장소 방유제 안에 30만, 20만, 50만리터 3개의 인화성 탱크가 설치되어 있을 때 방유제의 저장용량은 몇 m^3 이상으로 하여야 하는가?

저장용량 $= 500000 \times 1.1 = 550000L = 550m^3$ 이상

*옥외탱크저장소의 방유제 설치 기준
① 방유제의 용량은 설치된 탱크가 하나일 때
  : 그 탱크 용량의 110% 이상

② 방유제의 용량은 설치된 탱크가 2기 이상일 때
  : 그 탱크 중 용량이 최대인 용량의 110%이상

20

다음 보기의 위험물을 참고하여 인화점이 낮은 것부터 큰 것 순서로 번호를 나열하시오.
(단, 인화점이 없는 위험물은 제외하시오.)

[보기]
① 아세트산 ② 벤젠 ③ 과염소산
④ 나이트로셀룰로오스 ⑤ 아세트알데하이드

⑤, ②, ④, ①

2024 2회차 위험물산업기사 실기 기출문제

01

아이소프로필알코올을 산화시켜 만든 물질로 아이오도폼 반응을 하는 제1석유류에 대한 다음 물음에 답하시오.

(1) 해당 물질의 명칭을 쓰시오.
(2) 아이오도폼의 화학식을 쓰시오.
(3) 아이오도폼의 색깔을 쓰시오.

(1) 아세톤(CH_3COCH_3)

(2) CHI_3

(3) 노란색

02

다음 설명의 위험물을 운반할 경우 운반용기 외부에 표시해야하는 주의사항을 모두 쓰시오.

(1) 제1류 위험물 중 알칼리금속의 과산화물
(2) 제3류 위험물 중 자연발화성 물질
(3) 제5류 위험물

(1) 화기주의, 충격주의 물기엄금, 가연물 접촉주의
(2) 화기엄금, 공기접촉엄금
(3) 화기엄금, 충격주의

03

「위험물안전관리법령」상, 소화설비의 능력단위에 대한 다음 물음에 답하시오.

(1) 아래 표의 빈칸을 채우시오.

소화설비	용량	능력단위
소화전용 물통	(①)L	0.3
수조 (소화전용물통 3개 포함)	80L	(②)
수조 (소화전용물통 6개 포함)	(③)L	2.5

(2) 연면적이 $200m^2$이고 벽이 내화구조로 된 제조소의 소요단위는?
(3) 과산화수소 $6000kg$의 소요단위는?

(1) ① 8   ② 1.5   ③ 190

(2) $\frac{200}{100} = 2$단위

(3) $\frac{6000}{300 \times 10} = 2$단위

04

제4류 위험물인 파라딘에 대해 다음 물음에 답하시오.

(1) 화학식을 쓰시오.
(2) 증기비중을 계산하시오.

(1) C_5H_5N

(2) 증기비중 $= \frac{분자량}{28.04} = \frac{79}{28.84} = 2.74$

05

다음 보기는 옥외탱크저장소(인화성 액체)의 주위에 설치해야하는 방유제에 대한 내용일 때 빈칸을 채우시오.

[보기]
- 방유제 내의 면적은 (①)m^2 이하로 할 것
- 방유제의 높이는 $0.5m$ 이상 (②)m 이하, 두께는 (③)m 이상으로 할 것
- 방유제의 용량은 방유제 안에 설치된 탱크가 하나일 때에 그 탱크 용량의 (④)% 이상, 2기 이상일 때에는 용량이 최대인 것의 용량의 (⑤)% 이상으로 할 것

① 80000　② 3　③ 0.2　④ 110　⑤ 110

06

「위험물안전관리법령」상, 다음 보기는 이동탱크저장소의 주유호스에 대한 내용일 때 빈칸을 채우시오.

[보기]
- 위험물이 샐 우려가 없고 화재예방상 안전한 구조로 할 것
- 주입설비의 길이는 (①)m 이내로 하고, 그 끝부분에 축적되는 (②)를 유효하게 제거할 수 있는 장치를 할 것
- 주입호스는 내경이 (③)mm 이상이고 (④) MPa 이상의 압력에 견딜 수 있는 것으로 하며 필요 이상으로 길게 하지 않을 것
- 분당 배출량은 (⑤)L 이하로 할 것

① 50　② 정전기　③ 23　④ 0.3　⑤ 200

07

「위험물안전관리법령」상, 위험물 취급시 정전기가 발생할 우려가 있는 설비에 정전기를 방지할 수 있는 방법을 3가지 쓰시오.

① 접지를 할 것
② 공기를 이온화 할 것
③ 공기 중의 상대습도를 70% 이상으로 할 것

08

다음 그림을 보고 탱크의 최대용량[m^3]을 구하시오.

[탱크 ①]

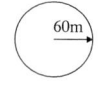 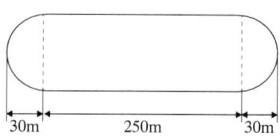

[탱크 ②]

 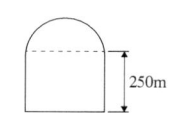

① $V = \pi r^2 \left(\ell + \dfrac{\ell_1 + \ell_2}{3} \right) = \pi \times 0.6^2 \times \left(2.5 + \dfrac{0.3 + 0.3}{3} \right)$
　$= 3.05 m^3$
② $V = \pi r^2 \ell = \pi \times 0.6^2 \times 2.5 = 2.83 m^3$

09

불활성가스 소화설비에 적응성이 있는 위험물을 모두 고르시오.

[보기]
① 제1류 위험물 중 알칼리금속의 과산화물
② 제2류 위험물 중 인화성고체
③ 제3류 위험물
④ 제4류 위험물
⑤ 제5류 위험물
⑥ 제6류 위험물

②, ④

*불활성가스 소화설비에 적응성이 있는 위험물
① 제2류 위험물 중 인화성고체
② 제4류 위험물
③ 전기설비

10

「위험물안전관리법령」상, 다음 표는 위험물을 저장 또는 취급할 때 위험물의 수량에 따른 제조소의 보유공지에 대한 내용일 때 빈칸을 채우시오.

종류	저장 또는 취급하는 위험물 수량 $[L]$	보유공지 $[m]$
아세톤	400	(①)
메탄올	8000	(②)
톨루엔	1500	(③)
클로로벤젠	1500	(④)
사이안화수소	100000	(⑤)

① 3 ② 5 ③ 5 ④ 5 ⑤ 5

11

다음 보기는 제4류 위험물의 종류일 때 인화점이 낮은 것부터 순서대로 번호를 나열하시오.

[보기]
① 아세톤   ② 아닐린   ③ 글리세린
   ④ 이황화탄소   ⑤ 메틸알코올

④, ①, ⑤, ②, ③

12

인화칼슘에 대하여 다음 각 물음에 답하시오.

(1) 제 몇 류 위험물인지 쓰시오.
(2) 지정수량을 쓰시오.
(3) 물과의 반응식을 쓰시오.
(4) 물과 반응하여 생성되는 가스의 명칭을 쓰시오.

(1) 제3류 위험물
(2) 300kg
(3) $Ca_3P_2 + 6H_2O \rightarrow 3Ca(OH)_2 + PH_3$
(4) 포스핀

13

다음 보기는 제1류 위험물의 특징에 대한 내용일 때 알맞은 것을 모두 고르시오.

[보기]
① 모두 가연성이 강하다.
② 모두 물과 반응한다.
③ 모두 고체이다.
④ 모두 산소를 함유하고 있다.
⑤ 모두 탄소를 함유하고 있다.

③, ④

14

다음 보기는 제5류 위험물의 종류일 때 다음 물음에 답하시오.

[보기]
나이트로글리세린, 트리나이트로톨루엔,
트리나이트로페놀, 다이나이트로벤젠
과산화벤조일

(1) 질산에스터류에 속하는 물질을 모두 쓰시오.
(2) 상온에서는 액체이나 겨울철에 동결하는 물질의 명칭과 분해폭발반응식을 쓰시오.

(1) 나이트로글리세린
(2) 나이트로글리세린
$4C_3H_5(ONO_2)_3 \rightarrow 12CO_2 + 10H_2O + 6N_2 + O_2$

15

제2류 위험물인 오황화인에 대해 다음 물음에 답하시오.

(1) 물과의 반응식을 쓰시오.
(2) 위 반응에서 생성되는 기체의 완전연소식을 쓰시오.

(1) $P_2S_5 + 8H_2O \rightarrow 5H_2S + 2H_3PO_4$
(2) $2H_2S + 3O_2 \rightarrow 2SO_2 + 2H_2O$

16

다음 보기의 위험물 중 물과 반응하지 않으나 이황화탄소에는 반응하고, 연소하면 오산화인이 생성되는 물질에 대한 물음에 각각 답하시오.

[보기]
인화칼슘, 황린, 황화인, 황, 적린, 인화알루미늄

(1) 해당 위험물의 명칭을 쓰시오.
(2) 해당 위험물이 수산화칼륨과 반응하여 생성되는 기체의 화학식을 쓰시오.
(3) (2)반응에서 생성된 기체의 연소반응식을 쓰시오.
(4) 해당 위험물의 위험등급을 쓰시오.
(5) 해당 위험물을 옥내저장소에 저장할 경우 바닥면적은 얼마로 하여야 하는지 쓰시오.
(단, 이상 또는 이하를 확실히 쓰시오.)

(1) 황린
(2) PH_3
(3) $2PH_3 + 4O_2 \rightarrow P_2O_5 + 3H_2O$
(4) I등급
(5) $1000m^2$ 이하

17
다음 보기에서 지정수량이 같은 위험물의 품명을 3가지 쓰시오.

[보기]
황, 철분, 황화인, 적린, 과염소산, 마그네슘, 브로민산염류, 알칼리토금속

황, 황화인, 적린

18
다음 보기의 위험물이 열분해하여 산소가 생성되는 반응식을 각각 쓰시오.

[보기]
① 질산칼륨 ② 과산화칼륨 ③ 과염소산칼륨

① $2KNO_3 \rightarrow 2NO_2 + O_2$
② $KClO_4 \rightarrow KCl + 2O_2$
③ $2K_2O_2 \rightarrow 2K_2O + O_2$

19
「위험물안전관리법령」상, 다음 항공기주유취급소에 관한 내용의 물음에 답하시오.

(1) 항공기의 연료탱크에 알맞은 주유설비를 갖춘 이동탱크저장소의 명칭을 쓰시오.
(2) 다음 표의 내용이 맞으면 O, 틀리면 X로 빈칸을 채우시오.

내용	
비행장에서 항공기, 소속 차량 등을 주유하는 주유취급소에 대하여 항공기주유취급소 특례 적용이 가능하다.	(①)
주유호스차 또는 주유 탱크차에 의하여 주유하는 때에는 주유호스의 끝부분을 항공기의 연료탱크의 급유구에 긴밀히 결합해야 한다.	(②)
주유설비에는 항공기와 전기적으로 접속하기 위한 도선을 설치하고 주유호스의 끝부분에 축적된 정전기를 유효하게 제거하는 장치를 설치한다.	(③)

(1) 주유탱크차
(2) ① O   ② O   ③ O

20

「위험물안전관리법령」상, 다음의 각 위험물과 혼재 가능한 위험물을 모두 쓰시오.

(1) 제1류 위험물
(2) 제3류 위험물
(3) 제6류 위험물

(1) 제2류 위험물, 제3류 위험물, 제4류 위험물, 제5류 위험물

(2) 제1류 위험물, 제2류 위험물, 제5류 위험물, 제6류 위험물

(3) 제2류 위험물, 제3류 위험물, 제4류 위험물, 제5류 위험물

*혼재 가능한 위험물
① 4:23
  - 제4류와 제2류, 제4류와 제3류는 혼재 가능
② 5:24
  - 제5류와 제2류, 제5류와 제4류는 혼재 가능
③ 6:1
  - 제6류와 제1류는 혼재 가능

	1류	2류	3류	4류	5류	6류
1류		×	×	×	×	○
2류	×		×	○	○	×
3류	×	×		○	×	×
4류	×	○	○		○	×
5류	×	○	×	○		×
6류	○	×	×	×	×	

2024 3회차 위험물산업기사 실기 기출문제

01

다음 보기 중에서 분해 시 또는 물과 반응시에 공통으로 산소를 발생시키는 위험물을 골라 다음 물음에 답하시오.

[보기]
질산암모늄, 염소산칼륨, 과산화나트륨,
브로민산칼륨, 아이오딘산칼륨, 과염소산암모늄

(1) 분해반응식
(2) 물과 반응식

(1) $2Na_2O_2 \rightarrow 2Na_2O + O_2$
(2) $2Na_2O_2 + 2H_2O \rightarrow 4NaOH + O_2$

02

다음 그림과 같은 위험물 저장 탱크에 저장할 수 있는 용량$[m^3]$의 최대값과 최소값을 계산하시오.

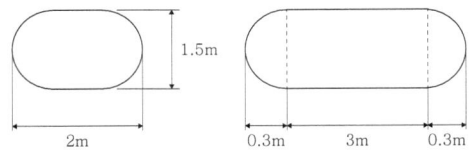

(1) 최대값
(2) 최소값

(1) $V_{max} = \dfrac{\pi ab}{4}\left(\ell + \dfrac{\ell_1 + \ell_2}{3}\right) \times 0.95$

$= \dfrac{\pi \times 2 \times 1.5}{4} \times \left(3 + \dfrac{0.3 + 0.3}{3}\right) \times 0.95 = 7.16 m^3$

(2) $V_{min} = \dfrac{\pi ab}{4}\left(\ell + \dfrac{\ell_1 + \ell_2}{3}\right) \times 0.9$

$= \dfrac{\pi \times 2 \times 1.5}{4} \times \left(3 + \dfrac{0.3 + 0.3}{3}\right) \times 0.9 = 6.79 m^3$

03

다음 보기의 제5류 위험물들을 아래에 나와있는 각각의 품명별로 구분하시오.
(단, 해당하는 위험물이 없을 경우 "없음"으로 표시하시오.)

[보기]
나이트로메테인, 나이트로에테인,
나이트로글라이콜, 나이트로글리세린,
나이트로셀룰로스, 다이나이트로벤젠,
벤조일퍼옥사이드

(1) 질산에스터류
(2) 나이트로화합물
(3) 아조화합물
(4) 하이드라진유도체
(5) 유기과산화물

(1) 나이트로글라이콜, 나이트로글리세린, 나이트로셀룰로스
(2) 나이트로메테인, 나이트로에테인, 다이나이트로벤젠
(3) 없음
(4) 없음
(5) 벤조일퍼옥사이드

04

금속나트륨에 대하여 다음 물음에 답하시오.

(1) 지정수량을 쓰시오.
(2) 보호액을 1가지 쓰시오.
(3) 물과 반응시 반응식을 쓰시오.

(1) 10kg

(2) 등유

(3) $2Na + 2H_2O \rightarrow 2NaOH + H_2$

05

제1류 위험물인 염소산칼륨에 대하여 다음 물음에 답하시오.

(1) 완전분해반응식을 쓰시오.
(2) 칼륨의 분자량 39, 염소의 분자량 35.5 일 때 염소산칼륨 24.5kg이 표준상태에서 완전분해할 경우 생성되는 산소의 부피$[m^3]$를 구하시오.

(1) $2KClO_3 \rightarrow 2KCl + 3O_2$

(2)
염소산칼륨 $2kmol$이 분해되면 산소 $3kmol$이 발생하며, 표준상태에서 $1kmol$의 부피는 $22.4m^3$, 염소산칼륨의 분자량은 $39 + 35.5 + 3 \times 16 = 122.5 kg/kmol$ 이므로
$2 \times 122.5 kg : 3 \times 22.4 m^3 = 24.5 kg : x$
$\therefore x = 6.72 m^3$

06

다음은 제6류 위험물의 종류일 때 위험물이 될 수 있는 조건(농도 또는 비중)을 각각 쓰시오.

(1) 질산
(2) 과염소산
(3) 과산화수소

(1) 비중이 1.49 이상인 것
(2) 없음
(3) 농도가 36wt% 이상인 것

07

다음 보기에서 설명하는 물질에 대해 다음 물음에 답하시오.

> [보기]
> - 인화점이 11℃ 이다.
> - 지정수량이 400L 이다.
> - 흡입시 신경이 마비된다.

(1) 해당하는 위험물의 연소반응식을 쓰시오.
(2) 해당하는 위험물을 옥내저장소에 저장할 경우 옥내저장소의 바닥면적$[m^2]$을 쓰시오.
(3) 해당하는 위험물이 산화할 경우 최종 생성되는 제2석유류 물질의 명칭을 쓰시오.

(1) $2CH_2OH + 3O_2 \rightarrow 2CO_2 + 4H_2O$
(2) $1000m^2$ 이하
(3) 폼산($HCOOH$)

08

다음 위험물의 품명을 쓰시오.

(1) t-부탄올
(2) n-부탄올
(3) 1-프로판올
(4) 아이소부틸알코올
(5) 아이소프로필알코올

(1) 제1석유류
(2) 제2석유류
(3) 알코올류
(4) 제2석유류
(5) 알코올류

09

「위험물안전관리법령」상, 다음 보기는 위험물안전관리자에 대한 내용일 때 다음 물음에 답하시오.
(단, 기간이 없을 경우 "제한없음"이라고 표시하시오.)

(1) 다음 보기에서 위험물안전관리자를 선임해야하는 사람을 모두 고르시오.

[보기]
소방서장, 소방청장, 시·도지사,
제조소 등의 관계인, 제조소 등의 설치자

(2) 위험물안전관리자의 해임 후 재선임 기간을 쓰시오.
(3) 위험물안전관리자의 퇴직 후 재선임 기간을 쓰시오.
(4) 위험물안전관리자의 선임 후 신고기간을 쓰시오.
(5) 위험물안전관리자가 여행, 질병, 그 밖의 사유로 인하여 일시적으로 직무를 수행할 수 없을 때 직무를 대행하는 기간을 쓰시오.

(1) 제조소 등의 관계인
(2) 30일 이내
(3) 30일 이내
(4) 14일 이내
(5) 30일을 초과할 수 없음

10

다음 보기의 위험물을 인화점이 낮은 것부터 높은 것의 순서로 번호를 나열하시오.

[보기]
① C_6H_6　　② $C_6H_5C_2H_5$
③ $C_6H_5CH=CH_2$　　④ $C_6H_5CH_3$

①, ④, ②, ③

11

다음 보기는 위험물을 옥내저장소에 저장하는 경우 겹쳐 쌓는 높이에 관한 내용일 때 빈칸을 채우시오.

[보기]
- 기계에 의하여 하역하는 구조로 된 용기만을 겹쳐 쌓는 경우에는 (①)m를 초과해서는 아니된다.
- 제4류 위험물 중 제3석유류, 제4석유류 및 동식물유류를 수납하는 용기만을 겹쳐 쌓는 경우에는 (②)m를 초과해서는 아니된다.
- 그 밖의 경우에는 (③)m를 초과해서는 아니된다.

① 6　　② 4　　③ 3

12

「위험물안전관리법령」상, 다음 할로젠화합물소화약제의 화학식을 쓰시오.

(1) 하론 1211
(2) 하론 2402
(3) HFC-23
(4) HFC-125
(5) FK-5-1-12

(1) $C_2F_4Br_2$
(2) $CF_2C\ell Br$
(3) CHF_3
(4) CHF_2CF_3
(5) $CF_3CF_2C(O)CF(CF_3)_2$

13

다음 설명을 보고 보기의 위험물 중 알맞은 것을 모두 적으시오.

[보기]
황린, 나트륨, 부틸리튬, 인화알루미늄

(1) 물과 반응하여 수소가 발생하는 위험물을 쓰시오.
(2) 옥내저장소의 바닥면적을 $1000m^2$ 이하로 저장해야 하는 위험물을 쓰시오.
(3) 이동저장탱크로부터 꺼낼 때 동시에 $200kPa$ 이하의 압력으로 불활성 기체를 봉입해야하는 위험물을 쓰시오.

(1) 나트륨
(2) 황린, 나트륨, 부틸리튬
(3) 부틸리튬

14

제3류 위험물인 탄화알루미늄에 대해 다음 물음에 답하시오.

(1) 탄화알루미늄과 물이 반응하여 생성되는 기체의 연소반응식을 쓰시오.
(2) 생성되는 기체의 위험도를 구하시오.

(1) $CH_4 + 2O_2 \rightarrow CO_2 + 2H_2O$
(2) $H = \dfrac{U-L}{L} = \dfrac{15-5}{5} = 2$

15

「위험물안전관리법령」상, 다음 표는 옥외탱크저장소의 보유공지에 관한 내용일 때 빈칸을 채우시오.

저장 또는 취급하는 위험물의 최대수량	공지의 너비
지정수량의 500배 이하	3m 이상
지정수량의 500배 초과 1000배 이하	(②)m 이상
지정수량의 1000배 초과 2000배 이하	9m 이상
지정수량의 2000배 초과 3000배 이하	(③)m 이상
지정수량의 3000배 초과 (①)배 이하	15m 이상
지정수량의 (①)배 초과	해당 탱크의 수평단면의 최대지름(가로형은 긴 변)과 높이 중 큰 것과 같은 거리 이상 (단, (④)m 초과시 30m 이상으로, (⑤)m 미만 시 15m 이상으로 할 것

① 4000 ② 5 ③ 12 ④ 30 ⑤ 15

16

다음 표는 분말소화약제에 대한 내용일 때 빈칸을 채우시오.

종별	소화약제	착색	화재종류
제1종 분말	$NaHCO_3$ (탄산수소나트륨)	백색	(④)
제2종 분말	(①)	(③)	BC화재
제3종 분말	(②)	담홍색	(⑤)

① 탄산수소칼륨($KHCO_3$)
② 인산암모늄($NH_4H_2PO_4$)
③ 담홍색
④ BC화재
⑤ ABC화재

*분말소화기의 종류

종별	소화약제	착색	화재종류
제1종 소화분말	$NaHCO_3$ (탄산수소나트륨)	백색	BC화재
제2종 소화분말	$KHCO_3$ (탄산수소칼륨)	담회색	BC화재
제3종 소화분말	$NH_4H_2PO_4$ (인산암모늄)	담홍색	ABC화재
제4종 소화분말	$KHCO_3 + (NH_2)_2CO$ (탄산수소칼륨 + 요소)	회색	BC화재

17

다음 보기는 제4류 위험물에 대한 설명일 때 빈칸을 채우시오.

[보기]
- 제1석유류 : 1기압에서 인화점이 (①)℃ 미만인 것
- 제2석유류 : 1기압에서 인화점이 (①)℃ 이상 (②)℃ 미만인 것
- 제3석유류 : 1기압에서 인화점이 (②)℃ 이상 (③)℃ 미만인 것
- 제4석유류 : 1기압에서 인화점이 (③)℃ 이상 (④)℃ 미만인 것. 다만 도료류 그 밖의 물품은 가연성 액체량이 (⑤)wt% 이하인 것은 제외한다.

① 21 ② 70 ③ 200 ④ 250 ⑤ 40

18

제4류 위험물인 에틸알코올에 대하여 다음 물음에 답하시오.

(1) 칼륨과 반응 시 발생하는 기체의 명칭을 쓰시오.
(2) 진한 황산과 축합 반응 후 생성되는 제4류 위험물의 명칭을 쓰시오.
(3) 산화할 경우 생성되는 특수인화물의 명칭을 쓰시오.

(1) $2K + 2C_2H_5OH \rightarrow 2C_2H_5OK + H_2$
    수소
(2) 다이에틸에터($C_2H_5OC_2H_5$)
(3) 아세트알데하이드(CH_3CHO)

19

다음 표에 혼재가 가능한 위험물 O, 불가능한 위험물 X로 표시하시오.

	1류	2류	3류	4류	5류	6류
1류						
2류						
3류						
4류						
5류						
6류						

	1류	2류	3류	4류	5류	6류
1류		×	×	×	×	O
2류	×		×	O	O	×
3류	×	×		O	×	×
4류	×	O	O		O	×
5류	×	O	×	O		×
6류	O	×	×	×	×	

*혼재 가능한 위험물
① 4:23
  - 제4류와 제2류, 제4류와 제3류는 혼재 가능
② 5:24
  - 제5류와 제2류, 제5류와 제4류는 혼재 가능
③ 6:1
  - 제6류와 제1류는 혼재 가능

20

다음은 「위험물안전관리법령」상, 주유취급소와 위험물의 저장 및 취급에 관한 기준일 때 다음 물음에 답하시오.

(1) 정전기에 의한 재해가 발생할 우려가 있는 액체위험물의 옥외저장탱크의 주입구 부근에는 정전기를 유효하게 제거하기 위해 무엇을 설치해야 하는 지 쓰시오.
(2) 셀프주유취급소에서 휘발유의 1회 연속주유량의 상한은 몇 L 이하인지 쓰시오.
(3) 셀프주유취급소에서 휘발유의 1회 주유시간의 상한은 몇 분 이하인지 쓰시오.
(4) 이동식저장탱크의 상부로부터 위험물을 주입할 때에는 위험물의 액표면이 주입관의 끝 부분을 넘는 높이가 될 때까지 그 주입배관의 유속은 몇 m/s 이하로 해야하는지 쓰시오.
(5) 이동식저장탱크의 밑부분로부터 위험물을 주입할 때에는 위험물의 액표면이 주입관의 정상 부분을 넘는 높이가 될 때까지 그 주입배관의 유속은 몇 m/s 이하로 해야하는지 쓰시오.

(1) 접지전극
(2) 100L
(3) 4분
(4) 1m/s
(5) 1m/s

2025 합격비법 '위험물산업기사 실기'

초판발행   2025년 02월 26일
편 저 자   이태랑
발 행 처   오스틴북스
등록번호   제 396-2010-000009호
주 소   경기도 고양시 일산동구 백석동 1351번지
전 화   070-4123-5716
팩 스   031-902-5716
정 가   28,000원
I S B N   979-11-93806-71-5(13500)

이 책 내용의 일부 또는 전부를 재사용하려면
반드시 오스틴북스의 동의를 얻어야 합니다.